5717

BIBLIOGRAPHIE

ENTOMOLOGIQUE.

PARIS. — IMPRIMERIE DE TERZUOLO,
Rue de Vaugirard, n° 11.

BIBLIOGRAPHIE
ENTOMOLOGIQUE,

COMPRENANT L'INDICATION PAR ORDRE ALPHABÉTIQUE

DE NOMS D'AUTEURS

1° DES OUVRAGES ENTOMOLOGIQUES PUBLIÉS EN FRANCE ET A L'ÉTRANGER, DEPUIS
LES TEMPS LES PLUS RÉCULÉS JUSQUES ET Y COMPRIS L'ANNÉE 1834;

2° DES MONOGRAPHIES ET MÉMOIRES CONTENUS DANS LES RECUEILS, JOURNAUX ET
COLLECTIONS ACADÉMIQUES FRANÇAISES ET ÉTRANGÈRES ;

Accompagnée de

NOTICES SUR LES OUVRAGES PÉRIODIQUES, LES DICTIONNAIRES
ET LES MÉMOIRES DES SOCIÉTÉS SAVANTES ;

SUIVIE D'UNE

TABLE MÉTHODIQUE ET CHRONOLOGIQUE DES MATIÈRES ;

PAR A. PERCHERON.

TOME PREMIER.

A PARIS,

CHEZ J. B. BAILLIÈRE,

LIBRAIRE DE L'ACADÉMIE ROYALE DE MÉDECINE,

RUE DE L'ÉCOLE-DE-MÉDECINE, N° 13 BIS ;

A LONDRES,

MÊME MAISON, 219, REGENT-STREET.

1837.

PRÉFACE.

L'étude de l'histoire naturelle, quand on veut s'y livrer un peu sérieusement, nécessite indubitablement la *connaissance des livres*, sans quoi l'on peut, à chaque instant, ou se trouver arrêté par le défaut de renseignements, ou exposé à commettre des erreurs sans nombre, soit dans les descriptions, soit dans la classification. Il en est, à cet égard, de l'Entomologie, comme de toutes les autres branches des sciences naturelles.

Mais cette étude des livres offre des difficultés de plus d'une sorte; et, sans parler de celles qui résultent du mode de travail des auteurs, de la difficulté de les coordonner entre eux, du peu de connaissance que nous avons en France des langues étrangères, et principalement de la langue allemande, si riche en matériaux entomologiques, la première difficulté qui se présente, c'est la *connaissance de l'existence* même des ouvrages, et c'est celle que j'ai cherché à surmonter. Il existe sur les insectes beaucoup plus de livres que l'on ne le croit généralement : chaque pays a des journaux, des mémoires qui lui sont propres, des ouvrages qui ne sont connus que dans le pays même, de ces monographies ou mémoires que l'on distribue à ses amis, dont il ne reste aucune trace, et que le hasard seul nous fait tomber entre les mains. D'un autre côté, les ouvrages les plus connus ne le sont souvent pas entièrement, ceux surtout qui ont paru par livraisons : témoin le *sixième* volume du *Magasin En-*

tomologique d'Illiger. D'autres sont d'une telle rareté, qu'avec la meilleure volonté du monde et la connaissance que l'on a de leur existence, il est souvent impossible de trouver à les consulter : par exemple, le *Précis des caractères des insectes* de Latreille, *l'ouvrage de Degeer*, etc. Il existe, en outre, beaucoup de travaux séparés, répandus dans les journaux ou mémoires de sociétés savantes, qui contiennent une grande quantité de descriptions, et qui sont presque tout-à-fait ignorés ; ce n'est souvent qu'avec bien de la peine que l'on parvient à en vérifier l'existence.

Obligé, pour mes études, de faire des recherches dans beaucoup d'auteurs, je m'étais souvent aperçu, après coup, d'erreurs que j'avais commises, faute d'avoir consulté tel ou tel ouvrage qui m'était inconnu dans le moment. Je résolus de me faire un catalogue, limité à la partie de l'Entomologie comprise sous la dénomination d'*hexapodes*, et habituellement *insectes*, qui me servît de guide dans les travaux que je pourrais entreprendre. Je me mis à l'ouvrage : et à mesure qu'un livre me passait entre les mains, j'en prenais un extrait, fait de sorte que, pour les ouvrages communs ou spéciaux, il me servît de *memento* et qu'il pût me remplacer les travaux épars dans les journaux. J'y joignais souvent quelques observations critiques qui pussent me guider dans les emplettes que je faisais pour ma propre bibliothèque.

Cet ouvrage, fruit de longues recherches, entrepris pour mon usage particulier, serait peut-être resté dans mes cartons, sans l'invitation de quelques amis qui pensèrent que mes notes mises en ordre pourraient former un livre qui ne serait pas sans utilité pour les personnes qui s'occupent d'Entomologie ; ils m'engagèrent aussi à y joindre quelques renseignements sur les auteurs, quand cela me serait possible. Je tins compte de cette dernière observation ; mais comme il ne s'agissait nullement de faire une biographie, j'ai supprimé tous les titres honorifiques ou autres, parce qu'ils n'avaient aucun rapport à l'Entomologie. J'ai seulement fait exception pour mon savant maître Latreille, et pour quelques autres auteurs célèbres.

Passons à la manière dont j'ai opéré mon travail.

Outre les livres relevés en originaux, soit dans ma propre bibliothèque, soit dans celles de mes amis et dans les bibliothèques publiques de Paris, j'ai puisé mes matériaux dans beaucoup d'ouvrages dont voici le relevé succinct :

Différents manuels ou bibliographies, comme celles de Debure, de Brunet, etc., etc. ;

Grand nombre de catalogues de ventes de bibliothèques particulières, de naturalistes ;

Beaucoup de recueils intitulés *Bibliotheca*, par Manget (J. J.), Bruchmann, Lelong, Scheuchzer, Gronovius, Schmitt, Munchausen, Voss, etc., etc., qui tous traitent des sciences physiques et médicales ;

Le catalogue des livres imprimés en Allemagne depuis le milieu du siècle dernier, et celui des ouvrages imprimés en Hollande ;

Le catalogue de la bibliothèque des Chirurgiens de Londres ;

Le catalogue des livres de la Société des Amis de la Nature de Berlin ;

Celui des livres de la Société Linnéenne de Londres;.
Le Bulletin des Sciences, par M. de Ferrussac.

En catalogues spéciaux, j'ai consulté :

Matériaux pour la connaissance des livres, par C. E.
R. von Moll (en allemand);

Matériaux pour la connaissance des livres entomologiques, par J. Roemer (en allemand);

Deliciæ Cobresianæ, par J. Cobres;

Le catalogue de la bibliothèque du chevalier Bancks;

La Bibliographie entomologique de C. Nodier;

Bibliotheca Scriptorum Historiæ naturalis, par
Boehmer;

Repertorium commentationum a Societatibus litte-
rariis editarum, par J. D. Reuss;

Différentes Notices abrégées, imprimées dans l'Encyclopédie méthodique, dans l'Introduction à l'Etude
des Insectes, par MM. Kirby Spence; dans les deux
éditions du Règne animal de G. Cuvier, dans la Philosophie entomologique de Fabricius, dans la Préface
de Sulzer, dans la Théologie des Insectes par Lesser,
édition de Lyonnet; dans l'Histoire des Crustacés et
Insectes de Latreille, etc., etc.

J'ai compulsé autant de mémoires de sociétés savantes, de recueils périodiques et de journaux scientifiques qu'il m'a été possible. Je puis citer :

Mémoires de l'Académie des Sciences de Paris;

Transactions philosophiques, Mémoires des Sociétés
royales de Berlin, de Saint-Pétersbourg, de Stockholm, d'Amsterdam;

Mémoires, sous différents titres, des sociétés Lin-
néennes de Londres et de Paris; d'Histoire naturelle

de Paris, de Bonn, de Berlin et de beaucoup de villes
d'Allemagne; Vernérienne de Philadelphie; des Sociétés entomologiques de Paris et de Londres.

En ouvrages périodiques :

Journal de Physique par Rosier de la Méthrie et de
Blainville; Magasin encyclopédique de Millin; Zoological Journal de Vigors; l'Isis de Oken; le Naturforscher; les Magasins de Leipzig, de Hambourg; les
Acta Eruditorum ; les Annales des Sciences naturelles,
celles des Sciences physiques de Bruxelles.

Les Magasins spéciaux d'Entomologie de Fuessly,
d'Illiger, de Scriba, de Wiedmann, de Germar, de
Silbermann, de Walker, le *Magasin de Zoologie* par
F. E. Guérin, etc., etc.

Enfin, j'ai relevé dans un grand nombre d'auteurs
la note des ouvrages cités en synonymie. Je ne me suis
servi de ce dernier moyen qu'avec une grande réserve,
ayant eu à rectifier un grand nombre de titres et de
noms d'auteurs.

Quant à la partie biographique, le *Dictionnaire* de
Moreri, la *Biographie universelle* de Michaud, une plus
récente dirigée par le général Beauvais, et surtout la
Biographie médicale, qui a paru comme complément
du Dictionnaire des Sciences médicales, sont les sour-
ces où j'ai puisé le plus.

Tous ces matériaux relevés, il restait à les mettre en
ordre. Je me demandais si je rangerais mon ouvrage
par ordre de matières ou par ordre alphabétique; le
premier moyen séduit au premier coup d'œil, mais il
a l'inconvénient de disperser tout ce qui appartient
au même auteur dans dix, vingt ou trente endroits

différents; je préférai l'établir de la seconde manière, c'est-à-dire par ordre alphabétique de noms d'auteurs, et d'y joindre une table méthodique, mais où les objets ne sont cependant groupés que sous les grands genres linnéens : car s'il avait fallu faire les travaux nécessaires pour ranger chaque espèce sous son genre moderne, ce serait une synonymie et non un catalogue qu'il aurait fallu dresser; et, malgré son utilité, je ne me sentais pas le courage d'entreprendre un pareil travail. Cette table se compose de diverses sections : les ouvrages généraux, les ouvrages spéciaux, les faunes, les monographies, etc., etc. Il est bien certain que tous les genres n'ayant pas été traités monographiquement, il ne suffit pas de chercher à la liste des monographes pour savoir ce qu'on a pu en dire; il faut aussi rechercher dans les ouvrages généraux, dans les faunes, etc., etc., et même quelquefois dans les voyageurs.

Mon plan de travail adopté, je me mis à ranger mes notes par auteurs, chaque auteur par ses années de publication, par époque, etc., etc. Je trouvais alors souvent dix ou douze fois la même note pour le même ouvrage, en cinq ou six langues différentes. Il fallut débrouiller ce chaos, et, pour ce, chercher à comprendre, pour comprendre traduire, et traduire plusieurs langues dont je ne m'étais jamais occupé, comme le suédois, l'allemand, le hollandais et l'anglais; je ne parle pas des langues méridionales. Ce surcroît de travail retarda beaucoup mon ouvrage; mais je parvins, au bout de quelque temps, à saisir la clef de la théorie de ces langues, les différences de désinence qu'offrent les mots qui ont un même radical, et c'était à peu près tout ce qu'il me fallait pour reconnaître le titre original de l'ouvrage.

Il se présenta ensuite une autre difficulté : c'était de savoir à quel auteur appartenait un ouvrage quand il sont plusieurs du même nom ; cela est souvent fort difficile dans les catalogues : quelquefois les surnoms sont, soit tronqués, soit intervertis dans leur ordre ; ou bien, en les traduisant, les lettres initiales que l'on a seules conservées ont été changées, comme dans *Guillaume* pour *Wilhelm* ; *Théophile* pour *Gottlied* ; mais le pays où l'auteur a écrit, le lieu de sa naissance ou de sa mort, quand on est assez heureux pour les connaître, aident un peu à sortir de ce nouvel embarras.

Je me suis donc efforcé d'établir, aussi bien que je l'ai pu, les noms des auteurs, leurs prénoms dans la langue de leur pays, la date de leur naissance et de leur mort ; ce qui aide à reconnaître les ouvrages de différents auteurs du même nom, et à démêler les réimpressions des éditions originales. J'ai rétabli le titre des ouvrages dans leur langue primitive, pour aider aux recherches dans les bibliothèques et pour se les procurer ; mais, pour faciliter les personnes qui ne comprennent pas certaines langues, j'ai donné un équivalent de ce titre en français ; j'ai indiqué les réimpressions, éditions, extraits, etc., etc., répandus dans les différents journaux : un extrait pouvant souvent remplacer le livre original ; mais, malgré tous mes efforts, je suis loin d'avoir fait ce que j'aurais voulu faire, et ce que peut-être d'autres auraient fait mieux que moi. Je sais que mon ouvrage sera toujours considéré comme une compilation qui ne demande ni connaissances positives, ni mérite d'imagination ; mais, malgré la défaveur attachée à ces sortes de travaux, je me regarderai comme payé de mes peines s'il peut être de quelque utilité à l'une des mille personnes qui cultivent l'Entomologie.

Malgré toutes mes recherches, beaucoup d'objets m'auront échappé. Je compte, si les savants daignent accueillir cet ouvrage, tout imparfait qu'il est, donner un supplément qui embrassera, non-seulement les ouvrages que j'aurais pu omettre, publiés avant l'année 1834, mais encore tous ceux dont la science se sera enrichie; je fais ici un appel à la complaisance, j'oserais presque dire à la générosité, de tous les Entomologistes, pour me faire passer la note des objets que j'aurais omis, ou pour relever les erreurs qui me seraient échappées; mais c'est surtout sur les recueils soit périodiques, soit de sociétés savantes, que je les prie de porter leur attention.

A. PERCHERON.

Paris, 40, quai des Orfèvres.

BIBLIOGRAPHIE

ENTOMOLOGIQUE.

A

AALBORG.
Tractatus de Apibus.
In-8. Hafniæ, 1642.

ABBOT (John).
1. Observations on papilio *Paniscus* (*Hesperia Paniscus*, Fabr.).
Trans. of the Linnean Society, vol. 5, 1800, p. 276.

2. Lépidoptères de la Géorgie. (*Voy.* Smith.)

ACERBI (Joseph).
Travels through Sweden, Finland, and Lapland, to the North-Cape, in 1798 and 1799 (*Voyage exécuté à travers la Suède, la Finlande et la Laponie, jusqu'au Cap-Nord, pendant les années 1798 et 1799*).
In-4. London.

ACHARIUS (Erik), professeur et médecin à Wadsna, en Suède, mort au commencement de 1820.

1. Beskrifning på insect *Cynips inanita* (*Description de l'insecte appelé :*).
Gotheborska. Handl. Vetensk. Afdeln, 1778, styck 1, pag. 72-74.

2. Bulbocerus ctt nytt slägte af Skal Insekter (*B. nouveau genre de Coléoptère*).

Vetensk. Acad. nya Handl., 1781, p. 244.

Traduction allemande, p. 243.

ACHRELIUS (Dan).
Contemplationum mundi.
C'est une suite et dix-neuf dissertations soutenues sous sa présidence par Wetter. L'ouvrage a été ensuite remis sous un nouveau titre.
Contemplationum mundi libri tres. Il y est traité des insectes page 330 et suiv.
In-4. Aboæ, 1682.

ADAM.
Ueber die Vertilgung der Maykafer und ihrer larven (*Sur la Description des Hannetons et de leurs larves*).
Voigts Magaz. 4, band, 1 st., p. 71, 75.

ADAMS (Georges).
1. Micrographia illustrata, etc.
In-4. London, 1743-46.
2. Plates to the Essays on the Microscope.
In-fol. London, 1787.
Ouvrages à consulter pour l'emploi du microscope.

ADAMS (Joseph), médecin anglais, mort en 1818.
Observations on morbid Poisons.
In-4. London, 1802.

ADAMS (Michel).
1. Description de trois Coléoptères inconnus de la Sibérie orientale.
Mém. de la Société impériale des Nat. de Moscou, t. 3, p. 165-173.

2. Descriptio Insectorum novorum imperii Rossici, imprimis Caucasi et Sibiriæ.
Mém. de la Soc. imp. des Nat. de Moscou, t. 5, p. 278-314.

ADANSON (Michel), célèbre botaniste, né à Aix, en Provence, mort en 1806.

Histoire naturelle du Sénégal.

In-4. Paris, 1757.

Edition allemande, avec des remarques, par Martini. (F. H. W.)

In-8. Brandenburg, 1773.

Autre, par Schreber.

In-8. Leipzig, 1773.

Il a aussi donné quelques notes dans les Mémoires de l'Académie des Sciences.

ADLERHEIM (Pehr).

Berättelse om et gjordt försök till forts Fjärilars hinrande at komma up och sägga sina agg uti frukttraden (*Essai sur un moyen de détruire les chenilles qui passent l'hiver sur les arbres ; Ph. Brumata*).

Vetensk. Acad. Handl., 1770, 32 band., p. 24-29.

ADLERMARCK (Carl, Gustaf).

1. Anmärkningar öfver Biens byggnads satt (*Remarques sur les ruches des Abeilles*).

Vetensk. Acad. Handling, 1792, p. 178 187.

2. Om Viseboets biggnad och tilkomst (*Sur les ruches des abeilles, avec des augmentations*).

Vetensk. Acad. Handling, 1793, p. 208-229.

ADMIRAL (Jacob l').

1. Naauwkeurige Waarneminge van viele gestalt verwistelude gekorvene Diertjens (*Observations curieuses sur les métamorphoses de beaucoup d'insectes*), avec 25 planches.

In-fol. Amsterdam, 1740.

Relaté. comm. litt. Norimb., 1740, p. 38.

Autre édition. Amsterdam, 1746 ?

2. Naauwkurige Waarneemingen de van veele Insekter of gekorvene Dierjes (*Observations curieuses sur plusieurs insectes*), 33 pl. coloriées.

In-fol. Amsterdam. 1762.

Autre édit. Amsterdam, 1774.

ÆLIANUS, médecin, né en Grèce vers le deuxième siècle.
De Natura Animalium, libri 27.
Il existe des éditions nombreuses de ses œuvres dans toutes
les bibliothèques.

AFZELIUS (Adam).
Observations on the genus *Pausus* and description of a new
species.
Trans. of the Linnean Society, vol. 4, 1798, p. 243.

AHLERS (F.-B.-P.).
Erfahrung von einer Bienenkönigin (*Expériences sur une
Reine d'abeilles*).
Braunschweig. Lüneburg. Landwirth-Schaftgesellsch. 2
band, p. 578.

AHRENS (Auguste).
1. Monographie der Deutschen Kohrkäferarten (*Monographie des espèces de Charançon d'Allemagne*).
Neue schrif. der Natur. Gesel. zu Hale. Erster band.
In-8. Hale, 1811.

2. Beschreibung der grossen Wasserkäfer arten (*Description d'un grand Scarabée d'eau;* Dytiscus).
Neue schrif. der Natur. Gesel. zu Hale. Erster band. Hale,
1811.

3. Fauna Insectorum Europæ.
In-18. Halle, 1812.
Fascicules en large, contenant chacun 24 figures d'insectes
de différents ordres ; les deux premiers sont de lui, les autres
jusques et y compris le 18ᵉ, sont de Germar.

4. Beytrage zur Kenntniss Deutscher käfer (*Matériaux
pour la connaissance des Scarabés de l'Allemagne*), avec 2 plan-
ches coloriées.
In-8. Halle, 1812.
Neue schrift. der Naturf. Gesell. zu Hale. Zweiter band.
Extrait dans le Mag. d'Entom. de Germ., t. 1, p. 65.

5. Description de la larve de la *Pyrochroa coccinea* (avec fig. col.).

Revue entom. de Silb., t. 1, 1833, p. 247.

AHRENS (Ge–Fried).

Verzeichniss einiger Schmetterlinge welche zu Schloss-Ballenstedt gefunden worden, nebs fr. Leop. Brunn Amnarkungen hierüber (*Catalogue de quelques papillons qui ont été trouvés au château de, etc.*).

Naturforscher 19, st. 1783, p. 209-220.

Fuessly. Neues Entom. Magaz., 2 band, 1 st., p. 55 et 64.

AIGNER (Ant).

Frage, ob ein recensent, venn er nur derb Schimpfen kann, darum auch schon recht haben müsse, von den Verfasser der freymüthigen gedanken (*Question? S'il suffit qu'un critique sache bien dire des injures pour avoir raison, par l'auteur des Pensées sincères*, p. 45).

In-8. Wien, 1782.

ALBIN (Eleazar), peintre anglais.

1. A natural History of English Insects.

In-4. London, 1720.

Autre édition anglaise, avec notes et observations de Derham.

In-4. London, 1724.

Autre édition latine, avec les notes de la précédente.

In-4. Londini, 1731.

Autre édition anglaise. London, 1736.

Autre édition anglaise. London, 1749.

Linné cite dans sa Faune une édition de cet ouvrage de 1710, mais je crois qu'il y a erreur.

Cet ouvrage se compose de 100 planches coloriées représentant en général des papillons.

2. A natural History of Spiders.

In-4. London, 1736.

53 planches dont les n° 40, 41, 42 seuls ont rapport aux insectes aptères.

ALBINUS (Bernhardus), médecin, né à Dessau le 7 juin 1653, son véritable nom était WEISS, mort à Leyde le 7 septembre 1721.

Diss. de Cantharidibus. Resp. E. Heinsius.

In-4. Francf., 1687.

Id. In-4. Francf., 1694.

ALBRECHT (J.-F.-E.).

Zootomische und physikalische Entdeckungen von der innern Einrichtung der Bienen, besonders von der art ihrer Begattung (*Descriptions zootomiques et physiques sur l'organisation intérieure des Abeilles, surtout en ce qui concerne leur génération*).

In-8. Gotha, 1775.

ALBRECHT (Johann-Zebastiani), né à Cobourg en Franconie le 4 juin 1695, mort dans cette ville le 8 octobre 1774.

Spicilegium ad Historiam naturalem Scarabei maximi platyceri, tauri nonnullis, aliis cervi-volantis *Raii* seu scarabei cornuti a Joh. *Demuralto* descripti.

Act. Acad. Nat. Curios., vol. 6, p. 404, obs. 120.

ALBRECHT (Johann-Peters), né à Hildesheim; on ignore l'époque de sa mort, mais on sait qu'il fut reçu membre de la Société des Curieux de la Nature en 1681.

De Insectorum Ovis sine prævia maris cum fœmella conjunctione nihilominus nunquaquam fœcundis.

Ephem. Acad. Nat. Curios., dec. 3, ann. 9-10 (1701-2), d. 26-28, Observ. 11.

ALDROVANDE (Ulysse), né le 11 septembre 1522, à Bologne, mort dans la même ville le 10 mars 1605. Un des auteurs qui aient le plus écrit sur l'histoire naturelle.

1. Historia Naturalis.

13 vol. in-fol. Bononiæ, 1599 et suivantes (c'est la bonne édition).

Le vol. traitant des insectes, le 4°, est intitulé : De animalibus insectis libri septem, cum singulorum iconibus advivum expressis. Il paru du vivant d'Aldrovande.

Bononiæ, in-fol., 1602.
In-fol. Francfort, 1623.
In-fol. Bononiæ, 1638.

On peut regarder ce volume comme un magasin où se trouve enfoui tout ce qui avait été dit antérieurement sur les insectes.

2. Encomia Formicarum (avec Michel Gehler).
Amphitheatr. Dornauii, t. 1.

ALEXANDER.
De Cantharidum Usu et Historia.
In-4. Edimb., 1769.

ALGREN (M).
Rön uti Bi-skötslen (*Discours sur les soins à donner aux Abeilles*).
Vetensk. Acad. Handling., 1776, p. 234-241; 1777, p. 185-91 et p. 328-33.
Edition allemande, 38 band, p. 238, et 39 band, p. 171 et 312.

ALIPONSONI (Giuseppe).
Lettera che contiene il Methodo di preparare e conservare pe'galinetti di storia naturale i Bruchi ed altri insecti.
Opuscoli Scelti, t. 12, p. 239-244.

ALLEN (Benjamin), médecin anglais qui vivait au commencement du dix-huitième siècle.
An account of a Gall-Bee and the *Scarabeus galealus pulsator* or the Death-Watch (*Observations sur un ennemi des Abeilles, et sur le*, etc.).
Phil. Trans. 1698, n° 245, p. 575.
Badd. 111, vol. 20, p. 302-371.

ALLIONI (Charles), né en 1725 et mort en 1804, à Turin, où il était professeur.

Manipulus Insectorum Taurinensium.

Mélang. de la Soc. roy. de Turin, années 1762 à 1765, t. 3, p. 185, n° 7.

ALLOATTI (M.).

Sperienze e reflessioni sulla seconda racolta de Bozzoli dentro lo stesso anno.

Opuscoli Scelti, t. 10, p. 423-428.

ALPINUS (Prosperus).

Rerum ægyptiacarum libri quatuor, avec figures.

In-4. Lugud. Batav., 1735.

AMOREUX (Pierre-Joseph), né vers le milieu du dix-huitième siècle, mort en 1825.

Notice des insectes de la France réputés venimeux.

In-fol. Paris, 1786.

Autre édition avec 2 planches.

In-8. Paris, 1789.

Autre édition.

In-8. Montpellier, 1809.

AMSTEIN (Jean-Georges), né en 1744 à Hauptwyl en Suisse, mort le 18 février 1794 à Pfeffers.

1. Geschichte des Fichtenspinners (*Histoire des fileurs de sapins ; Ph. Piniperda ?*).

Fuessly. Entom. Mag., 2 band, p. 232-271.

Fuessly. neu. Entom. Mag., 1 band, p. 44.

2. Spielarten des Rothen augenspiegels (*Variété du pap. à miroir des yeux rouges ; P. Appollo*).

Fuesly. neu. Entom. Magaz., 1 band, p. 183.

ANDERSON (James), agronome anglais, né en 1739, mort en 1808.

1. Five Letters to sir Jos. Banks, Bart. on the subject of *Cochinels insects,* discovered at Madras, tab. 2, ligno incisa 1.

2. A sixth Letter to sir Jos. Banks, p. 4.

3. A Seventh, Eighth, and Ninth Letters, p. 5.

4. A Tenth Letter, p. 5.

5. An Eleventh Letter, p. 6.

6. A Twelfth Letter, p. 2.

7. A Thirteenthly Letter, p. 2.
In-4. Madras, 1787.

8. A Fourteenth Letter, p. 4.
In-4. Madras, 1788.

Les six premières lettres en allemand. Naturforscher, 25 stuck, p. 189-220.

Les quatorze extraites en allemand par Meyer (F. A.) dans le Voigts Magaz., 6 band, 1 st., p. 24-27.

9. Letters on *Cochineal* continued , p. 36, avec 2 pl.
In-4. Madras, 1789.

10. The conclusion of Letters on *Cochineal*, p. 21.
Madras, 1790.

11. An account of the importation of American *Cochineal* insects into Hindostan.
In-8. Madras, 1795.

12. Recreations in agriculture natural history the arts, and micellaneous litterature.
6 vol. in-8. London, 1799.

ANDERSON (Johann), né à Hambourg en 1674, mort en 1743.
Nachrichten von Island Gronland and der strasse Davis (*Renseignements sur*, etc..., avec planches).
In-8. Frankfurt et Leipzig, 1747.
Edition française. 2 vol. in-12. . . . . . 1754.

ANDREWS (James-Petitts).
Anecdotes ancient and modern, with observations and supplément.
In-8. London, 1789.

ANGELINUS (Fulvius).

De Verme admirando per nares egresso.

Ravenæ, 1610.

ANSLYN.

1. Catalogue des insectes des Pays-Bas.

Natuurk. Verhand. van de Maatsch. der Wetensch. te Harlem, t. 16, 1re part., p. 125, 1828.

2. Liste supplémentaire des insectes des Pays-Bas.

Natuurk. Verhand., vol. 17, part. 2.

ANTHOINE (d').

Cynipédologie du Chêne roure (*quercus robur*).

Nouveau Journal de Physique, t. 1, p. 34-39.

AUDOUIN (Jean-Victor), professeur d'entomologie au Muséum d'histoire naturelle de Paris.

1. Recherches anatomiques sur le thorax des insectes.

Nouv. Bull. de la Société Philom., 1820, mai, p. 72.

2. Anatomie d'une larve apode (conops?) trouvée dans le Bourdon des pierres, avec 1 figure (conjointement avec LACHAT).

Mémoire de la Société d'Histoire naturelle de Paris, t. 1, part. 1, p. 329.

Journal de Physique, avec 1 pl., t. 88, 1818, p. 228.

3. Recherches anatomiques sur le thorax des animaux articulés et celui des insectes hexapodes en particulier.

Extrait des Annales des Sc. nat., t. 1, 1824, p. 97.

4. Lettre sur la génération des insectes, adressée à M. Arago, président de l'Académie des Sciences.

Extrait des Ann. des Sc. nat., t. 2, 1824, p. 281.

5. Recherches anatomiques sur la femelle du Drillus flavescens et sur le mâle de cette espèce.

Extrait des Ann. des Sc. nat., t. 2, 1824, p. 443.

6. Prodrome d'une histoire naturelle, chimique, etc., des Cantharides. Thèse.

In-4. Paris.

7. Recherches pour servir à l'Histoire des Cantharides.
Extrait des Ann. des Sc. nat., t. 9, 1826, p. 31.

8. Résumé d'Entomologie, ou histoire naturelle des animaux articulés (atlas de 48 pl.).
2 vol. in-32. Paris, 1829.
Cet ouvrage est en commun avec M. Miln Edwards.

9. Explication sommaire des planches d'insectes de l'ouvrage de la commission d'Egypte.
In-fol. Paris, 1825, et in-.... 1827.

10. Description de la Cicindela quadrimaculata.
Magaz. Zool. de Guérin, 1832, Ins. n° 18.

11. Observations sur une chenille du genre Dosithea, et sur une larve d'Ichneumon qui vit à ses dépens, avec 1 pl.
Ann. de la Soc. entom. de France, t. 3, 1834, p. 417.

12. Observations sur un insecte qui passe en grande partie sa vie sous la mer.
Extrait des nouv. Ann. du Mus. d'Hist. nat., t. 3, p. 117.

ARISTOTE, né à Stagyre, sur les confins de la Thrace, environ 384 ans avant notre ère, et mort à l'âge de 63 ans; le père de la zoologie.
Animalium libri decem.
Il existe beaucoup d'éditions de ses œuvres dans toutes les bibliothèques.

ARTURE.
Observations sur l'espèce de ver nommé Macaque (*OEstrus*).
Mém. de l'Acad. des Sc. de Paris, ann. 1753, Hist., p. 72.
Edition in-8. Hist., p. 106.

ASCANIUS (Petrus).
Descriptio Aphidis Tremulæ populi.
Prodr. Act. Hafn., p. 127-133.

ATZE (Christ-Gottl.).
Naturlehre fürs Frauenzimmer (*Histoire naturelle à l'usage des demoiselles*).
In-8. Breslau et Leipzig.

AUBÉ (Charles).

1. Description de deux Coléoptères nouveaux des genres *Ptilium* et *Hister* (avec fig.).
Ann. de la Soc. entom. de France, t. 2, 1833, p. 94 à 96.

2. Note sur la famille des Psélaphiens.
Ann. de la Soc. Entom. de France, t. 2, 1833, p. 502.

3. Pselaphorum Monographia.
Magaz. Zool. de Guérin, 1833, n°ˢ 78 à 94.

AVELIN (Gabriel-Emmanuel).
Diss. de Miraculis Insectorum.
In-4. Upsal, 1752.

AZZARA (don Félix de), né en 1746.
Voyage dans l'Amérique méridionále.
4 vol. in-8. Paris, 1809.

B

BACON (lord Verulane), né en 1561, mort en 1626. Célèbre philosophe anglais.
Works (ses œuvres).
5 vol. in-fol. London.
Il en existe plusieurs autres éditions dans différentes langues; il n'y est question d'insectes que sous le rapport des merveilles de la création.

BAECK (Abraham).
Beskrifning om gräsmatken (*Insectes nuisibles aux graminées*).
Vetensk. Acad. Handl., 1742, p. 40-46.
Analecta transalpina, t. 1, p. 200-204.

BAEKNER (Michael-Andreas).
De Noxa Insectorum.
In-4. Upsal, 1752.
Id. Amœnitates academicæ, t. 5.

BAIER (Jean-Jacques), né à Iena le 14 juin 1677, mort à
Altdorf le 14 juillet 1735.

De Ephemeri vita (*page 54 de l'ouvrage suivant*), Adagium
medicinalium centuria.

In-4. Francfort and Leipzig, 1718.

L'ouvrage avait paru auparavant en 9 cahiers, depuis 1711,
intitulés Syllogismus, etc.

BAKER (Henri), savant physicien, né à Londres vers le
commencement du dix-septième siècle, mort le 25 novembre 1774. Il est principalement connu par ses observations
microscopiques.

1. Experimenta et observationes de Scarabæo qui tres
annos sine alimento vixit.

Philos. Transactions, n° 457, p. 441.

2. A Letter concerning the grubbs destroying the gras in
Norfolk (*Lettre sur le ver coquin* (*Melolontha*) *qui détruit le
gazon dans Norforlk*).

Philos. Trans., vol. 44, 1747, n° 484, p. 576.

3. Of Microscopes and the discoveries made thereby (*Sur
le Microscope et les découvertes operées par lui*).

2 vol. in-8. London, 1785.

C'est probablement une nouvelle édition faite après la mort
de l'auteur, ou une refonte de deux autres ouvrages du même
genre, de lui, mais qui ne me sont connus que par des traduc-
tions allemandes, et par une traduction française dont voici
le titre :

Le Microscope mis à la portée de tout le monde (trad. par
le père Pezenas).

In-8, 1754.

BALDANUS (Ant.).
Locustæ majores, quibus Johannes in deserto vitam tolerare dicetur.
Comm. Bononiens, t. 5, p. 53.

BANCROFT (Edward).
1. An Essays on the natural history of Guiana in South-America.
In-8. London, 1769.
En allemand, in-8. Frankfort et Leipzig, 1769.

2. Experimental Researches concerning the philosophy of permanent colours.
In-8. London, 1794.

BANISTER (John), botaniste anglais.
Some Observations concerning *Insects* made in Virginia, ann. D. 1680, with remarks on them, by J. Petiver.
Philos. Transact., vol. 22, 1701, n° 270, p. 807-14.
Badd. 4, p. 15.

BARBOTEAU.
1. Description d'une Mouche maçonne.
Mém. de l'Acad. des Sc. de Paris, ann. 1776, Hist., p. 19.
2. Essais sur la Fourmi.
Journal de Physique, t. 8, p. 383-95 et 444-469; t. 9, p. 21-36 et p. 88-96.

BARBUT (J.).
The Genera insectorum (*Les genres des insectes de Linné constatés par divers échantillons d'insectes d'Angleterre*) anglais et français (20 pl. col.; 2 pl. au trait).
1 vol. in-4. Londres, 1781.

BARCLAY (John).
An Inquiry into the opinions, ancient and modern, concerning life and organisation (*Recherches sur les opinions anciennes et modernes sur la vie et l'organisation*).
In-8. Edinburgh, 1822.

BARHAM.

1. An Essais upon the silk-worm (*Essais sur le ver à soie*). In-8. London, 1719.

2. Experiments and Observations on the production of silk-worm, and of thier silk in England. (*Observations sur la production du ver à soie et sur la soie en Angleterre*).

Philos. Trans., vol. 30, n° 362, p. 1036-38.

BARICELLI (Jules-César), né dans le diocèse de Bénévent, vivait au commencement du dix-septième siècle.

De Apum Natura et Sagacitate (pag. 532 de son ouvrage intitulé, Hortulus genialis).

In-12. Bologne, 1617.

In-12. Bologne, 1621.

In-12. Genève, 1625.

BARON.

Recherches sur les Sauterelles et sur les moyens de les dé-truire (Grillus migratorius).

Journal de Phys., t. 29, p. 521-330.

BARRELIER (Jac), né à Paris en 1606, religieux dominicain, botaniste, mort en 1673.

Plantæ per Galliam, Hispaniam et Italiam observatæ.

In-fol. Paris, 1714.

Autre édition. Paris, 1771.

Cet ouvrage a été publié par Jussieu, après la mort de l'auteur; il contient quelques insectes, et Fabricius le cite avec éloge dans sa Philosophie entomologique.

BARROW (John).

Account of travels in to the interior of southern Africa, in the yars 1797, 1798, etc. (*Voyage dans l'intérieur de l'Afrique méridionale*).

In-4. London, 1801.

Extrait de son Voyage en ce qui concer ie les migrations de sauterelles dans le Mag. zur inseckt. d'Illiger, 4 band, 1805, p. 220.

BAROWSKY (George-Heinrich).
Gemeinnützige naturgeschichte des Thierrischs (*Histoire naturelle des animaux à l'usage de tout le monde*).
10 band in-8. Berlin, 1780-81-82-83-84-85-86-87-88-89 (avec 48 pl. col.).
Les cinq derniers cahiers sont de Herbst.

BARTHÉLEMY.
Observations sur le genre Plochionus.
Annales de la Soc. Entom. de France, t. 3, 1834, p. 429.

BARTHOLIN (Thomas), né le 20 octobre 1616 à Copenhague, mort le 4 décembre 1680.
Diss. de confectione Alchermes, quam Hafniæ J.-G. Becker dispensare constituit.
In-4. Hafniæ, 1672.

BARTHIUS (Jo.-Math.).
Dissert. de Culice (2 pl.).
In-4. Ratisbonæ, 1737.

BARTON (Benjamin-Smith).
An Inquery into the question, whether the Apis mellifica, or true honey-bee, is a native of America (*Recherches sur cette question, l'*Apis mellifica *est-elle indigène de l'Amérique?*)
Trans. of the American Society, vol. 3, p. 241-261.

BARTRAM (William).
Travels through N. and S. Carolina Georgia, E. and W. Florida, etc. (*Voyage dans,* etc.).
In-8. Philadelphia, 1791.
Autre édition, 1792.
Traduction française, 2 vol. in-8. Paris, an 7 ou 1799.

BARTRAM (Moses), médecin aux États-Unis.
Observations on the native silk-worms of North-American (*Observations sur le ver à soie indigène de l'Amérique du Nord*).
Trans. of the American Society, vol. 1, p. 224-230.
Journal de physique, t. 2, p. 51-56.

BARTRÁM (John), né en Pensylvanie en 1701.

1. Observations on the inhabitans,... *animals*, etc., in his travels to Onondago Oswego and the lake Ontario.
In-8. London, 1751.

2. An account of some very curious Wasp-Nests made of clay in Pensylvania (*Sur un nid très-curieux fait d'argile par une guêpe de Pensylvanie*), avec pl.
Philos. Transact., n° 476, p. 363.

3. Description of the great black Wasp from Pensylvania (*Description d'une grande guêpe noire de*, etc.).
Philos. Transact.; n° 493, p. 278.

4. Observations on the Dragon-Fly, or Libella of Pensylvania (*Observations sur le dragon-mouche, ou libellule de*, etc.).
Philos. Transact., vol. 46, 1750, n° 494, p. 323-25 et 400-2.
En allemand. OEkonom. Physik. Abhandl. 9. Thèse, p. 224.

5. Observations on the Yellowish-Wasp of Pensylvania.
Philos. Transact., vol. 53, p. 37.
En allemand. Neu. Hamburg Magaz., 70 st., p. 369-71.

BASSI (C.).

1. Description du genre *Malacogaster*.
Guérin, Magaz. de Zoologie, 1833, Ins., n° 99.

2. Sur le genre *Cardiomera* (carabiques), avec fig.
Ann. de la Soc. Entom. de France, t. 3, 1834, p. 319.

3. Notice sur une monstruosité du *Rhizotrogus castaneus*.
Ann. de la Soc. Entom. de France, t. 3, 1834, p. 373.

4. Description de quelques nouvelles espèces de Coléoptères de l'Italie (avec 1 pl.).
Ann. de la Soc. Entom. de France, t. 3, 1834, p. 463.

BASTER (Job), né à Ziriksee, dans la Zélande, en 1711, et mort en 1775.

Over het gebruik der sprielen by de Insecten (*Observations sur l'usage des antennes des insectes*).
Verhand. van de Maatsch te Haarlem, 12 deel. p. 147-188.

BATTARA (Jean-Antoine), curé et médecin à Rimini, où il mourut en 1789.

Rerum naturalium Historia, nempè quadrapedum Insectorum, etc....., existantium in museo Kircheriano, nova methodo distributa.

In-fol. Romæ, 1773.

BAUDET DELAFAGE (Marie-Jean).

Essais sur l'Entomologie du département du Puy-de-Dôme ; Monographie des Lamelli-antennes.

In-8. Clermont, 1809.

BAUHIN (Jean), né à Bâle en 1541, et mort à Montpellier en 1613.

1. Historia admirabilis fontis Bollensis, in ducato Wirteenbergico, cum plurimis figuris variorum Insectorum quæ in et circa hanc fontem reperiuntur.

In-4. Montisbeligardi, 1598-1660.

En allemand. In-4. Stutgarten, 1602.

2. De aquis medicatis nova Methodus, avec pl.

In-4. Montisbeligardi, 1605-7-12.

BAUMER (Iohannes-Paulus).

Dissert. de Apum cultura, cum primis in Thuringia. Resp. G. F. E. Albrecht.

In-4. Erfodiæ, 1770.

BAUMHAUER.

Nouvelle Classification des Mouches à deux ailes.

In-8. Paris, 1800.

C'est un extrait de l'ouvrage de Meigen.

BAUNIER.

Traité pratique pour l'Education des Abeilles (avec pl.).

1 vol. in-8. Vendôme, 1806.

BAXER.

De Cutis Mutatione in Locusta aquatica.

Philos. Trans., n° 483.

BAYLE-BARELLE.

Saggio introno agli insetti nocivi ai vegetabili economici (2 pl. col.).

In-8. Milano, 1809.

BAZIN (Gilles-Augustin), de Strasbourg, mort au mois de mars 1754.

1. Observations sur l'Effet de l'huile sur les chenilles.

Mém. de l'Acad. des Sc. de Paris, A. 1738, Hist., p. 39.

Edition in-8, A. 1738, Hist., p. 54.

2. Observations sur les Plantes et leur analogie avec les Insectes.

In-8. Strasbourg, 1741.

En allemand. Hamb. Mag., 4 band, p. 419.

3. Histoire des Abeilles (12 pl.).

2 vol. in-12. Strasbourg, 1744.

4. Histoire abrégée des Insectes.

4 vol. in-12. Paris, 1747.

4 vol. in-12. Paris, 1750.

Ces deux ouvrages ne sont qu'un abrégé, en forme de dialogue ou de lettres, des Mémoires de Réaumur.

BEATLEY.

Entomological Tour in South Devon. (Conjointement avec EHAUT.)

Walker Entom. Magaz., n° 2, janvier 1833, p. 180.

BECHSTEIN (Johann-Matthäus).

1. Naturgeschichte des In-and-Auslanden Insekten (*Histoire naturelle des insectes indigènes et exotiques*).

In-8. Nurnberg, 1793.

2. Vollständige Naturgeschichte der schädlichen Forstinsecten (*Histoire naturelle complète des insectes nuisibles aux forêts*, avec 3 planches).

2 vol. in-4 Leipzig, 1805.

Cet ouvrage a été fait en commun avec Scharfenberg.

Autre édition. Gotha, 1818, 4 pl. col.

Autre édition. 2 vol. in-8, avec 4 pl. col. et 1 en noir. Gotha, 1 vol., 1829, revu par D.-E. Müller. 2 vol., 1835, revu
par T.-F.-A. Desberger.

Cet ouvrage forme la 4ᵉ partie d'un plus considérable sur
les forêts et la chasse.

BECK (von L.)
Beytrage zur Baierschen Insekteñ Faune (*Matériaux pour
la faune bavaroise*).

In-8. Augsburg, 1817.

BECK (Abr.).
Beschreibung der Grassraupen, die in ungewohnlicher
menge erschienen (*Description des chenilles d'herbes qui paraissent en quantité extraordinaire*).

Schwed. Akad. Abhand., 1742, p. 51.
Fuessly. neu. Entom. Magaz., 2 band, p. 347.

BECKMANN (Johann), l'un des savants les plus recomman-
dables de l'Allemagne, né le 4 juin 1739 à Hoya, dans l'élec-
torat de Hanovre, mort le 13 février 1811.

1. Anfangsgründe der Naturhistorie (*Principes d'histoire
naturelle*).

In-8. Bremen et Göttingen, 1767.
Suite in-8. Frankfort et Leipzig, 1785.

2. Eine bequemere Einrichtung der Insecten Sammlungen
(*Sur un plus commode arrangement des collections d'insectes*).

Beschäftig. der Berlin. Gesellsch. Naturf. frend., 1775-79,
t. 2, p. 69-78.

5. Kermes, Cochenille.
Dans ses Beyträge zur Gesch. der Erfindungen, vol. 5, p.
1-46.

BECKWITH (John).
The History and Descriptions of four new Species of Pha-
æna (4 noctuelles).

Trans. of the Linnean Society, t. 2, 1794, p. 1-6.

BELLARDI (Lodovico).

Estratto della memoria, in cui proporosi un mezzo facile ed economico per nutrire i *Bachi da Seta* in mancanza della foglia recente di mori.

Opuscoli Scelti, t. 10, p. 179-184.

BELON (Pierre), célèbre médecin et naturaliste du seizième siècle.

1. Observations de plusieurs Singularités et Choses mémorables trouvées en Grèce.

In-12. Paris, 1554.

2. Portraits d'Oiseaux, Animaux, etc., d'Arabie et d'Égypte.

In-4. Paris, 1557.

Autre édition, 1618.

BENNET (J.-A.).

Traité sur les Insectes des Pays-Bas.

Natuurkundige Verhandl. van de Holland. Maetsch. der Wetensch. te Harlem.

In-8. Harlem, 1825.

Cet ouvrage est fait en commun avec G. van Olivier.

BENNET (E.-T.).

General Observations on the Anatomy of the Thorax in Insects and on ist fonctions during flight.

Zoological Journal, t. 1, 1824, octobre, p. 391-397.

BERELIO (Georgio).

Diss. de Insectis. Resp. ol. Reppserus.

In-8. Upsal, 1675.

BEREND (G.-C.).

Dei Insecten in Bernstein (*Sur les insectes qui se trouvent dans l'ambre*), 1re livraison.

In-4. Danzig, 1830.

BERGEN (Carolus-Augustus a), né le 11 août 1704 à Francfort-sur-l'Oder, mort le 7 octobre 1760.

1. Progr. de Alchimilla, gramineo et baccisquæ circa ra-
dices ejus reperiuntur.

In-4. Francf.-O., 1739.

2. Epistola de Alchimilla ejusque coccis (2 planc.).

In-4. Francf.-O., 1748.

BERGIUS (Peter-Jonas), médecin et botaniste suédois,
mort en 1791.

Anmärkningar öfer Herbarier, och deras skadande af Insecter (*Remarques sur les herbiers et les collections d'insectes*).

Vetensk. Acad. Handl., 1786, p. 302-309.

BERGMANN (Torbern), né le 9 mars 1735 à Catharina-
berg, dans la Gothie occidentale, mort le 8 juillet 1784; ne s'est
occupé d'insectes que dans sa jeunesse ; il s'est ensuite livré à
l'étude de la chimie.

1. Ett sällsamt Galle-äpte (*Sur une nouvelle noix de galle ;*
Cynips).

Vetensk. Acad. Handl., 1762, p. 139.

Traduction allemande, 1762, p. 140.

En latin dans ses *Opuscula,* vol. 5, p. 141-45.

2. Beschreibung einiger neuen insekten (*Description de
quelques nouveaux insectes*).

Jacquin. Miscellanea Austriaca, vol. 2.

3. Huru Kunna Maskar som gora skada af frukt-träd me-
delst blommarnas och löfwans afftrande, etc. (*Sur les domma-
ges que les chenilles peuvent causer aux fruits,* etc.).

Stockholm, 1763.

4. Classes Larvarum definitæ.

Nova Acta Upsalensia, vol. 1, p. 58.

Dans les *Opuscula,* vol. 5, p. 131.

5. Anmärkningar om wild-skräpukar och säg-flugor (*Observations sur les fausses chenilles et mouches à scie*).

Vetensk. Acad. Handl., 1763, p. 154.

Traduction allemande, 1763, p. 165.

Fuessly's Neu. Magaz. der Entom., 3 band., p. 53-64.

6. Bref engående anmärkningarna, som utkommit öfer det svar på frågan om skadeliga frukt-träds-maskar, hvilket vunnet den Af. K. Akad. utlöfvada belöningen (*Lettre contenant quelques remarques sur la réponse à faire aux questions proposées par l'Académie royale : Quel dommage les chenilles peuvent faire aux arbres*, etc.).

In-8. Stockholm, 1764.

Swar på, etc. (*Réponse sur le même sujet*), imprimée avec celles de C. F. LUND et A. MODEER.

In-8. Stockholm, 1769.

Swar på, etc. (*Réponse sur le même sujet*), imprimée avec celles de J. LECHE, R. SCHRODER, C. N. NELIN, C. V. LINNÉ et Q. SIDBECK.

In-8. Stockholm, 1783.

7. Supplementum Historiæ Reaumurianæ Tenthredinum.
Nova Acta Upsalensia, t. 3, 1767, p. 166, pl. 43.
Dans les *Opuscula*, t. 5, p. 146-170.

8. Uplysning om de Skadelige Tall-Maskarne (*Éclaircissements sur une chenille nuisible du pin*; B. Pythiocampa ?).
Vetensk. Acad. Handl., 1769, p. 272-76.
Dans les *Opuscula*, vol. 5, p. 171-175.
Fuessly's Neu. Magaz. der Entom., 3 band, p. 69.

Fuessly pense que cette larve pourrait être celle d'une Tenthrède.

9. Anmärkingar om Bi. (*Remarques sur les abeilles , et de la manière d'évaluer par le poids les différences qui se trouvent dans leur quantité de miel.*)
Vetensk. Acad. Handl., 1779, p. 300-29.
Traduction allemande, p. 266.
Dans les *Opuscula*, vol. 5, p. 176-209.

BERGTRAESTER (Johan.-Andr.-Benignus).
1. Elwas von der Naturgeschichte der *Phalæna fimbria*, Linn. (*Un mot sur l'histoire naturelle de la phalæna*, etc.).
Schrifften der Berlin. Gesell. Naturf. freu., band 1, p. 297-300.

2. Entomologia Erxlebeniana in scolarum usum concinna.
In-8. Hanau, 1776.

Autre édition. Hanov., 1784.

C'est la partie entomologique de l'ouvrage intitulé *An-fangsgründe der Naturgeschichte*, par ERXLEBEN, à laquelle il a été ajouté quelques articles.

3. Ueber die Insecten mit flugeldeckten, ein auszug aus dem Degeer mit Anmerkungen (*Sur les insectes coléoptères, extrait de Degeer, avec des remarques*).

Hananische Magaz., 1 band, p. 105.

4. Ueber den Weissdornspanner nach Sepp (*Sur la chenille qui fait des toiles sur l'aubépine, d'après Sepp; Ph. Crategata seticornis*).

Beschaft. der Berlin. Gesell. Naturf. frend., band 4, 1775-79, p. 29-41.

5. Nomenklatur und Beschreibung der Insekten in der graffchaff Hanau-Münzenberg, etc. (*Nomenclature et description des insectes du comte de Hanau-Münzberg*).

In-4. Hanau, 1ʳᵉ année, 1779, pl. 1 à 14; 2ᵉ année, 1779, pl. 15-48; 3ᵉ année, pl. 49-72; 4ᵉ année, 1780, pl. 73-96.

Les 2ᵉ, 3ᵉ et 4ᵉ années de cet ouvrage contiennent les papillons, et ont paru à part, sous le titre de :

Naturgeschichte der Europäischen, Tagefalter, Erhalten (*Histoire naturelle des papillons de jour d'Europe*, 3 cahiers avec 82 planches).

6. Abbildungen und beschreibung aller bekanten Europäischen Tagfalter (*Représentation et description de tous les papillons de jour connus en Europe*).

In-4. Hannov., 5 decades, 1779-81.

7. Erganzungen des Röselschen Insekten werks (*Complément à l'ouvrage de Ræsel sur les insectes*).

1783?

BERGSTRAESSER (Heinrich-Wilhelm).

Sphingum Europæarum larvæ, quot quot adhuc innotuerunt, ad Linnærum, Fabricianum et Viennensium imprimis catalogos recensitæ, etc. (avec 14 pl.).

In-4. Hanau, 1782.

BERK (Van).
Verhandeling ten bewijze, etc. ?
In-12. Harlem, 1807.

BERKENHOUT (John), médecin anglais, mort en 1791.

1. Outlines of the natural history of Great-Britain and Ireland.

3 vol. in-8. London, 1771-72.
Les animaux sont contenus dans le premier volume.

2. Synopsis of the natural history of Great-Britain and Ireland.

2 vol. in-8. London, 1789.

BERNATOWITZ.
Mémoire sur la Chenille de l'alizier, qui fait des ouates.
Biblioth. universelle de Genève, fév. 1825.

BERNEAUD (Thiébaut de).
Voyage dans l'île d'Elbe.
In-8. Paris, 1808.
Edition anglaise, in-8. London, 1814.

BERNITZ (Martinus-Bernardus a.), chirurgien du dix-septième siècle.

1. Gammarus alatus seu Papilio elegans et rarus signaturam gammari habens.
Miscell. Acad. Nat. Curios., déc. 1, ann. 2, 1671, p. 171.

2. De usu et utilitate Cocci polonici.
Ephem. Acad. Nat. Curios., dec. 1, ann. 3, p. 143-146.

BERNOUILLI (Jean), l'Archimède de son siècle, né à Bâle le 27 juillet 1667, et mort dans la même ville le 1er janvier 1748.

Obs. de quorumdam Lepidopterum facultate ova sine præ-
gresso coitu fœcunda excludendi.

Nova Mem. Acad. a Berlin, 1772, p. 24-35.

Journal de Physique, t. 13, p. 104-113.

Opusculi scelti, t. 2, p. 217-222.

Neu. Hamburg Magaz., 96 st., p. 504-525.

BERTALDI (Jean-Louis), né à Murello en Piémont.
Confectio de Hyacintho et confectio Alchermes.
In-4. Taurini, 1613.
Autre édition. Taurini, 1619.

BESLER (Michel-Rupert).
Gazophilacium rerum naturalium, etc.
In-fol. Nurnberg, 1642.
Autre édition in-fol. Lipsiæ et Frankofort, 1716.
Autre édition in-fol. Lipsiæ et Frankofort, 1733.

BESSER (W.).
Addimenta et Observatiunculæ in Tentyrias et Opatra.

Mém. de la Soc. Imp. des Nat. de Moscou, t. 8, ou Nouv.
Mém., t. 11, p. 1-22, avec 1 pl., n° 1.

BETTI (Zaccaria), poète italien du dix-huitième siècle,
fondateur de l'Académie d'Agriculture de Vérone.

1. Memorie intorno alla Ruca di Meli (3 pl.).
In-8. Verona, 1760.

2. Del Baco da Seta (poëma), canti. 4, con annotazione.
In-4. Verona, 1765.

BEVAU (Edward).
The Honey Bee (*Sur les mouches d miel*).
Walkers the Entom. Magaz., n° 8, juillet 1834, p. 270-76.

BIBIANA (Franciscus).
Spicilegium de Bombyce.
Comment. Instit. Bononiens., t. 5, pl. 1, p. 9-81.

BICHENO (J.-E.).

An address delivered at the anniversary Meeting of the zoological club of the Linnean Society.

In-8. . . . . . 1826.

BIEBERSTEIN (Bar. Marschal de).

Notice sur quelques Insectes du Caucase.

Mém. de la Soc. Imp. des Nat. de Moscou, t. 11, p. 1-5, avec 2 pl., n°ˢ 1-11.

BIERKANDER (Cla.), pasteur en Westrogothie, mort en 1795.

1. Biens Flora. (*Flore des abeilles*).
Vetensk. Acad. Handl., vol. 36, 1774, p. 20-41.
Traduction allemande, p. 21.
Fuessly's neu. Entom. Magaz., 3 vol., p. 80.

2. Om Maskar af fluge slägtet såsom Skadelige for Bien (*Sur une larve et une mouche qui en provient, nuisibles aux abeilles*).
Vetensk. Acad. Handl., vol. 37, 1775, p. 226-262.

3. Om Rot-Masken (*Sur une larve qui attaque les racines*).
Vetensk. Acad. Handl., vol. 39, 1777, p. 29-43.
En allemand : Lichtenberg's Magaz., 2 band, 1 st., p. 101-104.

4. Beschreibung der Rockenrwergmade (*Description d'une larve qui attaque le seigle;* Musca pumilionis).
Schwed. Akad. Abhandl., vol. 40, 1778, p. 231.

5. Råg-Dvergs-Maskar (*Phalæna secalis.*)
Vetensk. Acad. Handl., vol 40, 1778, p. 240.
Traduction allemande, p. 277.

6. Om Hvitax-Masken (*Sur le ver blanc*).
Vetensk. Acad. Handl., vol. 40, 1778, p. 289-93.

7. Slö Hafre Masken (*Description d'une larve qui détruit l'avoine;* Ph. Noct. tritici).
Vetensk. Acad. Handl., vol. 40, 1778, p. 334.
Traduction allemande, p. 324.

8. Om Rot-Masken (*Sur une larve qui attaque les racines du chou-rave;* mouche).

Vetensk. Acad. nya Handl., 1779, p. 161-64.

Traduction allemande, p. 185.

Journal für die Gartenkunst, 7 st., p. 437.

9. Beskrifning på et högts. skadlig Rot mask. (*Description d'une larve très-nuisible aux racines;* Elater segetis).

Vetensk. Acad. nya Handl., 1779, p. 284.

Traduction allemande, p. 254.

10. Beskrifning på tvänne slägs maskar, som funnits på Rot-Kal (*Description des métamorphoses d'une larve qui se trouve d la racine des choux.*)

Vetensk. Acad. nya Handl., 1780, p. 194-96.

11. Beskrifning på en härtils okänd hallon mask (*Description d'une nouvelle chenille du framboisier;* Tinea).

Vetensk. Acad. nya Handl., 1781, p. 20.

Traduction allemande, p. 19.

12. Hafre Masken (*Sur une larve qui attaque l'avoine*).

Vetensk. Acad. nya Handl., 1781, p. 171-72.

Traduction allemande, p. 174.

13. Berättelse om maskar uti grädda (*Description d'une larve trouvée dans la crême;* Musca vomitoria).

Vetensk. Acad. nya Handl., 1781, p. 171.

Traduction allemande, p. 75.

14. Beskrifning på en mask, Hvilken om hösten upäler Ragbrodden (*Description d'une larve qui attaque le seigle en automne*).

Vetensk. Acad. nya Handl., 1783, p 152-54.

Traduction allemande, p. 149.

15. Beskrifning på en Hallonmask (*Description d'une larve qui vit dans la framboise;* Musca).

Vetensk. Acad. nya Handl., 1783, p. 246.

16. Anmarkning om socker på Gran (*Observations sur le sucre des pins;* divers pucerons).

Vetensk. Acad. nya Handl., 1784, p. 238-40.

Traduction allemande, p. 241.

Crell'. Chemische Annalen., 1786, 1 band, p. 351-355.

17. Beskrifning på tvenne Maskar, som skada Blomstren på frukt träd (*Description de deux larves qui font du tort aux fleurs et aux fruits*).

Vetensk. Acad. nya Handl., 1785, p. 156-58.

18. Berättelse om en brun färg af Bladlöss (*Remarques sur la couleur brune de certaines feuilles des arbres*).

Vetensk. Acad. nya Handl., 1787, p. 237-238.

19. Om Maskar, som skada kornet (*Sur une larve qui fait du tort au blé*).

Vetensk. Acad. nya Handl., 1789, p. 232.

20. Om en Thrips, som skadar kornbrodden (*Sur le thrips et les dégâts qu'il cause au blé*).

Vetensk. Acad. nya Handl., 1790, p. 226-29.

21. Beskrifning på tävnne nya Phalæner, och en Ichneumon (*Description de deux nouvelles phalènes et d'un ichneumon*).

Vetensk. Acad. nya Handl., 1790, p. 132-35.

Traduction allemande, p. 124.

22. Insect-Calander.

Vetensk. Acad. nya Handlingar,

Pour l'année 1781 en 1781, p. 122-132;

Pour l'année 1784 en 1784, p. 319-329;

Pour l'année 1790 en 1790, p 267-276.

Traduction allemande, pour 1781, p. 115; pour 1784, p. 319; pour 1790, p. 249.

23. Musca Subcutanea, eller en ny och abeskrefven fluga uti kornbladen. (*M. Subcutanea.*)

Vetensk. Acad. nya Handl., 1793, p. 57-60.

24. Sätt at döda Natt-Fjärilar, kvilke då de äro maskar, upäta sades brodden, och kälen i trädgården (*Moyen de faire périr les papillons de nuit lorsqu'ils sont en état de larve, etc.*).

Vetensk. Acad. nya Handl., 1793, p. 298-307.

25. Sätt at doda Waggloss (*Moyen de détruire les nids de feuilles;* Tineites).
Vetensk. Acad. nya Handl., 1794, p. 253.

26. Phalœna Ekebladella, en ny natt–fjäril beskrifven.
Vetensk. Acad. nya Handl.; 1795, p. 58-63.

27. Vom apfelschäler (*Sur l'éplucheur de pommes;* Tineite).
Vissenberg. Wochenblatt, 12 band, p. 81.

BILBERG (Gustäves-Johannes).
1. Monographia Myladridum (avec 7 pl. col.)
In-8. Holmiæ, 1813.
Autre édition. Stokolm, 1818.

2. Insecta ex ordine Coleopterorum descripta.
Nova Acta R. Soc. Upsaliensis, t. 7, p. 271-281.

3. Novæ Insectæ Species (Coléoptères).
Mém. de l'Acad. des Sc. de Saint-Pétersbourg, t. 7, 1820.

4. Enumeratio Insectorum in museo Auctoris.
In-4. Holmiæ, 1820.

BILBERG.
1. Diss. Locustæ. Resp. P. Salonius.
In-8. Upsaliæ, 1690.

2. Diss. historiola de formicis. Resp. J. Hammarus.
In-8. Upsal, 1690.

BILLARDIÈRE (la), botaniste français.
Relation du Voyage à la recherche de la Pérouse pendant les années 1791 à 1794.
2 vol. in-4. Paris, an 8.

BINGLEY (W.).
Animal Biography, or popular Zoology.
London, 1803.
Quatrième édition, 5 vol. in-8. London, 1813.

BIOT.

Sur les Insectes tenus dans le vide pendant plusieurs jours.
Nouveau Bulletin de la Société Philom., 1817, p. 44.

BIRCH (Thomas), né en 1705, mort en 1766.
The History of the Royal Society of London.
4 vol. in-4. London, 1756-1757.

BIRD (C.-S.).

1. On the want of analogy between the sensations of Insects and our (*Sur le besoin de l'analogie entre les sensations
des insectes et leur action*).
Walk. Entom. Magaz., n° 2, janvier 1833, p. 105-114.

2. Capture of Insects at Burghfield.
Walk. Entom. Magaz., n° 6, 1834, p. 39.

BISSATI.

Observazione sulla educazione de Bachi da Seta.
Opuscoli Scelti, t. 12, p. 179-182.

BLAINVILLE (Henry-Ducrotet de).

1. Prodrome d'une nouvelle distribution systématique du
règne animal.
Nouveau Bulletin de la Société Philom., 1816, p. 105.

2. Sur la concordance des anneaux des Entomozoaires
hexapodes adultes.
Nouv. Bulletin de la Soc. Philom., 1820, mars, p. 35.

3. Sur l'organe appelé galète, *galea*, dans les Orthoptères.
Nouv. Bulletin de la Soc. Philom., 1820, juin, p. 85.

BLANKAART (Stephan), en latin Blancardus, né à Amsterdam sans que l'on sache à quelle époque ; on ignore de
même la date de sa mort.

Schou-Burg der Rupsen, Wormen, Maden, en Wliegende
Dirkens daar uit Voorkemende. (*Description des chenilles, vers,
et animaux volants qui en proviennent*), avec 17 planches.

In-8. Amsterdam, 1688.
Edition allemande avec 22 pl. In-8. Leipzig, 1690.

BLASSIÈRE (J.-J.).

Einleitungen zu der Entdecten neuen natürlichen Geschichte der Bienenköniginn, nebst *Chais,* Verzuchen junge Bienenschwärme zu machen (*Introduction à l'histoire naturelle nouvellement découverte de la reine des abeilles, avec la manière de faire des essaims, par* Chais).

Gemeinnützige Arbeiten der Bienengesellchaft in der Oberlausiz, b. 1, p 21-47.

BLEGNY (Nicolas de), chirurgien français, né à Paris dans le dix-septième siècle, mort à Avignon en 1722.

De quelques Papillons qui paraissent une fois tous les ans sur les bords de la Meuse (Éphémères?).

Extrait de son ouvrage intitulé : Nouvelles découvertes dans la médecine, 2ᵉ année, in-12. Paris, 1680, p. 188.

Le même ouvrage en latin, par Th. Bonnet, sous le titre de *Zodiacum medico gallicus.*

In-4. Genève, 1679 et suivantes.

BLESSON (L.).

Observations on the Ignis fatuus (*Observations sur les lueurs phosphoriques*).

Walk. the Entom. Magaz., n° 4, juillet 1833, p. 353.

BLOCH.

Beytrag zur naturgeschichte des Kopals (*Matériaux pour l'histoire naturelle du copal*), avec 3 planches.

Besch. der Berl. Ges. Nat. fr., 2 band, 1775-79, p. 91-196.

BLOCH (Marcus-Eliezer), né à Anspach en 1723, mort en 1799.

Beytrage zur naturgeschichte der Würmer Welche in Andern thieren leben, n° 8, larva æstri (*Matériaux sur l'histoire naturelle des vers qui vivent dans les autres animaux*).

Beschaftigungen der Berliner Ges. Naturf. fr., b. 4, p. 534.

BLOEM (Carolus-Magnus).

1. Descriptiones quorumdam insectorum nundum cogni-

torum ad Aquisgranum et Poscetum, anno 1761, detec-
torum.

Acta Helvetica, vol. 5, p. 154-161.

2. Beskrifning på en liten fjäril, som utäder Bi-Stockar
(*Description d'une petite phalène nuisible aux abeilles*), avec
figure.

Vetensk. Acad. Handl., 1764, p. 12-18.
Fuessly neu Magaz. der Entom., 3 band, p. 62.

BLONDEAU.
Observations sur les *Mouches* communes.
Journal de Physique, t. 4, p. 155-157.

BLONDEL (Guillaume-Ferdinand).
Diss. 11. De Navigatione Salomonis in Ophir, *de purpura et
cocco.*
In-8. Hamb., 1660.

BLONDEL (Hipt.).
Mémoire sur une nouvelle espèce de Brachélytre du genre
Prognate.
Annales des Sciences naturelles, t. 10, 1827, p. 412.

BLOT (F.).
1. Propriétés des Insectes des environs de Caen.
Mém. de la Soc. Linn. du Calvados, 1824, p. 84.

2. Mémoire sur un nouveau genre et une nouvelle espèce
de *Diptère.*
Mém. de la Soc. Linn. de Normandie, années 1826-1827.

3. Mémoire sur le Puceron lanifère.
In-8, Caen, 183.....

BLUMENBACH (Johann-Friedrich), illustre savant allemand, né à Gotha le 11 mai 1752, a beaucoup écrit sur toute
l'histoire naturelle, mais rien de particulier sur les insectes;
il faut chercher ce qu'il a pu en dire dans ses ouvrages généraux.

1.   3

1. Naturgeschichte abbildung (*Figures d'histoire naturelle*), 10 cahiers de 18 planches chacun.

Göttingen, 1796 à 1810.

2. Handbuch der naturgeschichte (*Manuel d'histoire naturelle*), avec planches.

2 vol. in-8. Göttingen, 1779-80.

Il en a paru un grand nombre d'éditions en allemand en 1803, 1807, 1825, etc., etc. L'ouvrage a été traduit en français par M. Artaut de Metz.

2 vol. in-8. Paris, 1803.

3. Anseige verschieducr vorsüglicher abbildungen von thieren in älteren Kupferslichen und Holzschnitten (*Catalogue de plusieurs anciennes gravures sur cuivre et sur bois représentant des animaux*).

Götting. Magaz., 2ᵉ année, 4 st., p. 136-156.

BOBER (Jean de).

1. Description de quelques nouvelles espèces de *Papillons* découvertes en Sibérie.

Mém. de la Soc. imp. des Nat. de Moscou, t. 2, p. 396, 1 pl. n 19.

Suite, t. 3, p. 20.

2. Observations sur la famille de *Papillons* connue sous le nom de Damiers ou Fritillaires.

Mém. de la Soc. imp. des Nat. de Moscou, t. 3, p. 1-19.

BOCCA.

Traité complet des *Abeilles*, avec une méthode nouvelle de les gouverner.

3 vol. in-8. Paris, 1790.

BOCHART (Samuel).

Hierozoicon, sive bipartitum opus de animalibus Sanctæ-Scripturæ.

In-fol. Francofurt ad Mæn., 1675.

BOCK.

Naturgeschichte von Preusen (*Histoire naturelle de Prusse*).
Il est question des insectes au tome 5.

BODDAERT (Pieter).

1. Dierkundig mengelverk.

C'est la traduction des *Spicilegia Zoologiæ* de PALLAS, avec des remarques.

6 st., in-4. Utrecht, 1776.

2. Notice des principaux ouvrages zoologiques enluminés, imprimés avec la table des planches enluminées de Dau-Lenton.

In-fol. Utrecht, 1785.

3. Verhandeling over de Insectum algem geneeskund (*Observations sur la connaissance générale des insectes*).

Ouvrage périodique, 4 deel, p. 157.

BOEHM (Moriz-Johann).

Vorschlag zu einer neuen Todtungs methode hartschaliger insekten (*Nouvelle manière de tuer les insectes*).

Illiger. Magaz. zur Insekt., 3 band, 1804, p. 222.

BOEK (J.-A.).

Beschreibung der Bienen (*Description des Abeilles*).

In-8. Neustadt, 1709.

BOERHAAVE (Hermann), l'un des hommes les plus ins-truits de la Hollande, né au village de Woorhout, près de Leyde, le 13 décembre 1668, et mort à Leyde le 23 septembre 1738.

Il est l'éditeur de la Biblia Naturæ de Swammerdam.

BOERNER (Immanuel, Carl, Heinrich).

1. Sammlungen aus der Naturgeschichte œconomie, etc. (*Recueil d'histoire naturelle et d'économie*).

In-8. Dresden, 1774.

2. Beschreibung eines neuen Insekts des *Dermestes sex Dnetatus* (*Description d'un nouvel insecte, le, etc.*).

Œkonom. Nachr. des Gesell. in Schlesien, b. 4, p. 78.

3. Beschreibung eines neuen Insekts der *Scarabæus* 2-*gut-tatus*.

OEkonom. Nachr. des Gesell. in Schlesien, b. 4, p. 199.

4. Beschreibung eines neuen Insekts der *Coccinella trans-versepunctata*.

OEkonom. Nachr. der Gess. in Schles., b. 4, p. 250.

5. Beschreibung eines seltenen Insekts der *Meloc monoce-ros*, Linn. (*Description d'un insecte rare, le*, etc.).

6. Beschreibung und abbildung der schädlichen Gersten flieger (*Description et représentation d'une mouche nuisible à l'orge*).

Nachricht. der Schles. patr. Gesell., 1781, p. 55.

7. Von *Ichneumon agricolator*.

Neue Nachr. der patr. Gesellschaf., 1781, p. 55.

8. Beschreibung eines neuen Insects, *Ichneumon murarius*.

Neue Nachr. der patr. Gesellschaf. in Schlesien, b. 3, p. 165.

BOETHIUS (Jac.).
Alvearia et arbores a *Formicis* tuenda.
Schewed. Akad. Abhands., 1763, p. 34.

BOHEMANN (C.-H.).
Novæ *Coleopterorum* Species.
Mém. de la Soc. imp. des Nat. de Moscou, t. 7, ou Nouv. Mém., t. 1, p. 101-103.

BOHMER (G.-R.).
Systematische Abhandlung der naturgeschichte œkon. Wissenschaften damit verwanten (*Dissertation systématique d'histoire naturelle, d'économie et des sciences qui y ont rapport*).
In-8. Leipzig, 1785-90.

BOISDUVAL (J.-A.)
1. Notice sur cinq espèces nouvelles de *Lépidoptères* d'Europe.
Annales de la Société Linnéenne de Paris, vol. 6, 1re livraison, mars 1827.

2. Histoire générale et iconographique des *Lépidoptères* et chenilles de l'Amérique septentrionale.

In-8. Paris, 1829 et suivantes.

L'ouvrage paraît par livraisons composées chacune de 5 planches et du texte correspondant.

3. Essais d'une monographie des *Zygénides* (avec 8 planches coloriées).

In-8. Paris, 1829.

4. Europæorum *Lepidopterorum* Index methodicus.

In-8. Paris, 1829.

On trouve souvent cet ouvrage joint au précédent.

5. Iconographie des *Coléoptères* d'Europe (conjointement avec M. DEJEAN).

In-8. Paris, 1829 et suivantes.

L'ouvrage paraît par livraisons contenant chacune 5 planches coloriées et le texte correspondant; trois volumes sont terminés, et plusieurs livraisons du quatrième ont paru.

6. Observations sur un mémoire de M. Zinken-Sommer, sur des *Lépidoptères* de Java.

Annales de la Société Entom. de France, t. 1, 1832, p. 416-420.

7. Icones historiques des *Lépidoptères* nouveaux ou peu connus.

In-8. Paris, 1833 et suivantes.

L'ouvrage paraît par livraisons de 5 planches coloriées et du texte correspondant.

8. Collection iconographique et historique des *Chenilles*.

In-8. Paris, 1833 et suivantes.

L'ouvrage paraît par livraisons de 5 planches coloriées et du texte correspondant. Il est fait en commun avec MM. RAMBUR et GRASLIN.

9. Partie *entomologique* de la Relation du voyage autour du monde, fait en 1826-29 par M. *Dumont-Durville*.

5 livraisons in-fol. Paris.

Chaque livraison contient 5 planches.

10. Anomalie du genre *Urania*.

Annales de la Société Entom. de France, t. 2, 1833, p. 248.

11. Description de quatre nouvelles espèces de *Noctuélites* (avec 1 pl. col.).

Annales de la Société Entom. de France, t. 2, 1833, p. 373.

12. Faune entomologique de Madagascar, Bourbon et Maurice (16 planches).

1 vol. in-8. Paris.

13. Faune de l'Océanie.

1 vol. in-8. Paris.

14. Rectification d'une lettre de M. Westerman à M. Wiedeman.

Silbermann, Revue Entom., t. 1, 1833, p. 278.

15. Description de deux *Lépidoptères* nouveaux (Argus, avec 2 pl. col.).

Silbermann, Revue Entom., t. 2, 1834, p. 120.

BOITARD.

1. Le Cabinet d'histoire naturelle.

2 vol. in-18. Paris, 1821.

2. Manuel d'histoire naturelle, comprenant les trois règnes de la nature.

2 vol. in-18. Paris, 1826.

3. Manuel d'entomologie (avec atlas de 110 planches).

2 vol. in-18. Paris, 1828.

BOMARE (Valmont de).

Dictionnaire raisonné d'histoire naturelle, contenant l'histoire des animaux et des végétaux, etc.

On en connaît beaucoup d'éditions.

6 vol. in-12. Paris, 1746.

5 vol. in-8. Paris, 1764.

4 vol. in-4. Paris, 1768.

6 vol. in-4. Paris, 1775.

15 vol. in-8. Lyon, 1791.

8 vol. in-4. Lyon, 1793.

Le même ouvrage traduit en hollandais *Pen Almindelige nat.*, etc.

1-7, Th., in-8. Kopenhagen, 1767-70.

BOMME (Leendert).

Natuurkundige Waarneeming van an zonderling wespen-nestie (*Observations sur un nid de guêpes singulier*).

Verhandel. van het Genootsch. te Vlissingen, 7 deel, p. 213-26.

BONAFOUS (C.).

1. Mémoire sur l'Education des *Vers à soie* en 1822.
In-8. Lyon, 1823.

2. De l'Education des *Vers à soie* d'après la méthode du C. Dandolo, 2ᵉ édition, avec 4 planches lithographiées.
In-8. Paris, 1824.

3. De la Culture des mûriers, 2ᵉ édit.
In-8. Paris, 1824.

BONAPARTE (Carlo-Luciano).

Cenni sopra le variazioni a eni vanno soggette le farfalle del gruppo *Melitea*.

Antologie, nº 125. In-8, 1831.

BONDAROY (Auguste-Denis-Fougeroux de).

1. Mémoire sur un Insecte de Cayenne, appelé Maréchal, et sur la lumière qu'il donne (*Elater*).

Mém. de l'Acad. des Sc. de Paris, ann. 1766, p. 339-45, Hist., p. 29.

2. Observations sur une *Cigale* prise à Denainvilliers.
Mém. de l'Acad. des Sc. de Paris, ann. 1767, Hist., p. 22.

3. Des Insectes du cadavre desquels naissent des plantes.
Mém. de l'Acad. des Sc. de Paris, 1769, p. 467.

4. Mémoire sur les Insectes qu'on trouve sur les plantes.
Mém. de l'Acad. des Sc. de Paris, 1769.

5. Sur un Insecte de l'Amérique (*Charançon*).

Mém. de l'Acad. des Sc. de Paris, ann. 1771, Hist., p. 28; Mém., p. 45-48.

BONELLI (François).

1. Observations entomologiques sur le genre *Carabus* de Linné.

Extrait des Mémoires de l'Académie de Turin, 1809.

2. Descrizione di sei nuovi Insetti *Lepidopteri* della Sardegna (avec figures).

Mém. de l'Acad. de Turin, t. 30, p. 171.

BONNANIUS ou BUONNANI (Philippus), né à Rome le 7 janvier 1638, mort le 30 mars 1725.

Musæum Kircherianum, nuper restitutum, auctum, descriptum et iconibus illustratum, studio et labore P. B.

In-fol. Romæ, 1709.

Autre édition. Amsterdam, 1768.

BONNER (James).

Plan for speedily increasing the number of bee-hives in Scotland (*Plan d'une prompte multiplication du nombre des ruches en Écosse*).

In-8. London, 1795.

BONNET (Charles), philosophe naturaliste, né à Genève le 13 mars 1720, mort le 20 mai 1793.

1. An abstract of some new observations upon insects (*Extrait de quelques nouvelles observations sur les insectes*).

Trans. Philos. of London, vol. 42, n° 472, p. 458.

2. Traité d'Insectologie, ou Observations sur les *Pucerons*, (avec 4 planches).

2 vol. in-8. Paris, 1745.

Traduction allemande par Göze (avec 7 planches).

In-8. Halle, 1773.

Trad. par le même, avec d'autres mémoires et 7 planches.

In-8. Halle, 1774.

3. Observations sur une nouvelle Partie propre à plusieurs *Chenilles*.

Mém. de Math. et de Phys. des savants étrangers à l'Acad. de Paris, t. 2, p. 44 à 52.

Dans ses œuvres, t. 2.

4. Sur la grande *Chenille* à queue fourchue du saule.

Mém. de Math. et de Phys. des savants étrangers à l'Acad., t. 2, p. 276-282.

Uitgezogte verhandlingen, 5 deel, p. 226-254.

5. Recherches sur la Respiration des *Chenilles*.

Mém. de Math. et de Phys. des savants étrangers à l'Acad., t. 5, p. 276-303.

Philos. Trans. of London, 1748, p. 300.

6. Observations sur les stigmates des *Papillons*.

Mém. de Math. et de Phys. des savants étrangers à l'Acad., t. 5, p. 294.

7. Sur le Moyen de conserver diverses espèces d'Insectes dans les cabinets d'histoire naturelle.

Rosier, Journal de Phys., t. 4, 1774, p. 296-301.

Dans ses œuvres, t. 5, part. 1, p. 12-23.

8. Lettre et Mémoire sur les *Abeilles* (imprimé avec l'histoire de la Reine des Abeilles, par *Schirach*).

Rosier, Journal de Phys., t. 5, p. 527-44 et 418-28 ; t. 6, p. 23-32.

Dans ses œuvres, t. 5.

9. Schreiben auh' Riem nebst des letztern anmerkungen uber die Bienen (*Lettre au sieur Riem sur les abeilles, avec quelques remarques de ce dernier*).

Berlin Sammlung, 7 band, 1775, p. 245-270.

Dans ses œuvres, t. 5.

10. *Aphides variæ*.

Dans ses œuvres, t. 1, p. 1-114.

11. Œuvres d'Histoire naturelle et de Philosophie.

19 vol. in-8. Neuchâtel, 1779-83.

BONOMO (Jean-Cosme), médecin à Livourne; on attri-
bue à Redi le seul ouvrage que nous citons de lui.

1. Epistola che contiene osservazioni intorno da *Pellicelli*
del corpo umano.

In-4. Florence, 1687.

En latin, Miscel. Acad. Nat. Curios., dec. 2, ann. 10, 1691,
p. 180; appendice, p. 33.

Réimprimé dans les œuvres de Redi.

2. An Abstract of part of a letter conteining some observations concerning the Worms of humane Bodies.

Philos. Trans., 1703, p. 1296.

C'est un extrait de l'ouvrage précédent.

BONSDORFF (Gabriel).

1. Lucani genus, jiämte två nya Svenska species beskrifne
(*le genre Lucane, et description de deux nouvelles espèces sué-
doises*).

Vetensk. Acad. nya Handl., 1785, p. 220.

Traduction allemande, p. 215.

2. Historia naturalis *Curculionum* Sueciæ, avec 1 pl., 1ʳᵉ
part., Resp. L. G. Borgström; 2ᵉ part., Resp. P. A. Norlin.

In-4. Upsal, 1785.

Cet ouvrage ne contient que les charançons brévirostres.

3. Differentiæ Capitis Insectorum, præcipuæ exemplis illustratæ. Resp. G. N. Pryss.

In-4. Aboæ, 1789.

4. Organa Insectorum sensoria generatim oculorumque
fabrica, et differentiæ speciatim. Resp. A. Scron.

In-4. Aboæ, 1789.

5. Usus et differentiæ Antennarum in Insectis. Resp. O.
B. Rosentröm.

In-4. Aboæ, 1790.

6. Fabrica, usus et differentiæ Palporum in insectis; pars
1, Resp. F. Ahlman; pars 2, Resp. L. Björklund; pars 3,

R. J. Monselio; pars 4, Resp. Lund; et pars 5, Resp. J.
Bergman.

In-4. Aboæ, 1792.

BORKHAUSEN (Moriz Balthazar), né à Giessen en 1760,
mort à Darmstadt en 1806.

1. Naturgeschichte der Europöischen Schmetterlinge, nach
systematischen ordnung (*Histoire naturelle des papillons
d'Europe, dans un ordre systématique*), ouvrage exécuté en
commun avec SHNEIDER.

    1 Th. Tago Schmetterlinge, 1 pl. col., 1788.

    2 Th. Sphinge, 1 pl., 1789.

    3 Th. Spinner, 1790.

    4 Th. Eulén, 1792.

    5 Th. Spanner, 1794.

In-8. Frankfurt am Main.

2. Versuch einer Erklärung der zoologischen Terminologie
(*Essais d'une explication de la terminologie zoologique*).

In-8. Frankfurt am Main, 1790.

3. Rheinisches Magazine zu erveiterung der naturkunde
(*Magazin du Rhin, pour répandre la connaissance de l'histoire
naturelle*).

In-8. Giesen, 1793.

4. Entomological Bemerkungen und Berichtingungen (*Remarques et rectifications entomologiques*).

Dans son Rhein. Magaz., band 1, p. 625-51.

BORLAEC (William).

The natural History of Cornwall (avec 28 pl.).

In-fol. Oxford, 1758.

Deuxième édition. London, 1769.

BORY DE SAINT-VINCENT (J.-B.-C.-M.), né à Agen
vers 1772.

Description de quelques Insectes nouveaux du département
de la Gironde.

Capelle, Journal de la Soc. de Santé et d'Hist. nat. de Bordeaux, t. 3, p. 72.

BOSC D'ANTIC (Louis).

1. Description du *Dorthesia characias*.
Journal de Physique, t. 24, p. 171-173.

2. Moyen simple de dessécher les *Larves* pour les conserver dans les collections.
Journal de Physique, t. 26, 1780, p. 241.
Traduit en allemand dans le Lichtenberg's Magazine, 3 band, 2 stück, p. 81.

3. Mémoire pour servir à l'histoire de la *Chenille* qui a ravagé les vignes d'Argenteuil en 1786.
Mém. de la Soc. roy. d'Agricult. de Paris, 1786.
Trim. d'été, p. 22-27.

4. Descriptio duarum *Phalænarum*.
Trans. Soc. Linn. of London, t. 1, 1791, p. 196.

5. Description de deux *Mouches*.
Journal d'Hist. nat., t. 2. p. 54-56.

6. Supplément à la Cynipédologie du chêne (*Description du C. Quercus Tozae*).
Journal d'Hist. nat., t. 2, p. 154-157.

7. *Bostricus furcatus*.
Journal d'Hist. nat., t. 2, p. 259-260.
Bull. de la Soc. Philom., t. 1, an 7, p. 6.

8. *Ripiphorus*.
Journal d'Hist. nat., t. 2, p. 293-296.

9. Description d'un nouveau *Calopus*.
Bull. de la Soc. Philom., t. 1, an. 7, p. 12.

10. Description de trois espèces de *Lépidoptères*.
Société Philom., ann. 4, t. 2, p. 102.

11. Description de trois *Lépidoptères* de la Caroline (avec figures).
Bull. de la Soc. Philom., n° 39, t. 2, p. 113.

12. Description d'une espèce de *Puce*.
Bull. de la Soc. Philom., n° 44, t. 2, p. 156.

13. Observations sur le *Serropalpus*.
Act. de la Soc. d'Hist. nat. de Paris, t. 1, part. 1, p. 40.

14. *Keroplalus* (diptère).
Act. de la Soc. d'Hist. nat. de Paris, t. 1, part. 1, p. 42.

15. Observations sur l'*Acheta* sylvestris.
Act. de la Soc. d'Hist. nat. de Paris, t. 1, part. 1, p. 44.

16. Rapport sur l'ouvrage de Hubert sur les mœurs des *Fourmis*.
In-8. Paris, 1813.

17. Sur une nouvelle espèce de *Cécidomye*, C. poæ.
Nouv. Bull. de la Soc. Philom., 1817, p. 133.

18. Sur une nouvelle espèce de *Tenthrède*.
Nouv. Bull. de la Soc. Philom., 1818, juillet, p. 111.

BOSE (George-Mathias), né à Leipsick le 22 septembre 1710, mort à Magdebourg le 17 septembre 1761.
Diss. Otia Witsebergensia. Resp. Leugerken. (Il y est question de la cochenille des anciens.)
In-4. Wittemberg, 1739.

BOTTONI (Dominique), né à Léontini, en Sicile, le 6 octobre 1641, mort vers l'an 1701.
Pyrologia Typographiæ (ou Traité sur le feu).
In-4. Naples, 1692.
Il y est fait mention des Vers luisants.
Extrait des Acta Eruditorum. Suppl., t. 11, p. 188.

BOUCHÉ (P.-Fr.).

1. Ueber die Körper theile der zweiflügligen insekten (*Sur les parties du corps des insectes à deux ailes*).
Magaz. der Gesell. Naturf. fredn. zu Berlin, 4 band, 1812.

2. Histoire naturelle des Insectes nuisibles et des Insectes utiles dans l'horticulture.
In-8. Berlin, 1833.

3. Naturgeschichte der Insekten, besonders in hinsicht

ersteu zustande als Larven und Puppen (*Histoire naturelle des insectes, particulièrement dans leur état de larve et de nymphe*).

In-8. Berlin, 1834.

L'ouvrage est accompagné de 10 planches représentant des larves et des nymphes.

BOUDIER (Henri-Philippe).

1. Description d'une nouvelle espèce de *Lema* (1 pl.). Mém. de la Soc. Linnéenne, t. 4, p. 239.

2. Observations sur divers *Parasites* (avec figures col.). Annales de la Soc. Entom. de France, t. 3, 1834, p. 327.

3. Description du genre *Psammœchus* (coléoptère), avec figures.

BOULLEMIER (abbé).
Remarques sur le *Formicaleo*.
Mémoires de Dijon, t. 1; Mem., p. 403.

BOURDELIN (Louis-Claude), né à Paris en 1695 et mort en 1777.
Dissertatio. An est Insectis, sic et fœtui sua metamorphosis. In-4. Paris, 1733.

BOWERBANK (James).
Observations on the *Circulation* of the *Blood* in insects.
Walkers the Entom. Magaz., n° 3, avril 1833, p. 239-244, 1 pl.

BOWLES (G. don).

1. Introduction a la Historia natural y a la geografia fisica de Espanna.
In-4. Madrid, 1775.
En français, in-8. Paris, 1778.

2. Historia de Langosta de Espanna (*Histoire des sauterelles d'Espagne*).
Madrid, 1781.

BOYER.
Extrait des Observations sur un ver qui se trouve dans l'intérieur des pepins de la pomme d'apis, avec fig. (Chalcis ?).
Bull. de la Soc. Philom., t. 3, p. 241.
(Par erreur d'impression, 141).

BOYS (William).
A List of the Beasts and some of the *Insects,* etc.
History of Sandwich, p. 847-864.
In-.4 Canterbury, 1792.

BRAECKENHAUSEN.
Beobactungen bey der processions Raupen (*Observations sur les chenilles processionnaires*).
Abhandl. der Halbischen Naturf. Gesell., 1 band, p. 203-216.

BRADLEY (Richard), médecin anglais, mort en 1732.
A Philosophical account of the Works of nature.
In-4. London, 1721.
In-8. . . . . 1739.
En hollandais, in-8. Amsterdam, 1744.

BRAHM (Nicolaus-Joseph).
1. Verzeichniss in form einer kalenders der in jahre 1786, um Mainz gesainmelten Schmetterlinge und Raupen (*Catalogue, en forme de calendrier pour l'année 1786, des papillons et chenilles recueillis aux environs de Mainz*).
Feussly's neu. Magaz. der Entom., 3 band, p. 141-168.

2. Entomologische nebenstende (*Loisirs entomologiques*).
Journal für die Entomologie, 1 band, p. 1-7 et p. 193-206.

3. Handbuch zur Insekten geschichte (*Manuel pour l'histoire naturelle des insectes.*) ?

4. Insekten Kalender für Sammler und OEkonomen (*Calendrier des insectes, d l'usage des collecteurs et des œconomistes*).
2 Th., in-8.Mainz, 1790-91.

5. Versuch einer Fauna entomologica der gegend um

Mainz (*Essais d'une faune entomologique des environs de Mainz*).

Borkhausen. Rheinis. Magaz., 1 band, 1793, p. 652-722.

BRANDIS (Joachim-Dieteric), médecin allemand, est né à Hildesheim le 18 mars 1762.

Einige Beyträge zum studio der alten in der Insekten geschichte (*Quelques matériaux pour l'étude des anciens dans l'histoire des insectes*).

Lichtenbergs. Gött. Magaz., 4 ann., p. 129-149.

BRANDSTEIN (P.-W.).

Bombi Scandinaviæ monographiæ tractati et iconibus illustrati specimen academicum, respondante Brandstein.

Londini Gothorum, 1832.

BRANDT (J.-F.).

1. Dartellung und Beschreibung der thiere die in Arzneimittelehre in belraeht kommen (*Représentation et description des animaux qui peuvent être pris en considération dans l'art de la médecine*), avec 5 pl. col.

In-8. Berlin, 1830.

Cet ouvrage, exécuté en commun avec Ratzeburg, contient des figures de *Mylabrus*, *Litta*, *Méloé*, ainsi que l'anatomie de la *Cantharide* et de sa larve.

2. Monographia generis *Meloës* (conjointement avec Erichson).

Nova Acta Naturæ Curios., t. 16, 1ᵉ partie, 1832.

BREBISSON.

Sur un nouveau genre d'insecte de l'ordre des *Hyménoptères* (Pinicole).

Nouv. Bull. de la Soc. Philom., 1818, août; p. 116.

BREMOND (François de), né le 14 septembre 1713, à Paris, et mort dans cette ville le 21 mars 1742.

Transactions philosophiques de la Société royale de Londres.

4 vol. in-4. Paris, 1738 et suivantes.

C'est la traduction de l'ouvrage anglais portant le même titre.

BREUCHEL (P.-J.).

Von den Rebensthieren (*Sur l'insecte de la vigne;* Apoderus?).

In-8. Mannheim, 1767.

Fascicule de quatre mémoires par l'auteur, ainsi que par WALTER et BRAUER, qui ont concouru à ce sujet pour le prix de l'Académie Palatino-Électorale.

BREYNIUS (Johannes-Philippus), né à Dantzig en 1680, et mort en 1764.

1. De Insectis (et vermibus) quibusdam rarioribus in Hispania observatis.

Philos. Trans., vol. 24, 1705, n° 301, p. 2050-55.

Ephem. Acta Nat. Curios., cent. 5 et 6, Appendix, p. 101-5.

2. Historia naturalis Cocci radicum tinctorii (avec une planche coloriée).

In-4. Dantzig ou Gedani, 1731.

Comm. Noriberg, 1731, p. 413.

Act. Erudit., 1731, p. 406.

Ephem. Nat. Curios., vol. 3, Appendix, p. 1-27.

3. Corrigenda et emendanda circa generationem Cocci radicum. In-4.

Comm. litt. Norimberg, 1733, p. 11-14.

Act. Eruditorum. Lipsiæ, 1733, p. 167-171.

Act. Acad. Nat. Curios., vol. 3, Appendix, p. 28-32.

En anglais, Philos. Transact., vol. 37, n° 426, p. 444-447.

BREZ (Jacques), né à Meddelbourg en 1771, mort en 1798.

1. Observations entomologiques sur une larve de Staphyllin.

Mémoires de Lausanne, t. 3, Hist., p. 18.

2. La Flore des Insectophiles, précédée d'un discours sur l'utilité des Insectes et l'étude de l'Insectologie.

In-8. Utrecht, 1791.

4

BRIGANTI (Vincent).

Description de la structure, de la métamorphose, etc., de la *Mouche* qui perce les Olives (avec 3 planches).

Atti del real Instit. di Incorreg. di Napoli, t. 3, 1822, p. 97.

BRIGANTI (Joseph).

An Essay on the Method of carrying to perfection the East-India raw Silk (*Essais pour obtenir toute la perfection possible de la soie écrue dans les Indes orientales*).

In-8. London, 1779.

BRISSON (Mathurin-Jacques), naturaliste, né à Fontenay-le-Comte en 1723, mort en 1806.

1. Regnum Animale, etc., etc.
In-4. Parisiis, 1756.
Autre édition, in-8. Leyde.

2. Dictionnaire raisonné de Physique.
2 vol. in 4. Paris, 1781.

BROCH (J.-K.)

Correspondance Entomologique, 1 pl. au trait. (*Lucanus.*)
En allemand et en français. Mulhausen, 1823.

BRODERIP.

On the of preserving faits relative to the habits of animals.
Zool. Journal, t. 2, 1825-26, pag. 14.

BROOCKES.

A new and accurate System of Natural History, etc., etc.
(avec 132 pl.).
6 vol. in-8. London, 1763.
Le 4ᵉ contient les insectes.

BRONGNIART. (Alexandre).

1. Sur un nouveau genre d'Insecte des environs de Paris (*Dassycerus*).
Bulletin de la Société Philomatique, 4ᵉ ann., t. 2, p. 115.

2. Histoire naturelle des Insectes (conjointement avec M. de *Tigny*), dans le Buffon de Castel.

10 vol. in-18. Paris, 1799 à 1802.

3. Description d'une nouvelle espèce de *Lamie* (avec fig.).
Bulletin de la Société Philomatique, 7ᵉ ann., pag. 54.

BROUGTON (Thomas-Duer).
Letters written in a Mahratta Camp, in 1809, descriptive of the manners, etc.

In-4. London, 1813.

BROUSSE (De la).
Des Mûriers et de l'éducation des Vers à soie (Extrait de l'ouvrage suivant, t. 1. pag. 216).
Mélanges d'Agriculture, avec 5 planches.

In-8. Nismes, 1789.

BROWN (Littleton).
The same sort of *Insects* found in Kent, vith a remark by Mortimer.
Philos. Trans., n° 447, pag. 153.
Badd. X, pag. 341, avec figures.

BROWN (Peter.)
New Illustrations of Zoology. (En français et en anglais, avec 50 planches).

In-4. London, 1776.

BROWNE (Patrice), médecin-botaniste, né à Crosboyne, en Irlande, en 1700, mort à Rusbrook en 1790.
The civil and natural History of Jamaica (avec fig.).
1 vol. in-fol. London, 1756.
Autre édition in-fol. London, 1789.

BRUCE (James).
Travels to discover the source of the Nile, in the years 1768-1773.
5 vol. in-4. Edinburg, 1790.

BRUECKMANN (François-Ernest), né à Marienthal le 27 septembre 1697, et mort à Wolfenbüttel le 21 mars 1753.

1. De Cervo-Volante et ejus Hibernaculo (avec 1 pl.).
In-4. Wolfenbüttelæ, 1739.
Epistol. itinerar., cent. 1, ep. 15.

2. Von der Gackerlake (*sur la kakerlaque*).
Epist. itin., cent. 1, epist. 23.

3. Observationes de Insectis.
Epistol. itinerar., cent. 11, ep. 15.

4. Descriptio et Delineatio Vermium ex Insula Helgoland.
Commerc. Noriberg., 1742, p. 381.

5. Bibliotheca Animalis, oder Verzeichniss der meisten Schriften so von Thieren und deren theilen handeln.
In-8. Wolfenbüttel, 1743.

6. Bibliothecæ Animalis continuatio.
in-8. Wolfenbüttel, 1747.

BRUGNATELLI (Lungi).
Lettera sulla maniera di conservare varii *Insetti*.
Opuscoli Scelti, t. 7, pag. 226.

BRULÉ (A.).
1. Sur un nouv. genre de Charanson (*Voy.* Laporte).

2. Coup d'œil sur l'Entomologie de la Morée.
Annales des Sciences Naturelles, t. 23, 1831.

3. Description du *Procerus Duponchelii*.
Guérin, Magaz. de Zoologie, 1832, Insect. n° 9.

4. Mémoire sur un nouveau genre de Diptère de la famille des Tipulaires (Xiphura) avec $\frac{1}{2}$ pl. coloriée.
Annales de la Soc. Entom. de France, t. 1, 1832, pag. 205 à 209.

5. Sur les transformations du *Cladius difformis* (avec fig. coloriée).
Ann. de la Soc. Entom. de France, t. 1, 1832, pag. 308.

6. Note sur le G. *Xyphura*, formé aux dépens de celui de *Ctenophora* de Meigen.

Ann. de la Soc. Entom. de France, t. 2, 1833, pag, 398.

7. Observations sur la bouche des Libellulines (avec 1 planche).

Ann. de la Soc. Ent. de France, t. 2, 1833, p. 343 à 351.

8. Sur un insecte Hyménoptère parasite et voisin du genre *Alyson*.

Ann. de la Soc. Entom. de France, t. 2, 1833, p. 403.

9. Observations critiques sur la Synonymie des Carabiques.

Revue Entom. de Silb., t. 2, 1834, p. 89.

10. La partie des Insectes dans l'ouvrage de la commission scientifique de Morée (avec 22 pl. in-fol. coloriées).

In-4. Paris, 1832.

11. Histoire Naturelle des Insectes.

T. 4, 1er des Coléoptères, Paris, 1834.

L'ouvrage doit être exécuté en commun avec M. Audouin, mais il n'a encore rien paru de la partie qui doit être traitée par celui-ci.

Ce volume est accompagné d'un fascicule de 8 planches en noir ou coloriées, mais dont quatre représentent des papillons.

BRUNELLI (Gabriel).
De Locustarum Anatome.
Commentarii Bononiensis, t. 7, p. 24, O, p. 198-206.

BRUNN (Friedrich-Leopold).
Anmerkungen und Zusäze zu H. Ahrens Verzeichniss einiger Schmetterlinge, Welche zu Schloss-Ballenstedt gefunden und Beobachtet Worden sind (*Remarques et additions au catalogue des lépidoptères de Ahrens*, etc.).

Fuessly's neu. Entom. Magaz., 2 band, p. 64, 80.

BRUNNICH (Martin-Thomas).
1. Entomologia, sistens Insectorum tabulas systematicas cum Introductione et Iconibus. (Latin et danois, avec 1 pl.)
In-8. Hafniæ, 1764.

2. Zoologiæ fundamenta. (En latin et danois.)
In-8. Hafniæ et Lipsiæ, 1772.

3. Prodromus Insectologiæ Siælandicæ. Resp. U. B. Aus-cow.
In-8. Hafniæ, 1781.

4. Lettre sur quelques Plantes et Insectes rares observés en Espagne.
Extrait des Transactions Philosophiques, vol. 24, n° 301, pag. 2045.

BSCHERER (Daniel).
De Gallis quercuum Larvatis.
Miscel. Act. Nat. Curios., dec. 2, ann. 8, 1689, p. 75.

BUCHARD (E.-F.)
Epistol. de Cocco Polonico.
Act. Soc. Upsal., 1742, p. 53, c. f.
En allemand. Neuen Hamb. Magazin, 4 band, p. 481.

BUCHOLZ (Francisc.-Henri).
1 Von Bereitung des Ameisenäthers (*Sur la préparation de l'éther formique*).
Crells chem. Entdeck., 6 th., page 55.
2. Insectorum Species novæ aut parum saltem descriptæ.
In-4. Argentorati, 1778.

BUCHOZ (Pierre Joseph), l'un des plus grands compila-teurs du dernier siècle, né à Metz le 27 janvier 1731, et mort à Paris presque dans l'indigence le 30 janvier 1807.

1. Aldrovandus Lotharingiæ, ou catalogue des animaux... Insectes... qui habitent la Lorraine et les trois éveschés.
In-8. Paris, 1771.

2. Histoire des Insectes nuisibles à l'homme.
In-12. Paris, 1781.
2ᵉ édition, 1784.
Autre édition. Paris, an 7.

3. Dons merveilleux et diversement coloriés de la Nature dans le règne animal (avec 160 planches coloriées).

2 vol in-fol. Paris, 1781 et 1797.

On y trouve des Insectes assez mal exécutés et déterminés sous les noms les plus bizarres.

BUCHWALD (Bath-Jean de), médecin, né en 1697, mort en 1763.

Insectologiæ Danicæ Specimen; Resp. et auct. Chr. Car. Cramer.

In-4. Hafniæ, 1760.

BUECHNER (Andr.-Elia).

Falso credita metamorphosis summa miraculosa Insecti cujusdam Americani.

Nova Acta Natur. Curios., t. 3, 1767, p. 437.

BUESCHING (Anton.-Friedrich), né en Westphalie en 1724, mort à Berlin en 1793.

Unterricht in der Naturhistorie, für diejenige, welche noch wenig, oder gar nichts davon wissen (*Instruction pour l'histoire naturelle*, etc.).

In-8. Berlin, 1775.

In-folio large, avec 39 pl. en noir ou coloriées. Berlin, 1776.

In-8, avec 38 pl. Berlin, 1780.

BUETTNER.

Vermischte Bemerkungen über einige Käferarten (*Remarques sur quelques scarabées*).

Magaz. Entom. de Germ., 3 band, 1818, pag. 245.

BUGNION (C.)

Note sur le Satyre Stix.

Ann. de la Société Entom. de France, t. 3, 1834, p. 337.

BUISSON (Arnaud du).

Mémoire sur un nouveau moyen d'étouffer les *Chrysalides* dans les cocons de Vers à soie, sans le secours du feu ni des vapeurs de l'eau bouillante.

Journal de Physique, t. 11, p. 561-567.

Opuscoli Scelti, t. 1, p. 196-202.

BULLEMANN (Hn.-Jusp.).

Ueber die Natur und Entziehung des Fliegenden Sommers (*Sur la nature et l'origine des mouches pendant l'été*).

Neue Schrif. der Naturf. Gesellsch zu Halle. Erster band. Halle, 1811.

BUQUET.

Description de deux Insectes nouveaux du genre *Oodes*.

Ann. de la Soc. Entom. de France, t. 3, 1834, p. 473.

BURCHARD (Ernest-Fried.).

Epistola ad C. Linnæum de *Cocco Polonico*.

Act. Societ. Upsal., 1742, p. 53-78.

En allemand : Neu. Hamb. Magaz., 23 st., p. 481-496. — 24 st., p. 499-528.

BURDACH (Friedr.).

Handbuch der neuesten Entdeckungen in der Heillmittellehre (*Manuel des nouvelles découvertes en médecine*).

In-8. Leipsig, 1806.

BURGHART (Godefroy-Henri), né à Reichenbach, en 1705, le 5 juillet, et décédé à Briegs vers l'année 1776.

Libellæ seu *Perlæ* sudelicæ Descriptio.

Med. Seles. Satyr. Spec. 5, p. 28, c. f.

BURGSDORF (Fried.-August.-Ludwig), né à Leipsig en 1757, mort en 1802.

1. Von dem verschiedenen Knoppern, als ein Beytrag, zur Naturgeschichte der Eichen und Insecten (*Des différentes excroissances, comme matériaux pour l'histoire naturelle des chênes et des insectes* : Cynips Chalcis).

Schriften der Berliner Ges. Naturf. fr., b. 4, p. 1-12.

2. Vers. einer vollst. Gesch. vorrüge, Holzarten in systemat. Abhandl., etc. (*Essais d'une histoire naturelle des forêts, par ordre systématique*).

In-4°. Berlin, 1785-1800.

BURMEISTER (Herman).

1. Handbuch der Entomologie, etc. (*Manuel d'entomologie.*)

T. 1, in-8. Berlin, 1832. 16 planches in-4, au trait, avec une explication dans le même format. Il n'a encore paru que le premier volume, qui contient les généralités Entomologiques.

Extrait d'un aperçu de la classification proposée dans cet ouvrage, et traduit en français.

Revue Entom. de Silb., t. 1, 1832, p. 120.

Extrait du chapitre traitant des sons que produisent les Insectes.

Revue Entom. de Silb., t. 1, p. 161.

Extrait du chapitre traitant des Larves de certains Insect.
Revue Entom. de Silb., t. 1. 1833, p. 210.

2. Mémoire sur la division naturelle des *Punaises* terrestres (1 pl. au trait).

Revue Entom. de Silb., t. 2, 1834, p. 1.

BURRELL (John).

1. On the *Lygeus* micropterus.
Trans. of the Entom. Soc. of London, 1812, p. 73.

2. A *Catalogue* of Insects found in Norfolk.
Trans. of the Entom. Soc. of London, 1812, p. 101 et 113.

3. Remarks on *Staphilinus* tricornis.
Trans. of the Entom. Soc. of London, 1812, p. 310.

BUTLER (Carl.), né à Wicombe en 1560, mort en 1647.

Apum Historia, seu femine monarchy, or the History of the Bees.

In-8. Oxfort, 1609.
In-4. London, 1623.
In-4. London, 1634.
En latin. In-8. London, 1673.
In-8. Oxford, 1692.
In-8. London, 1704.
En français. In-8. La Haie, 1740.

C

CAGNATI (Marcel), naturaliste et critique de Vérone, né en 1543, et mort en 1612.

Locus Aristotelis de nidis *Vesparum* emendatus.

Extrait de son ouvrage intitulé : Variorum Observationum libri IV. In-8. Romæ, 1581.

2ᵉ Edition in-4. Romæ, 1587.

Autre édition, in-8. Francfort, 1604.

CAGNIARD.

Traité succinct des *Abeilles*.

CALDANI (Floriano).

Osservazioni sopra la transformazione da un Insetto, e sopra le idatide delle ranocchie (*Ichneumon*).

Memorie della Soc. Ital. di Verona, t. 7, p. 305-311.

CAMELLI (Georg.-Joseph).

De Araneis et *Scarabæis* philippensibus.

Philos. Trans. Angl., 1711, vol. 27, n° 331, p. 310.

CAMERARIUS (Johann-Rudolph.). On sait seulement qu'il vivait au commencement du 17ᵉ siècle.

1. De Vermibus nivalibus (*Podure*).

Miscel. Acad. Nat. Cur., dec. 3, ann. 5 et 6, 1697 et 1698. obs. 30, p. 70.

2. Oratio de Quercuum Gallis.

Miscel. Acad. Nat. Curios., dec. 3, ann. 2, 1694. Appendix, p. 37-44.

Réimprimé, p. 85-97, dans sa lettre de Plantarum Sexu. In-8. Tubingen, 1694.

3. De *Pulice*.

Electivæ medicinæ Spec., p. 71.

4. *Cicindelæ* historia, fulgor, calculo vesicæ frangendo utilis.

Syll. memorab., cent. 4, part. 3o, p. 2o8, et cent. 19, part. 37, p. 1541.

5. *Apum* industria, justicia, cura, munia; Apum murmur unde.

Syll. memorab., cent. 19, part. 99 sq., p. 727.

6. *Culicum* in castris ungaricis Feritas, *Pediculorum* Rabies.
Syll. memorabil., cent. 13, part. 88, pag. 1112.

7. *Apes* ex Bove; Apes cum Bovum stercore delectentur, Apum et *Vesparum* ictuum signa; Apes num coeant.

Syll. memor., cent. 17, part. 49 à 55, p. 1401.

8. Color chermesinus ex vermiculis ilicis, *Cocci* baphici historia, Coccum parandi ratio.

Syll. memorab., cent. 17, part. p 78, 1420.

9. Sylloge memorabilium Naturæ....

Il contient environ 20 centuries qui ont paru, la 4, in-12, Tubingæ, 1624; 5, 6, 1626; 7, 8, 9, 1627; 10, 1629; 12, 1630; 13, 14, 15, 16, 1652. J'ignore la date des autres numéros; compilation dont nous avons indiqué plus haut ce qui regarde les insectes.

CAMPBELL (John).

Travels in S. Africa, undertaken at the request of the Missionary Societ.

In-8. London, 2ᵉ édition, 1815.

CANALS Y MARTI (don Juan-Pablo).

Memorias sobre la grana *Kermès* de Espagna, que es el *Coccum*, o *Cochinilla* de los antiquos (avec 1 pl.).

In-4. Madrid, 1768.

CANONICO (Giuseppe-Gaetano-Cara de).

Memorio intorno alla varietà delle specie dei *Bachi da Seta* e ragguaglio d'accopiamenti di varia specie d'essi.

Memorie della Società agraria di Torino, vol. 2, p. 33.

CANTENER (L.-P.).

1. Catalogue des *Lépidoptères* du département du Var.

Revue Entom. de Silbermann, t. 1, 1833, p. 69-94.

2. Histoire naturelle des *Lépidoptères* diurnes du département du Haut-Rhin.

In-8. Paris, 1834 et suiv.

L'ouvrage paraît par livraisons de trois planches en noir ou coloriées, et d'un texte explicatif.

CANTUS-PRATANUS (Thomas).

De *Apibus*. (Deux traités.)

In-8. Duaci, 1627.

CAPIEUX.

Beytrage zur naturgeschichte der Insekten.

Naturforscher, 12 st., p. 68-76.

Feussly. Neu. Entom. Magaz., p. 211.

Id. — 14 st., p. 77-92.

Feussly. Neu. Entom. Magaz., 1 band, p. 410.

Id. —- 15. st., p. 52-56.

Id. — 18. st., p. 215-225.

Id. — 24 st., p. 91-160.

CARLSON (Gustaf von).

Tillaegning vid föregäende rön (*Supplément aux remarques sur les punaises des lits*).

Vetenskaps Acad. nya Handl., ann. 1789, p. 78-79.

Traduction allemande, p. 72.

CAROLUS (Theodorus).

De *Cantharidibus*, cur ligustro, salicibus, fraxino et olivis catervatim adhæreant; generatio et fœtus.

Misc. Acad. Nat. Cur., dec. 1, ann. 1686, obs. 36, pag. 66.

CARPENTER (Thomas).

1. Sur l'attachement que les Insectes portent à leur progéniture.

Gill's Technical Reposit., t. 3, n° 4, p. 225.

2. Sur les facultés instinctives et raisonnantes dans les Insectes.

Gill's Technical Reposit., t. 3, n° 6, p. 327.

CARBADORI (Giovacchino).
Osservazioni sulla morte apparente delle *Mosche* affogate.
Opuscoli Scelti, t. 16, p. 284-288.

CARRÉ.
Geschichte der Ameise (*Histoire des fourmis*, conjointement avec Soniners).
Natururkundige Verhandelungen.
Édition d'Amsterdam, part. 1-2.

CARSON (J.).
Diss. *Cantharidum* Historia, operatio et usus.
In-4. Edinb., 1776.
Baldinger Syll. select. Opusc., vol. 4, n° 6.

CARTER (Landon).
Observations concerning the Fly-Weevil, that destroys the Wheat (*Sur une mouche qui détruit le froment* : calandre).
Trans. of the American Society, vol. 1, p. 205 à 215.

CARUS (C-G.)

1. Ubersicht des gesamten Thierreichs (Revue de tout le règne animal, conjointement avec Ficinus).
Grand in-folio. Dresde, 1826.

2. Entdekung eines einfachen vom herzen aus beschleunigten Blut-Kreis-Laufes in den Larven netzflüglicher Insekten (*Découverte d'un cœur simple et d'une prompte circulation dans les larves de quelques insectes névroptères*), avec 3 pl.
In-4. Leipzig, 1827.

3. Remarques additionnelles sur la circulation sanguine dans les Insectes.
Isis, t. 21, cah. 5, 6, 1828, p. 477.

4. Untersuchungen über Blutlauf in Kefern (*Recherches sur la circulation du sang dans les Scarabées*).

Nova Act. Acad. Nat. Curios. de Bonn., t. 15, 1831, 2° part. p. 1 à 18, 1 pl. en noir.

CASNATI (Francisco).

Sul metodo d'uccidere colla canfora le Crisalidi nei bozzoli de' Bachi da seta.

Opuscoli Scelti, t. 1, p. 425-27.

CASTAQUEDA (Ferdinando Lopez di).

Historia déll Indie orientali. (Traduit de l'espagnol par A. Ulloa.)

7 v. in-4. Venezia, 1578.

CASTELLUS (Pierre), médecin et botaniste italien, né vers la fin du 16° siècle à Messine, où il mourut en 1656.

Deux auteurs ont cité de lui deux volumes, *de Animalibus Insectis*, mais on pense qu'ils n'ont pas vu le jour, et qu'on n'a eu connaissance que du manuscrit.

CASTLES (John).

Observations on the Sugar Ants (*Observation sur le sucre des fourmis, pucerons*).

Philos. Trans., vol. 80, p. 346-358.

Voigts. Magaz., 8 band, 3 st., p. 90-100.

CASTRO (Joachin de Amorim).

Memoria sobre à *Cochonilha* do Brasil.

Memorias economias da Academia de Lisboa, t. 2, p. 135.

CAT (Le).

Sur les aigrettes jaunes que l'on observe quelquefois sur les têtes des *abeilles*, avec figures.

Journal de Physique de Rozier, 1773, t. 1, p. 223

CATELAN (l'abbé de).

Observations touchant les deux parties des Insectes qu'on prend ordinairement pour les yeux.

Journal des Savants, t. 8, p. 333, et t. 9, p. 152 et 234.

En latin. Acta Erudit., 1682, p. 161.

Manget. Bibliot., t. 1, part. 11, p. 46.

CATELAN (Laurent), pharmacien à Montpellier, où il vivait vers le milieu du 17e siècle.

Démonstration des ingrédients qui entrent dans la confection de l'Alchermes.

In 12. Montpel., 1609 et 1614.

CATESBY (Marc), naturaliste anglais, né en 1679 ou 1680, et mort à Londres le 23 décembre 1749.

Natural History of Carolina, etc. (*Histoire naturelle de la Caroline, de la Floride, et des îles de Bahama*, en anglais et en français), avec 220 pl. coloriées.

2 vol. in-fol. Lond., 1731 et 1743.

Appendix. . . . . . . 1748.

Ed. latine. in-fol. Noribergæ, 1750.

Aut. édit. Londres, in-fol., 1754.

Autre édit. Londres, in-fol. 1771.

Édit. allemande. in-fol. Nuremberg, 1756.

Edit. allemande. in-fol. Nuremberg, 1777.

CARLETON (Gualterus).
Onomasticon Zooicon.
In fol. London, 1668.

CEDERHIELM (J.).
Faunæ Ingriæ prodromus, exhibens methodicam descriptionem Insectorum agri Petropolensis, avec 5 pl. coloriées.

1 vol. in 8. Lipsiæ, 1798.

CESTONE (Hyacinthe), Pharmacien, né à Santa-Maria in Giorgio, dans la marche d'Ancone, le 13 mai 1637, mort à Livourne le 29 janvier 1718.

1. A New Discovery of the original Fleas (*Pulex*).
Philos. Trans., t. 21, 1699, p. 42.

2. Historia della Grana del *Kermes*.
Dans les œuvres de Vallisneri (*voy.* ce nom), t. 1, p. 457-465.

CETTI.
Storia naturali di Sardegna.
4 vol. in-12. Lessari, 1774 à 1777.

CHABRIER de Montpellier.

Ænothera Tetraptera eine Insekten fangende pflanze.

Mag. Entom. de Germ., 4 band., 1821, p. 454.

CHABRIER (J.).

1. Observations sur quelques parties de la mécanique des mouvements progressifs de l'Homme et des Animaux, suivi d'un Essai sur le vol des Insectes.

Nouveau Bulletin de la Société Philomatique, 1820, avril, pag. 49.

2. Essais sur le Vol des Insectes.

Mém. du Muséum, t. 6, p. 410-476, avec 4 pl.

        Suite, t. 7, p. 297-372, — 5 pl.

        Suite, t. 8, p. 47 - 99, — 3 pl.

        Suite, id. p. 349-403, — 1 pl.

Réunis en un seul volume in-4, avec 13 pl. Paris, 1823.

3. Analyse de la première partie du Mémoire sur le Vol des Insectes.

Fascicule de 33 pages par l'auteur lui-même.

CHAISNEAU (Charles).

Atlas d'Histoire naturelle, ou collection de Tableaux relatifs aux trois règnes de la Nature.

Grand in-4. Paris, an 11.

CHAMBON (A.).

Manuel pour l'Éducation des *Abeilles.*

In-8. Paris, an 6.

CHARLETON (Qualtener).

1. Exercitationes de Differentiis et Nominibus Animalium.

In-fol. Oxonii, 1667.

Autre Édition, in-fol. Oxonii, 1677.

2. Onomasticon Zooicon, plerumque animalium differentias et nomina propria pluribus linguis exponens.

In-4. Londini, 1668.

CHARPENTIER (Toussaint de).

1. Vermischte Berichtigungen über einige Käferarten (*Ob-servations sur quelques espèces de coléoptères*).

Mag. Entom. de Germar, 5 band, 1818, pag. 128 et sui-vantes.

2. Die Zünsler, **Wickler**, Schaben und Geistchen (*Pyralis, Tortrix, Tinea* et *Alucita*, des Systematischen Verzeichuisses der Schmetterlinge der Wiener gegend (conjointement avec ZINCKEN).

In-8. Braunschweig, 1821.

3. Horæ Entomologicæ (9 pl. col.).

In-4. Breslau, 1825.

CHAUSSIER.

Observations sur les procédés employés pour faire périr la Chrysalide du *Ver à soie.*

Nouv. Mém. de l'Acad. de Dijon, 1784, 2° semestre, p. 80-85.

CHEVROLAT (A.).

1. Descrip. de la *Doryphora* 21-punctata.
Mag. Zool. de Guérin, 1re ann., 1831, Ins., n° 13.

2. Descrip. du genre *Dryophilus* (col.).
Mag. Zool. de Guérin, 1832, Ins., n° 3.

3. Description du genre *Pericalus* guttatus (col. carnass.).
Magaz. Zool. de Guér., 1832, Ins., n° 46.

4. Descript. du *Paussus* cornutus.
Mag. Zool. de Guérin, 1832, Ins., n° 49.

5. Monographie d'un nouveau genre dans la famille des Charançonites (*Otiocephalus*), avec une demi-planche col.

Ann. de la Soc. Entom. de France, t. 1, 1832, p. 98 à 108.

6. Monographie de deux genres nouveaux dans la famille des Curculionites (*Oxycorynus* et *Loncophorus*), avec 1 plan-che coloriée.

Annales de la Soc. Entomol. de France, t. 1, 1832, de la page 210 à 220.

5

7. Mém. sur un nouveau genre de Coléoptères de la famille des *Mélasomes*.

Revue Entom. de Silberm., t. 1, 1833, p. 25 (avec fig.), avec une note sur la bouche de cet insecte, par M. Guérin.

8. Notice sur un nouveau genre de la famille des *Diapérides* (avec fig.).

Revue Entom. de Silberm., t. 1, 1833, p. 30.

9. Description de l'*Odontopus* cyaneus, col. Tenebrionite.

Revue Entom. de Silberm., t. 1, 1833, descrip. n° 6, avec fig. col.

10. Des. du *Monochamus* Tridentatus, fam. Longicornes, avec fig. col.

Revue Entom. de Silb., t. 1, 1833, desc. n° 9.

11. Des. du genre *Sphindus*. Col. ss. Hétéromères, avec fig. col.

Revue Entom. de Silb., t. 1, 1833, desc. n° 8.

Rectificat. du genre, id., id., p. 235.

12. Observations sur les mœurs des *Coléoptères* du Mexique.

Revue Entom. de Silberm., t. 1, 1833, p. 257.

13. Des. de l'*Inca* irrorata, Col. fam. Lamellicornes.

Revue Entom. de Silb., 1833, descrip. n° 10.

14. Descrip. du Genre *Dadoychus* (Longicorne), avec 1 pl. col.

Revue Entom. de Silb., t. 1, 1833, desc. n° 14-15.

15. Description de deux genres nouveaux de *Curculionites*, et d'un nouveau *Prionien* (avec figures coloriées).

Ann. de la Sociét. Entom. de France, t. 2, 1833, pag. 60 à 66.

16. Description de deux nouveaux genres de Coléoptères de la famille des Mélasomes et des Diapères, les genres *Leptonychus* et *Opiestus*.

Ann. de la Soc. Entom., 1833.

17. Nouveau genre de Curculionites *Myrmacicelus* (avec fi-gure).

Ann. de la Société Entom. de France, t. 2, 1833, pag. 557.

18. Mém. sur quelques Chasses Entomolog. à Fontaine-bleau. (C'est une espèce de Catalogue avec les localités et les époques.)

Ann. de la Soc. Entom. de France, t. 2, 1833, pag. 466.

19. Descript. du *Meloé* Olivieri.

Mag. Zool. de Guérin, 1833, Ins., n° 57.

20. Descript. du *Buprestis* Analis.

Mag. Zool. de Guérin, 1833, Ins., n° 60.

21. Descript. du genre *Platynoptère* (Col. Longicorne?), avec fig. col.

Revue Entom. de Silb., t. 2, 1834, Descript., n° 18.

22. *Coléoptères* du Mexique.

In-12. Strasbourg, 1834.

Il a déjà paru 3 fascicules contenant chacune 24 descrip-tions.

23. Descr. d'une nouvelle espèce de *Mégacéphale*.

Rev. Entom. de Silb., t. 2, 1834, p. 85.

24. Quelques Observations sur la famille des *Carabiques*.

Rev. Entom de Silb., t. 2, 1834, p. 114.

CHIAJE (Antoine Delle).

Mémoires sur les Animaux sans vertèbres du royaume de Naples.

En italien, 2 vol. in-4. Naples, 1823-1825.

CHILDREN (J. G.).

An address delivered at the anniversary Meeting of the Zoological Club of the Linnean Society.

In-8. London, 1827.

CHRIST (Johann. Ludwig).

1. Naturgeschichte, Klassification und Nomenclatur der In-sekten von Bienen, Wespen und Ameisengeschlecht *(Histoire*

naturelle des abeilles, guêpes et fourmis), avec 60 pl. col. formant plusieurs cahiers.

1 vol. in 4. Frankfurt-am-Main, 1791.

2. Anweisung zum nützlichsten und angenehmsten Bienenzucht, etc. *(Instruction sur l'utilité et l'agrément des
abeilles)*.

In-8. Frankfurt und Leipzig, 1780.

In-8. Frankf., 1783.

Frank. Beyträg., 1780, 38 et 39 st.

CHRISTY (William).
Remarks on a species of *Calandra* occurring in the Stones
of Tamarinds.

Trans. Scc. Entom. of London, t. 1, 1834, pag. 36.

CIST (J.).
Notice sur le *Hanneton*.
Americ. Jour. of Science, t. 8, n° 2, p. 269.

CYRILLO (Dominique), né à Grugno, dans le royaume de
Naples, en 1734, et mort en 1799 sur l'échafaud, par suite
des événements politiques de cette époque, s'est beaucoup occupé d'histoire naturelle.

Entomologiæ Neapolitanæ Specimen, avec 4 pl. col.

Un fascicule in-fol. Neapoli, 1787.

Je vois des indications du même ouvrage in-8, avec 12 pl. ;
mais je crois que c'est par erreur, et que l'on compte le texte
qui est gravé en regard des planches comme des planches de
figures.

CLAIRVILLE.
Entomologie Helvétique, ou Catalogue des Insectes de la
Suisse. En français et en allemand (avec 48 pl. col.).

2 vol. in-8. Zurich. 1er 1798, 2e 1806.

L'ouvrage ne contient que des coléoptères.

CLARK (Bracy).

1. Observations on the genus *Oestrus*.
Trans. of the Linnean Society, vol. 3, 1797, p. 289.
Ces observations ont été postérieurement publiées sous le
titre de
An Essays of the Bots of Horses and other animals.
In-4. London, 1815.

2. Of the Insects called *Oistros* by the ancients.
Trans. of the Linn. Societ. of London, t. 15, 2ᵉ part., 1827,
pag. 402.
Philos. Magaz. and Annals of Philos., avril 1828, p. 283.

CLARKE (Edward Daniel).
Travels in various countries of Europe, Asia, and Africa.
8 vol. in-8. London, 1815.

CLERC (Carl.).

1. Beskrifning på Asp-fjärilen *(Description du papillon du*
tremble), avec fig.
Vetenskaps Academ. Handl., 1755, pag. 278.
Traduction allemande, pag. 283.
En latin : Analecta transalpina, t. 2, pag. 370-72.

2. Några anmärkningar, angäende Insekter *(Quelques re-*
marques concernant les insectes), savoir :
1° Beskrifning på en Phalœna *(Phalène)*.
2° Beskrifning på en Tang, at fanga Fjärillar och Insecter
(Description d'une pince pour attraper les papillons et les insectes).
3° Om Kark-bottnars nytta i Insect-cabinetter *(De l'usage*
des planches de liége pour les collections d'insectes).
Vetensk. Academ. Handl., 1755, pag. 214.
Traduction allemande, pag. 212.
En hollandais : Unigerog. verhand. van de Soci. der Wee-
tensch. Amsterdam, t. 3, p. 228.

3. Icones Insectorum rariorum.
In-4. Holmiæ, avec 33 planches coloriées. 1ʳᵉ partie 1759,
2ᵉ partie 1764.

Cet ouvrage est très-utile pour reconnaître les Papillons décrits par Linné dans le cabinet de la Reine F. Ulrique.

4. Tal innehällande några Anmarkningar om Insecterne (*Quelques remarques sur les insectes indigènes*) , avec 1 planche.

Vetensk. Acad. Handl. Stockholm, 1764.

CLEYER (André), médecin attaché long-temps à la Compagnie Hollandaise à Batavia, a particulièrement étudié les productions de l'île de Java.

De *Cicadis* Indicis.

Ephem. Miscel. Acad. Nat. Curios., dec. 2, 1687, obs. 49, pag. 124.

CLUSIUS (Car.).

Exoticorum libri decem quibus Animalium, plantarum, etc. , Historiæ describuntur.

In-fol. Antverpiæ, 1605.

CLUTIUS (Theodorus), appelé aussi quelquefois (CLUYT-DIRCK).

Spreeckinghe von de Byen (*Discours sur les abeilles*).

In-8. Leiden, 1597.
In-8. Amsterdam, 1608.
In-8. Antwerp., 1618.
In-8. Utrecht, 1619.
In-8. Amsterdam, 1648.
In-8. Amsterdam, 1653.
In-8. Amsterdam, 1705.

CLUTIUS (Augerius).

Opusculum de Hemerobio, sive Insecto *Ephemero,* nec non de *Verme majali* (imprimé pag. 61 à 63 de son Traité de Nuce medica).

In-4. Amsterodami, 1634.

COELHO DE SCABRA.

Notice sur les diverses espèces d'*Abeilles* particulières au Brésil.

Mem. de Mathem. e Physica da Acad. das Scienc. de Lisboa, vol. 11, p. 99.

COLERUS (Johannes).
Dissertatio de *Bombyce*.
In-4. 1665. Giessæ.

COLLINS (Samuel).
A System of Anatomy, treating of the body of Man... Insects. (73 pl.).,
2 vol. in-fol. London, 1685.

COLLINSON (Peter).
1. Some Observations on a sort of *Libella,* or *Ephemeron,* avec fig.
Philos. Trans. Ang., vol. 43, n° 472, pag. 37.

2. An account of some very curious *Wasps-Nests* made of Clay in Pensylvania (*Sur un curieux nid de guêpes*).
Philos. Trans., vol. 43, 1745, pag. 363-66.

3. Some observations on a sort of *Libella* or *Ephemeron.*
Philos. Trans., vol. 44, 1746, p. 329-333.

4. Description of the great black *Wasp,* from Pensylvania, as communicatio from M. John Bartram.
Philos. Trans., 1749, p. 278, vol. 48, n° 493.

5. Some observations on the *Cicada* of North-America.
Philos. Trans., 1764, p. 65.

6. De *Gryllis* Americæ Septentrionalis.
Philos. Trans., vol. 54, p. 65.
En Allemand : Naturforscher, 2 st., n° 13.
Extrait. Fuessly's Mag. der Entom. 2 band, p. 98.

COLUMNA (Fabius Lincœus).
1. Aquatilium et terrestrium aliquot animalium aliorumque naturalium rerum Observationes, avec figures.
In-4. Romæ, 1616.

Le chapitre 17 traite du *Ver luisant,* les 18 et 19 de deux *Scarabées.*

2. Eruca rutacea, ejusque Chrysaldis et *Papilionis* Observationes.

Dans la seconde partie de l'ouvrage ci-dessus.

COMMODUS (P.)
Von Kornwurmern (*Sur un ver du blé;* Charançon).
In-12. Paüen, 1668.

COMPARETTI (Andreas).
Dinamia animale degli Insetti.
Deux parties in-8. Padova, 1800.

CONSETT (Matthew).
Tour through Sweden, Swedish Lapland, Finland, and Denmark, etc. (*Voyage dans la Suède, la Laponie suédoise, la Finlande et le Danemark*).
In-4. London, 1789.

CONTARINI.
Mémoire en italien sur le genre *Macronychus* de Müller.

CONTE (John Le).
Description de quelques nouvelles espèces d'Insectes (*Coléopt.*).
Annals of the Lyceum of natur. hist. of New-York, décembre 1824, p. 169.

COQUEBERT (Antoine Jean).
1. Sur une nouvelle espèce de *Mouche* (8-punctata), avec 1 fig.
Bull. de la Société Philomatiq., an 7, t. 1, pag. 143.

2. Illustratio iconographica Insectorum quæ in Museis Parisinis observavit J. Chr. Fabricius.
In-4. Paris, 1779 à 1804.
Trois décades formant 30 planches coloriées et un texte composé des phrases de Fabricius.

CORTHYMS.

Betrachtung über das Johannisblut (*Observation sur le sang de la Saint-Jean*).

Vossii Berlin Zeit., 1763, 72-73 st.

Stutg. ök. ph. ausz., 6 band, p. 615.

CORTI (Bonaventure).

Mezzi per distruggere i vermi che radono il grano in erba nel autunno, e nella primavera.

Scelta di opuscol. interess. vol. 34, p. 3-40.

COSTA (Gabriel).

1. Sur les Insectes qui vivent sur l'olivier et dans les olives (1 planche).

Atti del Instituto d'incoraggiamento alle scienza naturali di Napoli, t. 4, 1828, p. 202.

2. Specie nuove di *Lepidopteri* del regno di Napoli.

Neapoli.

COTTE.

Leçons élémentaires d'histoire naturelle.

Nouvelle édit. in-12, 1796.

CRAMER (Chr. Car.).

Specimen inaug. Insectologiæ Daniæ. Pres. Buchwald.

In-4. Hafniæ, 1761.

CRAMER (Pieter).

Uitlandsche Kapellen, etc. (*Papillons exotiques des trois parties du monde, l'Asie, l'Afrique et l'Amérique, etc.*).

4 vol. in-4 grand. Utrecht, 1775, et Amsterdam, 1779 à 1782.

L'ouvrage se compose d'un texte à deux colonnes hollandais et français; et de 400 planches coloriées avec soin.

Il existe un supplément par Stol.

Cet ouvrage avait peut-être été commencé différemment, car je trouve une date de 1775, Amsterdam.

CRELL (Ludovicus Christianus).

Disput. de *Locustis*, non sine prodigio nuper in Germania conspectis. Resp. J. F. Hanptwogel, avec 3 pl. $\frac{1}{2}$.

In-4. Lipsiæ, 1693.

CREUTZER (Chrétien).

Entomologische Versuche (*Essais entomologiques*), avec fig. coloriées.

In-8. Wien, 1799.

CRONSTEDT (Carl Johan.).

Berattelse om frost Fjärilarnas fångande (*Manière de prendre les papillons d'hiver*; Ph. Defoliaria).

Vetensk. Acad. Handl., 1770, 32 band, p. 17-24.

Traduct. allemande, p. 19-26.

Fuessly, neu Entom. Mag., 3 band, p. 74.

CUNRAD (Jos.).

Bemerkungen über die Entomologie überhaupt, nebst Beyträgen zur Kenntniss der um Oedenburg befindlichen Insekten (*Remarques sur l'entomologie en général, et matériaux pour la connaissance des insectes qui se trouvent aux environs d'Oedenbourg*).

Ungarischer Mag., 2 band, p. 5-19.

CURTIS (Williams), pharmacien de Londres, né vers 1746, et mort à Brompton le 7 juillet 1779.

1. Fundamenta Entomologiæ, or an Instruction to the Knowledge of Insects (avec 1 pl.).

In-8. London, 1772.

2. A short History of the brown-tail *Moth*, etc.

In-4. London, 1782 (1 pl. col.).

3. Some observations on the natural History of the *Curculiol* apathi and *Sylpha* grisea (1 pl. en noir).

Trans. Soc. Linn. of London, t. 1, 1771, p. 66-89.

4. Observations on the *Aphide*, etc. (1 pl. col.).

Trans. Soc. Linn. of London, t. 6, 1802, p. 75-94.

CURTIS (John).

1. British Entomology, being Illustrations and descriptions of the genera of Insects found in Great Britain and Ireland.

In-8. London, 1824 et suivantes.

Ouvrage paraissant par cahiers, dont 80 environ ont déjà vu le jour et forment huit volumes. Chaque cahier renferme quatre planches et le texte correspondant.

Il a paru une seconde édition des premiers numéros.

2. An account of *Elater* noctilucus the ferefly of the West-Indies.

Zool. Journal, t. 3, 1827, p. 379.

3. A guide to an arrangement of British Insects.

In-8. London, 1829.

4. On two Species of the Genus *Elaphrus*, lately discovered in Scotland by C. Lyell.

Walker's the Entom. Magaz., n° 1, septembre 1832, p. 37.

5. Characteres of some undescribed Genera and Species indicated in the Guide to an arrangement of British Insects.

Walk. the Entom. Magaz., n° 2, janvier 1833, p. 186-199.

CUVIER (George-Léopold-Chrétien-Dagobert), le plus célèbre naturaliste depuis Linné, né à Montbelliard le 23 août 1769, et enlevé par une maladie aiguë, le 13 mai 1832, dans toute la force de son talent.

1. Sur la nouvelle espèce de Guêpe cartonnière (*Vespa nidulans*, Fab.), avec fig.

Société Philomatique, t. 1, 1797, p. 56.

2. Sur la manière dont se fait la nutrition dans les Insectes.

Bull. de la Soc. Philom., t. 1, 1798, p. 74.

Journal de la Société de Pharmacie de Paris, t. 1, 128.

Mém. de la Soc. d'Hist. Nat. de Paris, t. 1, 1799, p. 34, avec fig.

3. Observations sur quelques *Diptères*.
Journal d'Histoire naturelle, t. 2, an 7, p. 253-255.

4. Description de deux espèces nouvelles d'Insectes.
Magaz. encyclopédique, t. 1, p. 205-207.

5. Leçons d'Anatomie comparée.
5 vol. in-8. Paris, 1805.

6. Rapport sur un Mémoire de Mr M. de Serres sur le tube intestinal des Insectes, imprimé en tête de ce mémoire.

7. Règne animal, distribué d'après son organisation.
1re édit., 4 vol. in-8. Paris, 1817.
2e édit., 5 vol. in-8. Paris, 1829.
La partie entomologique est traitée par LATREILLE.
Édition allemande. Leipzig, 1820.

8. Lettre sur l'Entomologie à M. Hartmann, en date du 18 novembre 1790.
Revue Entom. de Silb., t. 1, 1833, p. 145-160, avec 1 pl. dessinée par M. Cuvier lui-même.

9. Lettre sur l'Entomologie, adressée à Hartmann, 18 mai 1791 (avec 1 pl.).
Revue Entom. de Silb., t. 1, 1833, p. 195-210.
Ces deux lettres ont été publiées depuis la mort de l'auteur.

CZEMPINSKI (D.).
Totius Regni animalis Genera (Diss. inaug).
In-8. Vindob., 1778.

D

DAGBOK.
Oefver. en Ost Indisk Resa (*Voyage dans les Indes orientales*).
In-8. Stockholm, 1757.

DAHL (George).
Coleoptera und *Lepidoptera* (Catalogue).
1 vol. in-8. Wien., 1823.

DAHLBOM (Anders Gustaf), né le 3 mars 1806.
1. Monographia *Pompilorum* Sueciæ.
In-8. Lugduni Gothorum, 1829.
2. Monographia *Chrysidum* Sueciæ.
In-8. Lugduni Gothorum, 1829.
3. Exercitationes Hymenopterologicæ ad illustrandam Sueciam.
Part. 1 à 5, in-8. Lugduni Gothorum, 1831, 32, 33.
4. *Bombi* Scandinaviæ Monographiâ tractati et iconibus illustrati.
In-8. Lugduni Gothorum, 1832.
5. Beskrifning öfver Hymenopter slägtet (Chelonus Lat.) med derlin hörände Skandinaviska arter (*Description des mœurs des hyménoptères du genre chelonus, avec description des espèces de la Suéde*).
Kongl. Wetenskaps Academien Handlingar. Stockholm, 1833.

DALE (J. C.).
Observations on the influence of Locality, time of appearance et on species and varieties of *Butterflies*.
Walker, the Entom. Magaz., n° 4, juillet 1833, p. 355.

DALE (Samuel).
1. Part of letter concerning several Insects, etc.
Philos. Trans., 1699, p. 50.

2. Pharmacologia.

In-4. London, 1693.

In-4. London, 1737.

In-4. Leidæ, 1739.

DALMAN (Johann Wilh), né en 1787 à Heinseberg, mort le 11 juillet 1828 à Stockholm.

1. Essais d'une classification systématique des *Papillons* de Suède.

Vetensk. K. Acad. Hand., 1816.

2. *Chinea* araneoides (Nouvel insecte de l'ordre des diptères). Vetensk. Acad. K. Handl. 1816.

3. Notes sur le genre *Diopsis*, avec descriptions et figures de 3 nouvelles espèces.

Vetensk. Acad. K. Handl., 1817.

4. Insectorum nova Genera.

In-8. Holmiæ, 1819.

5. Försok till Uppstalling of Insects-familjen Pteromalini, i synnerhet med afsecunde på de i Sverige faune arter (*Essais d'une classification des insectes de la famille des pteromalini et en particulier de ceux de la faune de Suède, avec 2 pl.*)

In-8. Stockholm, 1820.

Extrait. Mag. Entom. de Germar, band 4, 1821, p. 351.

6. Analecta Entomologica (*avec 4 pl.*).

In-4. Holmiæ, 1824.

7. Ephemerides Entomologicæ.

In-8. Holmiæ, 1824.

8. Remarques sur les métamorphoses de l'*Anthribus* varius, et sur son séjour dans l'intérieur d'un Coccus.

Vetensk. Acad. Handl., 1824, p. 388.

9. Essais d'une détermination plus exacte du genre *Castnia* (avec 4 fig.).

K. Vetensk. Acad. Handl., 1824, p. 392.

10. Prodromus monographiæ *Castniæ* (avec 1 pl.).

In-4. Holmiæ, 1825.

11. De *Pimpla* atrata. (avec fig.).

K. Vetensk. Acad. Handl., 1825, p. 188.

12. Om Insekter inneslutne i Copäl (*Mémoire sur les insectes renfermés dans le copal, avec 1 pl.*).

K. Vetensk. Acad. Handl., 1825, 2ᵉ part., p. 375.

In-8. Stockholm, 1826.

13. Om nägra Svenska arter of Coccus (*Sur les espèces de coccus de la Suéde, avec 1 pl.*).

K. Vetensk. Acad. Handl., 2ᵉ part., p. 350, 1825.

In-4. Stockholm, 1826.

14. Zoologie suédoise, publiée par l'Académie royale des Sciences de Suède.

In-8. Stockholm, 1826 et suivantes.

Il y a des insectes décrits et bien figurés vol. 2, cahier 12.

15. Prodromus monographiæ generis *Lepidopterum* (avec planches coloriées).

In-4. Stockholm, 1828.

16. Mémoire sur quelques *Ichneumonides*.

In-8. Stockholm, 1826.

17. Description d'espèces de *Coléoptères* nouveaux.

Schönherr, Synonym. Ins., t. 3, appendix.

DANSKE.

Nye samling of det Kongelige, etc.

Danske Videnskabers Selskabs Skrifter. In-4. Kiobenhavn, 1781-83.

DARWIN (Erasmus).

1. Zoonomia, or the laws of organic life.

In-4. London, 1794.

2. Phytologia, or the Phylosophy of Agriculture and Gardening.

In-4. London, 1800.

DAUBENTON (le jeune).

Planches d'histoire naturelle coloriées.

In-fol. et in-4. Paris, 1760-65.

Elles contiennent des *Papillons Scarabées*, etc. , avec les noms triviaux.

En allemand : in-fol. Nürnberg, 1776, 1-5. Cahiers, avec chacun 6 pl. col.

DAUM (F.-C.).

Verzeichniss der Blumen und Blüthen, so die Bienen aus vorzuglichsten lieben (*Catalogue des fleurs que les abeilles aiment de préférence.*)

Oberlauzitz. Bienengesellsch 3, Samml, p. 75.

DAVIS (A.-H.)

Observations on *Lucanus* cervus.

Walker, the Entom. Magaz., n° 1, septemb. 1852, p. 86.

DAVY (sir Humphry).

Elements of Agricultural Chemistry.

In-4. London, 1813.

DEBRAW (John).

Discoveries on the sex of *Bees*.

Philos. Trans. , vol. 67, p. 15-32.

Dans la traduction anglaise des Dissertations de Spallanzani, vol. 2, p. 357-372. In-8. London, 1784.

Italien : Opuscoli Scelti, t. 2, p. 126-134.

Hollandais : Geneeskundige Saarbocken, 1 Deel, p. 172-183.

DECKER (Mag.).

Naturgeschichte aus den besten Christ stellern, mit Merianischen Kupfern.

Heilbroun, 1773-80.

DEDEKIND (Jo. Jul. Wilh.).

De Remediis contra *Formicas*, litteræ ad Acad. Reg. Parisi. In-8. Helmst, 1778.

DEFRANCE.

Note sur la *Puce* irritante.

Ann. des Sc. nat., t. 1, p. 440, avril 1824.

DEGNER (J. Hart.)

1. De Scarabeorum maialium in morsu canis rabidi effectu specifico.

Ephem. Nat. Curios., vol. 6, obs. 92, p. 325.

2. Von einen Knaben der durch den Genuss eines ganzen Maykäfers getödtek worden (*D'un jeune garçon mort pour avoir avalé un hanneton entier*).

Götting. Gel. Auz., 1778. Zug., p. 721.

DEHNE (Johann Christian Conrad).

1. Versuch einer vollständigen Abhandlung vondem May-wurme, und dessen anwendung in der Wuth und Wassercheu (*Essais d'une dissertation complète sur le ver de mai, et sur son application dans la rage et l'hydrophobie*).

2. Th. in-8. Lepzig, 1788.

DEJEAN.

1. Catalogue des *Coléoptères* de la collection de l'auteur. In-8. Paris, 1821.

2ᵉ édit. in-8. Paris, 1833 et suivantes.

2. Histoire naturelle et iconographique des *Coléoptères* d'Europe (conjointement avec LATREILLE).

In-8. Paris, 1821.

Cet ouvrage, dont il a paru trois livraisons. n'a pas été continué. Latreille était chargé de la partie générique et M. Dejean de la partie spécifique.

3. Extrait d'un mémoire lu à la Société Philomatique sur la famille des *Carabiques* simplicipèdes.

Nouv. Bull. de la Soc. Philom., décembre 1825, p. 187.

Mémoires de la Soc. Linn. de Normandie, 1826-27, p. 123.

4. Species général des *Coléoptères* de la collection de l'auteur.

5 vol. in-8. Paris, 1825-26-28-29 et 1831. Ce dernier a paru en deux parties (les Carabiques).

5. Histoire naturelle et iconographique des *Coléoptères* d'Europe (conjointement avec M. Boisduval).

3 vol. in-8, 1829-30-32. Le 4ᵉ, qui termine la famille des Carabiques, est sur le point d'être terminé.

6

L'ouvrage paraît par livraisons mensuelles, composées de 5 planches coloriées et du texte qui en dépend.

DELABIGARRE (Peter).
A Treatise on Silkworms (*Vers à soie*).
Trans. of the Soc. of New-York, part. 2ᵉ, p. 172-205.

DELAISTRE.
Von der Wirkung des magsaamensaftes bey gelegenheit eines Immestiches (*Sur l'effet de l'opium, à l'occasion d'une piqûre d'abeille*).
Roux. Samml. Auserlesener Wahrnchusungen, 4 band, p. 143.

DELIUS (Henricus-Fredericus de), né à Wernigerode, en Saxe, le 8 juillet 1720, un des médecins le plus instruits du siècle dernier; mort le 22 octobre 1791.

1. *Forficula* (scarabœus noctambulo), devastator petroselini.
Nova Acta Nat. Curios., vol. 6, p. 219.

2. Diss. de Purpura et *Coccinella*; Resp. Schauer.
In-4. Erlang., 1753.

3. Von Schneewürmern (*sur des vers de neige* Podures),
Frank. Samml., 4 band, p. 54.

DELTA.
1. Note on the habits of Insects.
Walker. Entom. Magaz., n° 4, juillet 1833, p. 385.
Suite, n° 5, octobre 1833, p. 439.
2. Thoughts on the geographical distributions of Insects.
Walker. The Entom. Magaz., n° 6, janvier 1834, p. 44-54.
Suite, n° 8, juillet 1834, p. 280-86.

DENIS.
Verzeichniss der Schmetterlinge der gegend Wiener (*Catalogue des lépidoptères des environs de Vienne*), conjointement avec SCHIFFER-MULLER.
In-8. Wien, 1775.

Bemerkungen, berichtigungen, und Zuzatze zudem Wiener system. verz. der Schmetterling (*Remarques, rectification et supplément aux catalogues systématiques des lépidoptères des environs de Vienne*).

Fuessly's neu Entom. Magaz., band 2, p. 370-378.

DENNING (William).

On the decay of Apple trees and Pear trees (*Sur la destruction des pommiers et poiriers.* Cossus?).

Trans. of the Soc. of New-York, part. 2ᵉ, p. 219-222.

DENNY (H.).

Monographia *Pselaphidorum* et *Scydmænidarum* Britanniæ.

In-8. Norwich, 1825.

DERBAW (Jo.).

De sexu *Apum* et propagationis ratione.

Philos. Trans., vol. 67, p. 12.

En allemand : Hannöw. Magaz., 1779, p. 811.

Edinburg. Commenter. 5 cah., p. 417.

DERHAM (William), savant théologien anglais, né en 1654 à Stowton, mort à Upmister le 5 avril 1735.

1. A Letter concerning an Insects that is commonly called the Death-Watch (*Ptine et Hémérobe*).

Philos. Trans., 1701, vol. 22, n° 271, p. 832-854.

Badd. 4, p. 26.

2. A Supplement to the account of the *Pediculus Pulsatorius* (avec figures).

Philos. Trans., 1704, vol. 24, n° 291, p. 1586-1594.

Badd. 4, p. 320.

3. Physico-Theology, or a demonstration of the being and attributes of God, from his work of creation.

In-8. London, 1720.

L'ouvrage est partagé en plusieurs livres, dont le huitième traite des insectes.

Edition française. Rotterdam, 1727.

Il y en a beaucoup d'autres, car j'en connais une treizième portant la date de Londres, 1768.

4. Observations about Wasps, and the difference of their sexes (*guêpes*).

Philos. Trans., 1724, vol. 33, n° 382, p. 53-59.

Badd. 7, p. 380.

DESBOIS (Alex. de la Chenaye).

1. Dictionnaire raisonné et universel des Animaux.

4 vol. in-4. Paris, 1759.

2. Système du Règne animal.

2 vol. in-8. Paris, 1754, avec 6 pl.

Les insectes sont contenus dans le second volume.

DESCOURTILZ (Théodore).

1. Description de quelques Insectes nouveaux découverts en France en 1825 (avec 1 planche).

Mém. de la Société Linn. de Paris, t. 5, 1827, pag. 156.

2. Mémoire sur un nouveau genre d'Insecte de l'ordre des *Hémiptères* (avec fig.).

Mém. de la Société Linn. de Paris, t. 3, 1824, p. 293.

DESLANDES.

1. Recueil de Traités de physique et d'histoire naturelle. Il y est question de quelques insectes, p. 89-150.

Le même passage en allemand. Hambourg, Magaz., 13 band, p. 276-309.

2. Éclaircissement sur les Vers qui rongent le bois des vaisseaux.

Traité de Physique, p. 214-238.

DESMARETS (Dan.).

Insectorum et Animalium Thesaurus.

In-8. Lugduni Batavorum, 1716.

DESMARETS (Gaëtan.)

1. Notes sur les Larves de deux insectes Coléoptères (*Scolytus limbatus et Cicindela campestris*), avec fig.
Bull. de la Soc. Philom., t. 3, p. 297, n° 86.

2. Mémoire sur une espèce d'Insecte des environs de Paris, dont le mâle et la femelle ont servi de type à deux genres différents (*Drillus*).
Annales des Sc. nat., t. 2, p. 257.
Bulletin de la Société Phil., avril 1824, p. 57.

3. Supplément au précédent mémoire.
Bulletin de la Société Philom., avril 1824.

4. Descript. du genre *Hypocephalus* (*Col.*).
Magaz. Zool. de Guérin, 1832, Ins., n° 24.

DESORMES.

Traité élémentaire et pratique sur le Gouvernement des *Abeilles* (avec fig.).
In-8. Paris, 1825.

DETHARDING (Georges Christoph.)

1. Diss. Disquisitio physica vermium in Norvegia, qui novi visi (*Phalena*). Resp. Al. Aug. Roggenkamp, 3 pl.
In-4. Hafniæ, 1742.

2. Disputatio de Insectis *Coleopteris* Danicis. Resp. Pauli.
In-4. Buetzowii, 1763.

DEYEUX.

Sur la Dissertation de l'abbé Fontana, sur l'acide formique.
Journal de Physiq. de Rosier, novembre 1778.

DICQUEMARE.

1. Larve marine et sa Chenille.
Journal de Physique, t. 8, p. 222-224.

2. Insectes marins destructeurs des bois.

Journal de Physique, t. 22, p. 121-123.

En allemand : Lichtenbergi magazin, 2 band, 2 st., p. 49-53.

DIGGERS.

De Phalæna Bombyce.

Philos. Trans. , n° 2.

Leskens Uebersetz, 1 band, 1 th., p. 94.

DILLENIUS (Johannes-Jacobus), habile botaniste, né à Giessen en 1627, mort le 2 août 1747.

De duobus *Papilionibus* singularibus.

Ephem. Act. Nat. Curios., cent. 7 et 8, p. 347.

DILLON (John Talbot).

Travels through *Spain*, with a view to illustrate the natural history and physical geography of that kingdom, in a series of letters.

In-4. London, 1780.

DILLWYN (L. W.).

Memoranda relating to *Coleopterous* Insects of Swansea.

In-8. Swansea, 1829.

DITHMAR (J. C.).

Relation von Heuschrecken, welche sich etliche Jahre jenseit der Oder aufgehalten sammt Anmerkungen von solchen ungeziefer (*Relation des sauterelles qui pendant quelques années ont séjourné au-delà de l'Oder, avec des remarques sur de semblables vermines*).

Oekonom. fam., 2 st., p. 57.

DIOSCORIDES (Pedacius).

Materia medica.

In-8. Parisiis, 1549.

In-fol. Francofurti, 1549.

DOBBS (Arthur).

A Letter concerning Bees, and their method of gathering wax and honey (*Sur les abeilles*).

Philosoph. Transact., vol. 46, n° 496, p. 536-549.

En allem : Hambourg. Magaz, 9 band., p. 49-65.

DONNDORFF (J. A.).

Il a continué la *Fauna Europäische* de GozE.

DONOVAN (Edward).

1. The natural History of British Insects.

In-8. London, 1792 et suivantes.

Autre édition. 1802 et suivantes.

L'ouvrage contient 16 fascicules comprenant chacun 36 pl. et les descriptions qui s'y rapportent.

2. An epitome of the natural history of the Insects of China.

In-4. London, 1798 et suivantes.

L'ouvrage a paru par fascicules, et contient environ 50 pl. col.

Traduction allemande par *Gruber*.

In-4. Leipzig.

3. An epitome of the natural history of the Insects of India.

In-4. London, 1800 et suivantes.

L'ouvrage a paru par fascicules, et contient environ 58 pl. coloriées.

4. An epitome of the natural history of the Insects of New-Holland.

In-4. London, 1802?

L'ouvrage a paru par cahiers ; j'en connais 42 planches.

5. General Illustration of Entomology, part. 1re, an epitome of the Insects of Asia.

In-4. London, 1805.

6. Naturalist's Repository, or monthly miscellany of exotic natural history.

2 vol. in-4. London, 1824 et suivantes.

L'ouvrage a paru par cahiers ; mais le second volume seul

contient des insectes, au nombre de 77 planches. Le reste représente des mollusques.

DORTHES (Jacques-Anselme), né à Nîmes le 19 juillet 1759; médecin et naturaliste, mort prématurément en 1794.

1. Observations sur quelques Insectes nuisibles aux blés et à la luzerne.

Mém. de la Soc. Roy. d'Agricult. de Paris, 1787, trim. de printemps, p. 61-71.

2. Observations sur le *Coccus* Characias.

Journal de Physique, t. 26, p. 207-211.

3. Recherches sur la Chenille processionnaire du pin, appelée *Pityoccampe* par les anciens.

Journal de Physique, t. 34, p. 353-360.

4. Notice sur un Phénomène occasioné par une espèce de fourmi.

Journal de Physique, t. 37, p. 356-358.

En italien : Opuscoli Scelti, t. 15, p. 317-19.

DOUBLEDAY (Edward).

1. Abstract of M. Strans-Durkheims, Considérations générales sur l'anatomie des animaux articulés.

Walker. The Entomolog. Magaz., n° 1, septembre 1832, p. 5-12.

Suite. . . . . . n. 3, avril 1833, p. 277-83.

Suite. . . . . . n. 5, octobre 1833, p. 466.

Suite. . . t. 2, n. 7, janvier 1834, p. 1-144.

2. An Entomological Excursion (conjointement avec Newmann).

Walker. The Entom. Magaz., n. 1, septemb. 1832, p. 50-60.

DOUMERC.

1. Sur le *Psalidomyia fucicola*; nouvelle espèce de Diptère (avec fig. au trait).

Ann. de la Sociét. Entom. de France, t. 2, 1833, p. 89 à 93.

2. Notice sur quelques Monstruosités entomol. (avec fig.).

Annales de la Société Entomologique, t. 3, 1834, p. 171.

DRAPARNAUD.

Note sur l'Insecte nommé *Mantis oratoria* (avec fig.).
Bullet. de la Sociét. Philom., t. 3, p. 189, n. 69.

DRAPIEZ.

1. Descript. de 8 espèces d'Insectes (*de tous ordres*).
Ann. des Sc. physiques, t. 1, p. 45, pl. 4.

2. Descript. de 8 espèces d'Insectes nouveaux (*de tous ordres*).
Ann. des Sc. physiques, t. 1, p. 130, pl. 7.

3. Descript. de 8 espèces d'Insectes (*de tous ordres*).
Ann. des Sc. physiques, t. 1, p. 290, pl. 11.

4. Descr. de 8 espèces d'Insectes nouveaux (*de tous ordres*).
Ann. des Sc. physiques, t. 2, p. 42, pl. 16.

5. Descr. de 8 espèces d'Insectes nouveaux (*de tous ordres*).
Ann. des Sc. physiques, t. 2, p. 197, pl. 25.

6. Desc. de 4 espèces d'Insectes nouveaux (*Lépidoptères*).
Ann. des Sc. physiques, t. 2, p. 354, pl. 30.

7. Descript. d'un nouveau genre d'Insecte de la tribu des
Tétramères (*Octogonote*).
Ann. des Sc. physiques, t. 3, p. 181, pl. 39.

8. Description de 7 Insectes nouveaux (*de tous ordres*).
Ann. des Sc. physiques, t. 3, p. 180, pl. 39.

9. Description de 5 Insectes nouveaux (*Coléopt.*).
Ann. des Sc. physiques, t. 3, p. 269, pl. 32.

10. Description de 6 espèces d'Insectes nouveaux (4 *Coléop.*
1 *Hymén.* 1 *Dip.*), avec fig. col.
Ann. générales des Sc. physiques, t. 4, 1820, p. 314.

11. Description de 8 espèces d'Insectes nouveaux (6 *Coléop.*
1 *Hém.* 1 *Hymén.*), avec fig. col.
Ann. générales des Sc. physiques, t. 5, 1820, p. 117.

12. Description de 8 espèces d'Insectes nouveaux (6 *Coléop.*
1 *Hém.* 1 *Hymén.*), avec fig. col.
Ann. générales des Sc. physiques, t. 5, 1820, p. 323.

13. Description de 5 espèces d'Insectes nouveaux (1 *Lépi-dopt.*, 4 *Coléopt.*).

Ann. des Sc. physiques, t. 7, p. 275, pl. 109.

14. Descript. de 5 espèces d'Insectes nouveaux (1*Lépidopt.*, 4*Coléopt.*).

Ann. des Sc. physiques, t. 8, p. 273, pl. 127.

DRURY.

Illustration of natural history (*Illustration d'histoire natu-relle en anglais et en français*).

3 vol. in-fol. London, 1770-73-82.

L'ouvrage se compose, outre le texte, de 150 pl. coloriées avec beaucoup de soin, et représentant des insectes de tous les ordres; il en a été donné un extrait ou traduction par Panzer.

DUCARNE.

Sur l'espèce de Phrénésie mortelle qui prend à la plus grande partie des *Abeilles.*

Gazette de Santé, 1766, n° 13.

En allemand, dans le Neuen auszügen, aus den Besten ausländ. Wochenschriften, 3 th., 4 st., p. 59.

DUDLEY (Paul).

1. An account of Insects in the barks of decaying elms and ashes, etc. (*Mémoire sur le moyen de conserver les abeilles dans des ruches d'écorces, soit d'ormes, soit de frênes.*)

Philos. Trans. , vol. 24, n° 296, p. 1859-1863.

2. An account of a method lately found out in New-England, for discovering where the Bees live in the woods (*Méthode employée dans la Nouvelle-Angleterre pour découvrir les ruches d'abeilles dans les bois.*)

Philos. Trans. , vol. 31, n° 367, p. 148-50.

DUFOUR (Léon).

1. Mémoire anatomique sur une nouvelle espèce d'Insecte du genre *Brachine* (1 pl., n° 5).

Ann. du Muséum d'Hist. nat. , t. 18, 1811, p. 70.

Bullet. de la Société Phil., n° 58, 5° année, t. 3, p. 301.

Ce mémoire existe aussi en extrait dans les Annales des Sciences naturelles.

2. Recherches anatomiques sur les *Scolies*.

Nouv. Bull. de la Société Philom., 1818, juillet, p. 101, avec 1 pl.

Journal de Physique, sept. 1818.

3. Observations sur quelques *Cicindèles* et *Carabiques* observés en Espagne.

Ann. générales des Sc. physiques, Bruxelles, t. 6, 1820, p. 318.

4. Description de dix espèces nouvelles ou peu connues d'Insectes recueillis en Espagne (*Coléopt.* et *Orth.*).

Annales générales des Sc. physiques, Bruxelles, t. 6, 1820, p. 307, 1 pl. en noir.

5. Anatomie de la *Ranatre* linnéenne et de la *Nèpe* cendrée, avec 3 pl. lithographiées.

Annales générales des Sc. physiques, t. 7, p. 194, pl. 105, 106, 107.

6. Description de six espèces d'Ins. nouv. (*Coléopt.*).

Annales des Sc. physiques, t. 8, p. 358, pl. 130.

7. Description d'une nouvelle espèce de *Coccus*.

Extrait des Annales des Sc. natur., t. 2, p. 203, juin 1824.

8. Recherches anatomiques sur les Carabiques et sur plusieurs autres Coléoptères, avec fig.

Annales des Sc. nat., t. 2, 1824, p. 462.
Suite. Annales des Sc. nat., t. 3, p. 215.
Suite. Annales des Sc. nat., t. 3, p. 476.
Suite. Annales des Sc. nat., t. 4, p. 103.
Suite. Annales des Sc. nat., t. 5, p. 265.
Suite. Annales des Sc. nat., t. 6, p. 150.
Suite. Annales des Sc. nat., t. 6, p. 427.
Suite. Annales des Sc. nat., t. 8, p. 5.

On trouve quelquefois ces différents mémoires en 1 vol. in-8. C'est un tirage à part des parties précédentes.

A la suite est un appendix contenant des observations sur des Vers et des Larves trouvés dans les intestins de divers Coléoptères.

9. Recherches anatomiques sur les *Cigales.*
Ann. des Sc. nat. , t. 5, p. 155.

10. Recherches anatomiques sur l'*Hyppobosqus des chevaux.*
Ann. des Sc. nat. , t. 6, p. 299.

11. Description d'une nouvelle espèce d'*Ornythomie.*
Ann. des Sc. nat. , t. 10, p. 243, avec 1 pl.

12. Mémoire pour servir à l'histoire du genre *Occiptera.*
Ann. des Sc. nat. , t. 10, p. 248, avec 1 pl.

13. Description d'un nouveau genre d'Insectes de l'*ordre des Parasites.* C'est une Larve de *Méloé.*
Ann. des Sc. nat. , t. 13, p. 62, 1828.

14. Recherches anatomiques sur les Labidoures (*Perce-oreilles*).
Ann. des Sc. nat. , t. 13, 1828, p. 337, avec 4 pl. lithographiées.

15. Description et figure de l'appareil digestif de l'*Anobium striatum.*
Ann. des Sc. nat. , t. 14, p. 219, 1828.

16. Description de quelques Insectes diptères, avec fig.
Ann. des Sc. nat., t. 30, 1833, p. 209 à 221.

17. Recherches anatom. et considérations entomologiques sur quelques Insectes *Coléoptères* de la famille des Dermestins, Byrrhiens, des *Acanthopodes,* des *Leptodactyles,* avec 5 pl.
Ann. des Sc. nat. , 2ᵉ série, t. 1, p. 52-84.

18. Résumé des Recherches sur les Hémiptères.
Ann. des Sc. nat. , 2ᵉ série, t. 1, p. 232.

19. Recherches anatomiques et physiologiques sur les Hémiptères, accompagnées de considérations relatives à l'histoire naturelle et à la classification de ces insectes.

Mémoires des Savants étrangers à l'Académie des Sciences. Tirage à part, 1 vol. in-4, avec 19 pl. Paris, 1833.

20. Mémoire sur les genres *Xylocoris Leptotus* et *Velia* (Hémiptères), avec fig.

Annales de la Société Entomolog. de France. t. 2, 1833, pag. 104 à 118.

21. Observation sur une nouvelle espèce d'*Anoplius* (Hémiptère) qui n'offre qu'un seul ocelle.

Ann. de la Soc. Entom. de France, t. 2, 1833, p. 483.

22. Description et figure de trois Hémiptères européens nouveaux, ou mal connus; les G. *Céphaloctée*, *Prostmema*, *Leptopus*, avec 1 pl.

Annales de la Soc. Entom. de France, t. 3, 1834, p. 341.

DUFTSCHMID (Gaspard).

Fauna Austriæ: Oder Beschreibung der Osterreichischen Insekten für angehende Freunde der Entomologie.

2 vol. in-12. Linz und Leipzig, t. 1, 1805, t. 2, 1812.

DUGÈS (Ant.).

Recherches sur les caractères zoologiques du genre *Pulex* et sur la multiplicité des insectes qu'il renferme.

Annales des Sc. nat., t. 27, 1832, p. 145 à 164, avec 1 planche.

DUHAMEL Dumonceau (H. L.)

Histoire d'un Insecte qui dévore les grains de l'Angoumois, avec les moyens que l'on peut employer pour le détruire (conjointement avec *Tillet*, *Mathias*), 3 pl.

In-12. Paris, 1762.

Journal œconom., 1763, avril, p. 145.

Mém. de l'Acad. des Sciences de Paris, 1761, p. 289-351.

Fuess. Neuen. Entom. Magaz, 2 band, 1 st., p. 10.

DUMERIL (André-Marie-Constant), né à Amiens le 1er janvier 1774.

1. Dissertation sur l'organe de l'Odorat, et sur son existence dans les insectes.

Magasin Encyclopédique, t. 2, p. 455.

Bullet. de la Soc. Philom., t. 1, 1797, p. 34.

2. Plan d'une méthode naturelle pour l'étude et la classification des Insectes.

Bull. de la Soc. Philom., ann. 4, t. 2, an 7, p. 153.

3. Zoologie analytique.

In-8. Paris, 1806.

4. Traité élémentaire d'histoire naturelle.

2 vol. in-8. Paris, 1807.

3e Édit. 2 vol. in-8. Paris, 1825.

5. Considérations générales sur la classe des Insectes.

1 vol. in-8. Paris, 1823.

Ce sont les planches, au nombre de 60, du Dictionnaire des Sciences naturelles, auxquelles on a approprié un texte.

6. Rapport sur un mémoire de M. Bretonneau, intitulé : Sur les propriétés vésicantes de quelques Insectes de la famille des Cantharides.

Ann. des Sc. Nat., t. 13, 1828, p. 75.

7. Rapport sur un mémoire de M. Audouin, relatif au genre de Lépidoptère Dosithea.

Ann. des Sc. Nat., 2e série, t. 1, p. 122.

DUNBAR.

Observations sur les Abeilles.

Edimb., Philos. Journal, t. 10, p. 22.

DUNKER (Johann Heinr).

Entomologische Bilderbuch für junge Inseckten samler (Livre de gravures entomologiques à l'usage des jeunes amateurs d'insectes).

In-8. Halle, 1795.

DUPONCHEL (A. J.).

1. Monographie des *Érolytes* (avec 3 pl. col.).
Mém. du Mus. d'Hist. Nat., t. 12, 1825, p. 30-61, et 156-176.
Il en existe des tirages à part.

2. Histoire des *Lépidoptères* d'Europe, commencée par GODARD, à partir du sixième volume inclusivement, 1826 et suivantes. Les Diurnes, Crépusculaires, et parmi les Nocturnes les Bombycites, Noctuélites, Phalænites ont paru ; les Tinéites sont bien avancées. C'est, sans contredit, ce que l'on possède de plus complet sur les Lépidoptères d'Europe. L'ouvrage est maintenant arrivé au 9ᵉ volume, dont plusieurs sont doubles.

3. Supplément à l'Histoire naturelle des *Lépidoptères* d'Europe.
T. 1. Diurnes, in-8. Paris, 1832 et suivantes.
L'ouvrage paraît sous les mêmes conditions que le précédent.

4. Iconographie des Chenilles, faisant suite à l'Histoire des *Lépidoptères* d'Europe.
T. 1. Diurnes, in-8. Paris, 1832 et suivantes.
Ces deux ouvrages sont le complément nécessaire de l'ouvrage sur les Lépidoptères d'Europe.

5. Genre *Adelostoma*.
Annales de la Société Linnéenne de Paris, 6ᵉ vol., 1827, p. 338.

6. Catalogue des *Coléoptères* de l'île de Léon.
Mémoires de la Société Linnéenne, t. 1, bull., 1827, p. 544.

7. Notice sur une *Chenille* qui vit dans l'intérieur du Typha Latifolia.
Mémoire de la Société Linnéenne, t. 5, 1827, p. 565.

8. Notice sur la Chenille de la *Nymphale* petit Sylvain.
Ann. des Sc. nat., t. 11, 1827, p. 331.
Ann. de la Soc. Linnéenne de Paris, t. 6, 1827, p. 347.

9. Notice sur une espèce de *Tinéite* dont la Chenille vit

et se métamorphose dans la résine du pin silvestre (avec figure coloriée.)

Annales de la Soc. Entom. de France, t. 1, 1832, p. 300 à 330.

10. Division du genre *Satyre* en neuf groupes, d'après des caractères tirés à la fois des nervures et des antennes.

Ann. de la Soc. Entom. de France, t. 2, 1823, p. 97 à 103.

11. Description d'une nouvelle espèce du genre *Amphicoma.*

Ann. de la Soc. Ent. de France, t. 2, 1833, p. 254.

12. Description d'une nouvelle espèce de Noctuelle, appartenant au genre *Xylina* de Treitschke.

Ann. de la Soc. Entom. de France, t. 2, 1833, p. 257.

13. Catalogue des Lépidoptères trouvés dans le département de la Lozère.

Ann. de la Soc. Ent. de France, t. 3, 1834, p. 271.

14. Division de la tribu des *Platyomides*, d'après des caractères tirés principalement de la forme des palpes et de celle des ailes.

Ann. de la Soc. Ent. de France, t. 3, p. 1834.

15. Lépidoptère nouveau (*G. Polia*), avec figure.

Revue Entom. de Silbermann, t. 1, 1833, p. 37.

DUPONT.

1. Description du genre *Heterosternus* (Col.).

Magaz. Zool. de Guérin, 1832, Ins., n° 10.

2. Description du *Sagra* Boisduvalii.

Magaz. Zool. de Guérin, 1832, Ins., n° 32.

3. Description du *Callipogon* Senex (Col. Longicorn.).

Magaz. Zool. de Guérin, 1832, Ins., n° 33.

4. Description du *Buprestis* Rogerii.

Magaz. Zool. de Guérin, 1832, Ins., n° 43.

5. Description du genre *Eucirrus* (Col. Lamelli.).

Magaz. Zool. de Guérin, 1832, Ins., n° 47.

6. Description du Bolybotris cræsus (*Bupreste*).
Magaz. Zool. de Guérin, 1833, Ins., n° 77.

DUTFIELD (James).
New and complete natural History of English Moths and Butterflies, considered through all their progressive states and changes (*Nouvelle et complète histoire des chenilles et papillons d'Angleterre*).
In-4. London, 1748-49.
Chaque fascicule contient deux planches et deux feuilles de texte. Je ne connais que les n°* 1 à 6.

DUTROCHET.
1. Mémoire sur les Métamorphoses du canal alimentaire dans les Insectes.
Nouv. Bull. de la Soc. Philom., 1818, p. 42.

2. Observations sur les Organes de la génération chez les *Pucerons*.
Annales des Sc. Nat., t. 30, 1833, p. 204.

3. Du Mécanisme de la Respiration chez les Insectes.
Extrait dudit Mém., Ann. de la Soc. Entom. de France, t. 2, 1833, Bull., p. 10.

DUVAU (Auguste).
Nouvelles Recherches sur l'histoire naturelle des *Pucerons*.
Mémoires du Muséum d'Histoire naturelle de Paris, t. 13, 1825, p. 126-140.
Annales des Sc. Nat., t. 5, 1825, p. 224.
Bull. de la Soc. Philom., avril 1825.

DWIGNBSKY (J.).
Primitiæ Faunæ Mosquensis, seu enumeratio animalium quæ sponte circa Mosquam vivunt.
In-8. Mosquæ, 1802.

E

EBERHARD (J.-Peter.), né en 1727, mort en 1779.

Versuch eines neuen Entwurfs der Thiergeschichte, etc. (*Essais d'une nouvelle division de l'histoire des animaux*, avec figures).

In-8. Halle, 1768.

EBERLINUS (Georg.-Wolf.).

De prodigioso *Locustarum* agmine, quod in diversis Pannoniæ et Germaniæ tractibus obumbravit solem, terramque operuit, anno 1693.

In-4. Altossi, 1693.

EBERNERUS (Erasme).

Encomium *Formicarum*.

Amphitheatr. Dornanii, t. 1.

Et avec les discours de Melanckthon. In-4. Argentar. 1541.

EBERT (J.-J.).

1. Naturlehre für die Jugend (avec pl.).

3 B. In-8. Leipzig, 1776-78.

2. Kleiner *Katechismus* der *natur* aus dem Holländischen ubersetzt, und zum Gebrauch der Deutschen Jugend (traduit de l'original hollandais de Martinet).

4 Th. In-8. Leipzig, 1780-81.

EDWARS (George), célèbre naturaliste anglais, né le 7

avril 1694, à Stradford, comté d'Essex, mort à Plaiston le 23 juillet 1773.

1. Natural History of Birds (*Histoire naturelle des oiseaux*, etc., en français et en anglais).

4 tomes en 2 vol. in-4. Londres, 1743-47-50-51.

Traduction allemande. Nuremberg, 1749 à 1771, neuf parties in-fol. avec texte français et allemand.

2. Glanures d'Histoire naturelle, consistant en figures de Quadrupèdes, d'Oiseaux, d'Insectes, etc., en anglais et en français.

3 tomes en 2 vol. in-4. Londres, 1758-60-64.

Ces deux ouvrages ne traitent pas positivement d'Entomologie, mais il s'y trouve quelques Insectes représentés.

3. Essays upon natural History, etc... To which is added a Catalogue in generical order of the Insects contained in Edward's.

In-8. London, 1770.

Le même, avec les noms de Linné. In-4. London, 1776.

EGEDE (Hans).
Beschreibung und Naturgeschichte von *Grönland* (traduit par Krünitz, avec 1 pl.).

In-8. Berlin, 1763.

Je ne connais pas l'édition originale de ce voyage, qui probablement est en danois.

EHRENBERG (C.-G.).
Symbolæ Physicæ, seu Icones et Descriptiones *Insectorum* quæ ex itinere per Africam borealem et Asiam occidentalem HEIMPRICH et EHRENBERG redierunt.

In-fol. Berolini, 1829 et suivantes.

L'ouvrage paraît par décade, sans pagination. Chaque décade contient de presque tous les ordres; mais quand l'ouvrage sera arrivé à la fin, il sera facile de le classer par ordre de matières. Quatre décades ont déjà paru, pour les insectes, et paraissent rédigées par M. Klug.

EHRET (Georg.-Denis), peintre et botaniste allemand, né en 1710, mort à Londres en 1770.

Plantæ et *Papiliones* rariores, depictæ et æri incisæ (en 15 feuilles).

In-fol. London, 1748 et suivantes.

EICHHORN (Joh-Conrad).

1. Beyträge zur Naturgeschichte der kleinsten Wasserthiere, die mit keinem blossen Auge können gesehen werden (*Matériaux sur l'histoire naturelle des plus petits animaux d'eau, qui ne peuvent pas être vus à la vue simple*), 8 pl.

In-4. Danzig, 1776.

2. Beyträge zur Naturgeschichte der kleinsten Wasserthiere, in den Gewässern in und um Danzig (*Matériaux pour l'histoire, etc., découverts dans les eaux qui avoisinent Dantzig, avec 8 planches*).

In-4. Berlin, 1781.

3. Zugabe zu den Beyträgen zur, etc., mit 2 neu entdeckten Wasserthieren (*Supplément aux matériaux, etc., avec deux animaux d'eau nouvellement découverts*), 1 pl.

In-4. Dantzig, 1783.

EICHSTAEDT (Laurent), médecin, né à Stettin en 1596, mort à Dantzig le 8 juin 1660.

De Confectione Alchermes, dissertatio et exercitatio medica.

In-4. Stettin, 1634.

Autre édition, 1635.

ELLIS (John), négociant anglais vivant au milieu du siècle dernier, mort à Londres le 5 octobre 1776.

1. An Account of the Male and Female *Cochineal* Insects (avec figures).

Philos. Trans., vol. 52, p. 661-67.

En français : Journal des Savants, 1767, juin, p. 251.

2. Method of preserving Insects for collections.

In-4. London, 1771.

ELLIS (Daniel).

An Inquiry into the changes introduced in atmospheric Air by the respiration of Animals (*Recherches sur les changements apportés dans l'air atmosphérique par la respiration des animaux*).

In-8. Edinburgh, 1807.

EMERIC.

Histoire naturelle du *Kermes*, insérée dans GARIDEL, Histoire des plantes des environs d'Aix.

ENGRAMELLE (Marie-Dominique-Joseph), religieux de l'ordre de Saint-Augustin, né à Nedouchal, en Artois, en 1727, mort à Paris en 1780.

Insectes (*Papillons*) de l'Europe.

8 vol. petit in-fol., 1779 à 1793.

L'ouvrage a paru par cahiers au nombre de 29; les planches sont au nombre de 342 coloriées, représentant jusqu'aux Noctuelles inclusivement, et peintes par ERNST, nom sous lequel l'ouvrage est cité par les Allemands.

ERICHSON (Wilhel.-Ferd.).

1. Monographia generis *Meloës*, conjointement avec BRANDT (avec 1 pl. col., n° 8).

Nova Acta Academica Naturæ Curiosorum de Bonn, t. 16, 1re part., p. 101-142.

2. Genera *Dyticeorum* (Dissert.).

Fass. In-8. Berolini, 1832.

Walker Entom. Magaz., n° 5, octobre 1833, p. 501.

Extrait. Revue Entom. de Silberm., t. 1, 1833, p. 268.

ERNST.

C'est le peintre des Papillons d'ENGRAMELLE, mais les Allemands ont l'habitude de citer l'ouvrage sous son nom.

ERXLEBEN (Johann.-Christ.-Polycarp.), né à Quedlinbourg le 22 juin 1744, mort à Göttingue le 18 août 1777.

1. Begattung der Cochenillen (*Accouplement des cochenilles*).

Hannöv. Magaz., 1765, st. 90.

2. Anfangsgründe des Naturgeschichte (*Éléments d'histoire naturelle*).

2 Th., in-8. Göttingen, 1768.

Autre édition, in-8. Göttingen und Gotha, 1773.

3. Einige Bemerkungen zur Naturgeschichte (*Quelques observations d'histoire naturelle*).

Dans ses Physik.-Chimis.-Abhandlung, p. 349-352.

4. Systema Regni animalis.

Leipzig, 1777.

ESCHSCHOLTZ (Fried.), décédé le 19 mai 1831.

1. Entomographien (avec planches enluminées).

Naturwis. Abhand. aus Dorpat., 1 vol., p. 57 et suivantes.

2. Description de *Papillons* exotiques et nouveaux du Voyage autour du monde du Rurick.

Voyage de découvertes par Otto von Kotzebue, t. 3, p. 365.

3. Species Insectorum novæ descriptæ (tous *Carabiques*).

Mém. de la Soc. Imp. des Nat. de Moscou, t. 6, p. 95.

4. Zusätze und Berichtigungen zu den 6. Bande des Mem de l'Ac. des Sc. de Saint-Pétersbourg, von mir Beschriebenen Insekten (*Supplément et rectification aux descriptions d'insectes insérées dans le sixième volume des Mémoires de l'Acad. des Sc. de Saint-Pétersbourg*, tous Coléoptères).

Magaz. Entom. de Germar, 4 band, 1821, p. 397.

5. Dissertatio de Coleopterorum genere *Passalus*.

Mém. de la Soc. Imp. des Nat. de Moscou, t. 7, ou Nouv Mém., t. 1, p. 13-18.

6. Nova genera *Coleopterorum* Faunæ Europæ.

Bull. de la Soc. Imp. des Nat. de Moscou, t. 2, p. 62-66.

7. Zoologischer Atlas, enthaltend und Beschreibungen neuer Thierarten.

In-fol. Berlin, 1831 et suivantes.

L'ouvrage a paru par fascicules.

ESPAIGNET.

Mémoire sur la Reproduction des *Abeilles.*

Bulletin de la Société d'Histoire naturelle de Bordeaux, t. 3, 1829.

Suite, t. 4, avril 1830, p. 59.

ESPER (Eugen.-Johann.-Christoph.).

1. Die Schmetterlingen in Abbildungen nach der natur Beschreibungs Gattungen (*Les papillons représentés et décrits d'après nature*).

6 vol. in-4, Erlangen, 1777 et suivantes.

L'ouvrage se compose d'un texte et de planches coloriées dont voici le détail, car il n'est pas facile de s'y reconnaître :

Papillons d'Europe.

T. 1er, 1777, 1re part., pl. 1-50 ; 2e part., pl. 51 à 93.

Suppl., pl. 94-116 et à 122. Diurnes.

T. 2, 1779, pl. 1-46, suppl. pl. 47. Crépusculaires.

T. 3, 1782, pl. 1-93, suppl. pl. 94. Bombycites.

T. 4, 1786, pl. 93-178, suppl. pl. 179-198. Noctuélites.

T. 5, . , . Je ne connais que 50 planches sans titre. Je crois qu'il n'a pas été terminé.

Papillons exotiques.

T. 1, 1801, 59 planches ; mais, comme quelques-unes sont doubles, il y en a en réalité 63.

2. Beobachtungen an einer neu entdeckten Zwitter Phaläna des Bombyx cratægi (*Observations sur un individu hermaphrodite de la ph. bom. cratægi, nouvellement découvert, avec une pl. enluminée*).

In-4. Erlangen, 1778.

3. Bemerkungen uber die *Ph. Linariæ.*

Naturforscher, 17 st., n° 14, p. 190-94.

4. Beschreibung einiger der Prächtigsten Schmetterlinge von den kleinsten arten, nach ihrer vergrösserten Abbildung (*Description de quelques papillons très-brillants, faisant partie des petites espèces, avec leur figure très-grossie*).

Naturforscher, 25 st., p. 39-51.

ESTLUND (Olof).

Entomologische Anmärkningar hörande til Fauna Suecica (*Rémarques entomologiques concernant la faune de Suède, 6 insectes d'ordres divers.*)

Kongl. vetensk. Acad. nya Handl, 1796, t. 17, p. 126.

EVERSMANN (E.)

1. Enumeratio *Lepidopterorum* fluvium Volgam inter et montes Uralenses habitantium.

Bull. de la Soc. Imp. des Nat. de Moscou, t. 3, p. 241-252.

2. *Lepidopterorum* species nonnullæ novæ Gubernium Orenburgense incolentes.

Mémoires de la Soc. Imp. des Nat. de Moscou, t. 8, ou Nouv. Mém., t. 2, p. 349, avec 2 pl. 19-21.

EWALDT (Benjamin), né à Dantzig en 1674, mort en 1719.

Diss. de *Formicarum* usu in medicina. Resp. Garmann.

In-4. Regiom., 1702.

EYRICH (Joh.-Leonh.).

1. Nachricht von der Winterung der Bienen (*Mémoire sur l'hivernage des abeilles*).

In-8. Nürnberg, 1774.

2. *Bienen* Kalender.

In-8. Nürnberg, 1780.

F

FABER (Johannes Matthæus), né à Augsbourg dans le 17ᵉ siècle, mort en 1702.

Uvæ quernæ portentum fabulosum (Cynips?).

Ephem. Nat. Curios., déc. 3, an 2 app., p. 30-35.

FABER (Jo Caspar).

Diss. de *Locustis* biblicis. Resp. Axt.

In-4. Wittembergæ, part. 1, 1710; part. 2, 1711.

FABRICIUS (Johann.-Christ.), l'un des plus célèbres entomologistes connus, élève de Linné, né le 7 janvier 1748 à Tundern, en Suède, mort en 1807.

1. Nähere Bestimmung des Geschlechts des weissen Ameise (*Détermination rigoureuse de la génération des fourmis blanches*).

Beschaft. Der Berliner Gesell. Natur. freund, B. 1, 1775, pag. 177-80.

2. Betrachtung über die System der Entomology (*Observations sur les systèmes d'entomologie*).

Beschaft. Der Berlin Gesell. Natur. freunde, B. 2, pag. 98.

3. Nova insectorum genera (de tous ordres).

Skriffer af naturhist selskabet, B. 1, heft. 1, p. 213-228.

Traduct. allemande, pag. 191.

4. Om Skrivter i Insckt (*Mémoire sur les insectes*, etc.).

Naturhist selsk. Skrivt., 3 band., 1 heft., p. 145 à 156.

5. Beskrivelse over den Skädelige Sukker, og Bomulds-orm i Vest-Indien, og om (*Description d'insectes nuisibles à la canne à sucre*, phal. saccharalis, *et au coton*, noc. Gossypii, *dans les Indes occidentales, et métamorphoses de la z. pugionis*).

Skrifter af Naturhist, Selskabet, B. 3, heft. 2, p. 63.

6. Cychrus, en ny Insect-Slaegt (*C. nouveau genre d'insectes*).

Skrister af naturhist, Selskabet, B. 3, h. 2, p. 68.

7. Determinatio generis *Ips* affiniumque.

Actes de la Société d'Histoire naturelle de Paris, t. 1, p. 27-35.

8. Systema Entomologiæ, sistens Insectorum classes, etc.

1 vol. in-8, Flensburgi et Lipsiæ, 1775.

9. Philosophia Entomologica.

In-8. Hamburgi et Kilonii, 1778.

10. Reise nach Norwegen, mit Bemerkungen aus der Natur historie um OEconomie (*Voyage en Norvége, avec des remarques sur l'histoire naturelle et l'économie*).

In-8. Hamburg, 1779.

11. Species Insectorum, sistens eorum differentias specificas, synonymia auctorum, loca natalia, metamorphosis, etc.

2 vol. in-8. Hamburg et Kilonii, 1781.

12. Mantissa Insectorum : sistens species nuper detectas, etc.

2 vol. in-8. Hafniæ, 1787.

Mantissa. — Imprimé avec son *Genera*, p. 209-310.

13. Genera Insectorum.

1 vol. in-8. (Chilonii.) Kiel, 1776.

Autre édition in-8. Kiel, 1790.

14. Sur deux espèces de *Lépidoptères* étrangers (Nocturnes).

Bull. de la Soc. Philomat., t. 1, 1792, p. 28.

15. Entomologia systematica emendata et aucta.

4 vol. in-8. Hafniæ, 1792-93-94.

16. Index alphabeticus, 1796.

17. Supplementum Entomologiæ systematicæ.

1 vol. in-8. Hafniæ, 1798.

18. Systema *Eleuteratorum* (Coléoptères).

2 vol in-8. Kiliæ, 1801.

19. Index (tirage à part).

In-8. Kiliæ, 1802.

20. Systema *Rhyngotorum* (Punaises).

In-8. Brunsvigæ, 1801.

Autre édition, 1803.

21. Index alphabeticus Rhyngotorum, genera et species continens.

In-4. Brunswich, 1803.

22. Vertheidigung des Fabricischenn Syst. (*Défense du système de Fabricius*).

Illiger's Mag. zur. Insecktenk, 2.band, 1803, p. 1.

23. Systema *Piezatorum* (Hyménoptères).

In-8°. Brunsvigæ, 1804.

24. Resultate Natur–Historicher Vorlesung (*Résumé de leçons d'histoire naturelle*).

In-8°. Kiel, 1804.

25. Systema *Antliatorum* (Diptères).

In-8. Brunsvigæ, 1805.

Fabricius avait aussi travaillé à un *Systema des Lépidoptères*, mais il est mort sans l'avoir publié. Illiger en a donné un extrait.

FABRICIUS (Otto).

1. Beschreibung der Atlas–Mücke und ihrer Puppe (*Description du cousin de l'Atlas et de sa larve*).

Schriften der Berliner. Ges. naturf. Freund. B. 5, p. 264.

2. Fauna Groënlandica (avec une planche).

1 vol. in-8. Hafniæ et Lipsiæ, 1780.

Les Insectes occupent de la page 184 à la page 211, et du n° 131 au n° 174, en tout 43 Insectes connus à cette époque pour cette partie du monde ; mais à cette époque Linné ne connaissait que douze cents Insectes pour toute la terre.

3. Beskrivelse over nogle lidet bekiendte Podurer, og en besonderlig Loppe (*Description d'une podure peu connue, et d'une nouvelle espèce de puce ; avec figure*).

Danske, Vidensk, Selsk, Skrivt, nye Saml.,2 D., p. 296-311.

FABRICIUS (Philippe-Conrard).

De Animalibus..... Insectis Wetteraviæ indigenis.

In-8. Helmstadii, 1749.

FABRONI (Adamo).

1. Diss. del *Bombice* e del Bisso degli Antichi (une planche coloriée).

In-8. Perugia, 1782.

2. Della Coltivazione del Gelso, e dell' Educazione del Filugello, o Verme da Seta ; secondo che si pratica dai Chinesi.

In-16. Perugia, 1784.

FACKHIUS (Andr.).

De Insectis.

Ephem. Nat. Cur., cent. 5, obs. 73, p. 126.

FAIRFAX (Nathaniel).

Extract of a letter containing observations about some Insects and their inoxious.

Philos. Trans., ann. 1666, p. 391, n° 22.

Oldenburg, act., p. 325.

Leskens, Uebersetzung., 1, band, 2 Th., p. 42.

FALLEN (Carl.-Fried.).

1. Observationes Entomologicæ.

In-4. Lundæ, 1802 à 1807.

2. Monographia *Cimicum* Sueciæ.

Mém. de l'Ac. des Sciences de Stockholm, 1805-7, et in-8, Hafniæ, 1807.

3. Monographia *Cantharidum* et *Malachiorum* Sueciæ.

In-4. Lundæ, 1807.

4. Specimen novam *Hymenoptera* disponendi methodum exhibens.

In-4. Lundæ, 1813.

5. *Diptera* Sueciæ descripta.

2 vol. in-4. Lundæ.

Ils ont paru par fascicules ayant chacun une pagination à

part. Le 1ᵉʳ vol. de 1814 à 1817, le 2ᵉ de 1818 à 1827. Il y a plusieurs faux-titres.

6. Specimen novam *Hemiptera* disponendi methodum exhibens.

In-4. Lundæ, 1814.

Nouv. édit., in-8. Lundæ, 1823.

7. Supplementum *Cimicidum* Sueciæ. Resp. C. J. Hofverberg.

In-8. Lund., 1826.

8. Supplementum *Dipterorum* Sueciæ. Respon. G. Herslow. In-4. Lund., 1826.

9. *Hemiptera* Sueciæ.

In-8. Lund., 1826.

Cet ouvrage est composé de cinq thèses différentes, soutenues par Wandels, Sjoebeck, Bunth, Hausson et Hozrney.

10. *Hemiptera* Sueciæ.

In-8. Londini Gothorum, 1829.

Suite de dissertations sur les hémiptères hétéroptères.

11. Monographia *Pompiliorum* Sueciæ. Resp. Dahlbom.

In-8. Londini Gothorum, 1829.

12. Monographia *Tenthredinum* Sueciæ.

In-8. Londini Gothorum, 1829.

FARINES.

1. Notice sur le *Cebrio Xanthomerus*, Hoff, et description de sa femelle.

Actes de la Soc. Linn. de Bordeaux, t. 4, 3 liv., p. 137.

2. Mémoire sur la *Chenille* connue vulgairement sous le nom de Couque.

In-8. Perpignan, 1825.

3. Observations sur la Larve du *Ripiphorus bimaculatus*.

Annales des Sc. Nat., juin 1826, p. 244.

4. Notice sur quelques Précautions à prendre dans la chasse des *Coléoptères*.

Act. de la Société Linnéenne de Bordeaux, t. 4, p. 255, 1830.

FEBURE (Le).

Observations sur les Mans et les *Hannetons*.

Mém. d'Agricult., ann. 1791. Printemps, p. 122.

FEIGE (Carl.-Theod-Ludwig).

Anweisung zu sicherer vertilgung des schädlichen Blüten-wiklers, nebst einer Beschreibung von mehreren schädlichen Obstraupen (*Instruction pour détruire d'une manière sûre les insectes qui nuisent à la vie des plantes, et description d'une chenille très-nuisible aux fruits*).

In-8. Berlin, 1790.

FEISTHAMEL.

1. Notice sur le *Bombyx* rependa, Hubner (G. Megasóma, Boisduval) avec 1 pl. coloriée.

Annales de la Société Entom. de France, t. 1, 1832, p. 340 à 347.

2. Description de la *Chimera* funebris.

Annales de la Société Entom. de France, t. 2, 1833, p. 259.

FELICI (Giov.-Battist.).

Lettera intorno al canto delle *Cicale*.

Giornale de' letterati d'Italia, t. 36, n° 2.

FELTON (Samuel).

1. An Account of a singular species of Wasp and Locust (*Description de deux singulières espèces de guêpe et de locuste*).

Philos. Trans., ann. 1764, p. 53.

En Allemand. Naturfors. 2 st., n° 12, p. 194-96.

Fuessly's Mag. der Entom., 2 band, p. 95.

2. An Account of the cornet *Caterpillar*.

Philos. Trans., vol. 45, n° 487, p. 282-296.

FERMIN (Philip.), médecin, né au commencement du 18e siècle.

1. Histoire naturelle de la Hollande équinoxiale, ou des-

cription des animaux avec leurs différents noms, tant français
que latins, hollandais, indiens, nègres et anglais.

In-8. Amsterdam, 1765.

Autre édition augmentée. Mæstricht, 1778.

2. Description générale, historique, géographique et physique de la colonie de Surinam.

In-8. Amsterdam, 1769.

En allemand. In-8, Berlin, 2 th. 1775, avec pl.

FERUSSAC (d'Audebert de).

Extrait d'un Mémoire sur le *Puceron* du Thérebinthe
(Aphis pistaciæ, Linn.).

Nouv. Bull. de la Société Philom., n° 66, 6° ann., t. 3,
p. 234.

FICINUS.

Il a donné un ouvrage en commun avec Carus.

FIEBIG (Johann).

Beschreibung des Sattelträger (*Description des porteselles*),
Locustes du genre Ephippiger.

Schrif. der Berliner Ges. Naturf. freunde, B. 5, p. 260-263.

FISCHER (J.-B.).

Tentamen conspectus *Cantharidiarum.*

In-4°. Munich, 1827.

FISCHER (J.-E. von Röslerstamm).

Abbildungen zur Berichtigung und Ergänzung der Schmet-
terlingkunde, als supplement zu Treitsches und Hubners, etc.
(*Représentation pour rectification et supplément à la connaissance
des lépidoptères, faisant suite à Treitschke et à Hubner*).

1 heft avec 5 pl. coloriées, 1834.

L'ouvrage paraît destiné à paraître par centuries ; ce cahier
forme le commencement de la première.

FISCHER (Johannes Leonhardus).

1. Versuch einer naturgeschichte vom Livland (*Essais sur
l'histoire naturelle de la Livonie*).

In-8. Leipsik, 1778.

2. Observationes de Oestro Ovino atque Bovino factæ; Disput. Resp. B. G. Schreger., 4 pl.

In-4. Lipsiæ, 1787.

Le même travail rapporté dans la 3ᵉ partie des Vers intestinaux de P. C. F. Werner, de la page 1-64, pl. 1-4.

In-8. Lipsiæ, 1788.

FISCHER (Gotthelf),. professeur d'histoire naturelle, directeur du Musée de Moscou, né à Waldhein le 15 octobre 1771.

1. De Nycteridio novo *Hymenopterorum* ad Familiam Tenthredinum pertinente.

Act. Societ. physico-medicæ Mosquensis, t. 1, 1806, p. 80.

2. Observation d'un nouveau genre de *Diptères*.

Mém. des Nat. de Moscou, t. 1, 1805, p. 184; 1811, p. 198, avec 2 pl., n° XV XV *bis*.

3. Museum Demidoff (avec planches).

3 vol in-4. Moscou, 1806-7.

Le 3ᵉ volume, traitant de la zoologie, contient les insectes de la page 37 à la page 102.

4. Notice sur quelques Insectes exotiques du museum Demidoff.

Mém. des Nat. de Moscou, t. 2, 1809, p. 43 à 46.

5. Sur deux genres nouveaux de *Coléoptères*, avec 1 planche.

Mém. des Nat. de Moscou, t. 2, 1809, p. 293-294.

6. *Pogonocerus* novum genus Insectorum Caucasi meridionalis.

Mém. des Nat. de Moscou, t. 3, 1812, p. 281 à 283, avec 1 planche, n° XV.

7. *Carabus* chrysochlorus descriptus.

Mém. de la Soc. Imp. d'Hist. Nat. de Moscou, t. 3, p. 311-312, t. 12, fig. 4.

8. Observations sur les *Diptères* de la Russie.

Mém. des Nat. de Moscou, t. 4, 1812.

Réimprimé. 1830, p. 169.

9. De *Coleopteris* quibusdam novis.

Mém. des Nat. de Moscou, t. 5, 1817, p. 463 à 571.

10. Adversaria zoologica (17, pl. col.).

L'ouvrage a paru en trois parties dans les Mémoires des Naturalistes de Moscou, t. 5 et 6; les Insectes sont renfermés dans la 1ʳᵉ partie du t. 5, p. 447, avec 5 planches numéro-tées XII-XVI.

11. Notice sur une *Mouche* carnivore nommée Médétère.

In-4, avec figures. Moscou, 1819.

12. Entomographia Imperii Russii (avec pl. col.).

3 vol. in-4. Moscou, 1820-22-23-24-25-28.

Observations sur le *Lethrus* cephalotes, et description de trois espèces nouvelles. (Extrait de l'ouvrage précédent.)

Ann. des Sc. Nat., t. 1, p. 221.

Zoolog. Journal, t. 1, p. 249.

13. Lettre au docteur Panzer, contenant une Notice sur plusieurs nouveaux Insectes.

In-8. Moscou, 1821.

14. Observations sur quelques Diptères de la Russie.

1° Notice sur la larve du *Culex* claviger.

Mém. de la Soc. Imp. des Nat. de Moscou, t. 4, p. 169-110, tab. 1.

15. *Coleoptera* quædam exotica descripta.

Mém. des Nat. de Moscou, t. 6, 1823, p. 254 à 267, avec 1 pl., n° 32.

16. Notice sur l'*Argas* de Perse, avec 1 planche.

Mém. des Nat. de Moscou, t. 6, 1823, p. 263-283.

17. *Lepidopterorum* rariorum Russiæ Observationes quinque.

Mém. de la Soc. Imp. des Nat. de Moscou, t. 8, p. 555-560.

18. Lettre sur le *Physodactyle*, nouveau genre de Coléop-tères élatérides, avec 1 pl. col.

In-18. Moscou, 1824.

Il en a été donné une copie, avec figure, dans les Ann. des Sc. Nat., t. 3, p. 448.

8

19. Rapport sur des Larves d'insectes trouvées vivantes sur la neige.

Bulletin du Nord, janvier 1828, p. 45.

20. Notice sur les genres *Acclacodères* et *Psilotus*, appartenant aux Scarabéides.

Bull. de la Soc. des Nat. de Moscou, t. 1, 1829, n° 5, p. 45-50.

21. *Denops*. Nouveau genre de Coléoptères de la famille des Clericus ou Thérediles, et description de 3 espèces nouvelles de Trichodes, avec 1 planche.

Bull. de la Soc. Imp. des Nat. de Moscou, t. 1, n° 4, 1829, p. 65.

22. Note sur quelques nouvelles espèces d'Insectes.

Bull. de la Soc. des Nat. de Moscou, t. 2, p. 183-188.

23. Sur le *Tettigopsis*, nouveau genre d'Orthoptères de la Russie, avec 1 planche.

In-4. Moscou, 1830.

24. Analecta ad faunam Insectorum Rossicam (avec 2 pl.).

Bull. Soc. des Nat. de Moscou, t. 4, 1832.

25. Rapport sur les travaux de la Société Impériale des Naturalistes de Moscou.

In-4. 1832.

26. Conspectus *Orthopterorum* Rossicorum.

Bull. de la Soc. Imp. des Nat. de Moscou, t. 6, 1833.

27. Notice sur les *Phlocerus* (Criquets), avec 1 pl. col.

In-8. Moscou, 1833.

A la suite est une notice sur les ouvrages publiés par M. Fischer.

28. Lettre à M. Serville sur quelques genres d'*Orthoptères*.

Ann. de la Soc. Entom. de France, t. 2, 1833, p. 517.

FISCHERSTROEM (Joseph).
Nya economiska Dictionarien.
In-8. Stockholm, 1799.
Continué par Ol. Swartz. 1806.

FLADD (Johann-Daniel).

Natürliche geschichte des Kirschenwurms, und der daraus entstehenden Mücke (*Histoire naturelle des vers de la cerise, et de la mouche qui en provient*).

Comment. Acad. Theod.-Palatinæ, vol. 3, p. 106-115.

FLEMING (John).

The Philosophy of Zoology, or a general view of the structure, functions, and classification of animals.

2 vol. in-8. Edinburgh, 1822.

FLEISCHER (Esaias).

Udförlig afhandlingar om Bier (*Dissertation sur les abeilles*).
In-8. Kiöbenhavn, 1777.

FLEISCHER (G. Th.)

Coleopterorum species nova, descriptione illustrata.
Bullet. de la Soc. Imp. des Nat. de Moscou, t. 1, p. 69-72.

FLODIN.

Dissertatio Entomologico-medica (*voy.* Rosanblad).

FLOYD (Edward).

A Letter giving an account of Locusts lately observed in Wales (*Lettre contenant le rapport sur les sauterelles nouvellement observées dans*, etc.)

Philos. Trans., 1694, vol. 18, n° 208, p. 45-47.

FOGGO (John).

Note sur un Insecte du genre *Urocère*.
Edinb. Journ. of Science, vol. 2, 1825, p. 93.
American Journ. of Science, vol. 9, 1825, p. 280.

FONSCOLOMBE (E.-L.-J.-N. Boyer de).

1. Description des Insectes de la famille des *Diploptères* qui se trouvent aux environs d'Aix.
Annal. des Sc. Nat., t. 26, 1832, p. 184.

2. Monographia *Chalciditum* Gallo-Provinciæ, circa Aquas-Sextias degentium.
Annal. des Sc. Nat., t. 26, 1832, p. 273 à 307.

3. Description de la *Megachilla sericea*.

Guérin, Magaz. de Zool., 1832, Ins., n° 50.

4. Description des *Kermès* qu'on trouve aux environs d'Aix.

Annal. de la Soc. Entom. de France, t. 3, 1834, p. 201.

5. Notice sur les genres d'Hyménoptères *Lithurgus* et *Phyllocera*.

Annal. de la Soc. Entom. de France, t. 3, 1834, p. 219.

FONTANA (Félix), physicien, naturaliste et anatomiste; né le 15 avril 1730 à Pomarole, dans le Tyrol, et mort à Florence le 9 mars 1805.

Sur quelques espèces d'*Insectes*, de *Phalènes*, de *Taons*, de *Rotifères* et de *Sangsues*.

L'original est en italien : Giornale d'Italia, t. 5.

En allemand : Hannöv. Magaz., 1771, p. 1138.

FORBES (James).

Oriental Memoirs, from a series of familiar Letters written during 17 years residence in India.

4 vol. in-4. London, 1813.

FOREL.

Mémoire sur le Ver destructeur de la vigne (une planche coloriée).

Feuille du canton de Vaud, n° 146, p. 33.

FORELIUS (Lars).

Diss. de Cultura *Bombycum* et Serici. Resp. E. Isberg.

In-4. Londini Gothor. 1757.

FORSKAOL, voyageur naturaliste suédois, né en 1736; mort de la peste à Djerim, en Arabie, le 11 juillet 1763.

1. Descriptiones Animalium, etc... quæ in itinere orientali observavit, etc.... Post mortem auctoris edidit Carsten Niebuhr.

1 vol. in-4. Hauniæ, 1775.

Les Insectes occupent depuis la page 77 jusques et y compris le n° 25 de la page 85; le n° 61, p. 96, et le genre Panorpe, p. 97; en tout 27 insectes de différents ordres.

2. Icones rerum naturalium quas in intinere orientali depingi curavit (43 planches).

In-4. Hauniæ, 1776.

FORSSBERG.

1. Dissertation sur le genre *Gyrinus*.

Act. R. Societ. Scient. Upsal, t. 8.

2. Monographie du genre *Clythra*.

Act. R. Societ. Scient. Upsal, t. 8.

FORSTEN (Rudolphus).

Disquisitio medica, *Cantharidum* historiam naturalem chemicam et medicam exhibens.

In-4. Lugduni Batavorum, 1775.

2° édit. in-8. Argentorati, 1776.

FORSTER (Georges).

Ein versuch mit dephlogistisirter luft (*Essais sur l'air déphlogistiqué*).

Götting. Magaz., 3° ann., 2 st., p. 281-288.

Journal de Physique, t. 23, p. 24-26.

Opuscoli Scelti, t. 6, p. 419-421.

FORSTER (Johann Reinhold), voyageur naturaliste, né à Dirschaw, dans la Prusse, le 22 octobre 1729, et mort à Halle le 9 décembre 1798.

1. Catalogue of British Insects.

In-8. Warrington, 1770.

2. A Catalogue of the Animals of North America, etc.

In-8. London, 1771.

L'appendix a été traduit en allemand dans le 98° cahier du Magasin de Hanovre.

3. Novæ species Insectorum, centuria 1.

In-8. London, 1771.

4. Zoologiæ Indicæ rarioris Spicilegium.

In-8. Halæ, 1781.

In-8. London, 1790.

In-fol. Halæ, 1795.

5. Enchiridion Historiæ naturalis inserviens.
In-8. Halæ, 1788.
Traduct. franç. In-8. Paris, an 7.

FORSYTH (William).

Observations on the diseases, defects, and injuries in all
kinds of fruit and forest trees, etc. (*Observations sur les maladies, les défauts, les torts, que font subir aux bons arbres, soit à
fruit, soit des forêts, les Insectes, etc.*).
In-8. London, 1771.

FOUDRAS.

Observations sur le *Tridactyle* panaché (avec fig.).
In-8. Lyon, 1829.

FOURCROY (Antoine-François), célèbre chimiste, né à

Paris le 15 juin 1755, mort le 16 décembre 1809.

1. Entomologia Parisiensis.
2 vol. in-18. Paris, 1785.

2. Sur la nature chimique des *Fourmis*, et sur l'existence
simultanée de deux acides chimiques dans ces Insectes.
Ann. du Muséum d'Hist. Nat., t. 1, 1802, p. 333.

FRANCHEVILLE (de).

Le Bombyx, ou le Ver à soie, poème.
In-12. Berlin, 1754.

FRANCILLON (John).

Description of a rare *Scarabæus* from Potosi in South-
America, avec pl. col.
In-4. London, 1795.

FRANKLIN (William).

Military Memoirs of general Thomas.
In-4. Calcutta.
Ce général a été long-temps au service d'un prince de l'Inde.

FRANZIUS (Wolfang).
Historia Animalium.
In-12. Amstelodami, 1643.
   Id. 1653.
   Id. 1665.
In-8. Dresdæ, 1687.
In-4. Lips. et Frankf., 1712.

FRAULA (Von).
Ueber die besondere Erzeugung einer art von Grillen (*Sur la naissance singulière d'une espèce de grillon, B. Orientalis*).
Journal de Physique, t. 22, p. 150-33.
Mémoires de Bruxelles, t. 5, p. 219.

FRAY.
Considérations physiologiques sur le développement de l'instinct dans les invertébrés.
Ann. de la Soc. Entom. de France, t. 2, 1833, p. 361.

FRENZEL.
Disser. de Insectis Novifolii in Hungaria cum nive delapsis (Podure). Resp. Röberus.
In-4. Witteb., 1673.

FREZZA (Ant.).
Osservazioni sopra gli Ape.
Giornale d'Italia, t. 10, p. 9.

FREIS (Benoit-Fried.), directeur du Musée d'Histoire Naturelle de Stockholm.
1. Monographia *Tanyporum* Sueciæ.
In-12. Lundæ, 1825.
2. Observationes Entomologicæ. Resp. Liljevalch.
In-8. Stockholm, 1824.
Cette notice traite des mœurs des *Simulies*.

FRISCH (Johann-Leonhard), né le 19 mars 1666 à Sulzbach, en Bavière, mort à Berlin en 1743.
1. Beschreibung von allerley Insekten in Teutschland, etc.

(*Description de toutes sortes d'insectes d'Allemagne, avec des re-marques, etc., avec 38 planches représentant 300 insectes*).

In-4. Berlin, 1720 à 1738.

L'ouvrage a paru en 13 cahiers, à distance de plus d'une année ; il existe d'autres éditions de cet ouvrage ou peut-être des réimpressions partielles : l'une paraît avoir commencé vers 1730, avant la terminaison de l'ouvrage ; une autre vers 1752, car je connais un cahier n° 2, daté de 1753 : une der-nière, bien sûr, a commencé en 1766, et porte *nouvelle édition corrigée*, etc.; cette dernière a cela de reconnaissa-ble, que le nom de l'auteur en tête des cahiers et le mot *insek-ten* sont imprimés en lettres allemandes, tandis qu'ils le sont en lettres ordinaires dans les éditions antérieures.

2. Index historiæ suæ Insectorum.
Miscellanea Berolinensia, t. 3, p. 28, et t. 6, p. 130.

3. Observationes quæ ad pleniorem descriptionem Insecti pertinent, quod foliorum pediculos, gallice *Pucerons*, vocant.
Miscellanea Berolinensia, t. 3, p. 36-40.

4. De Eruca canalicola, et de Papilione qui ex ea fit (Pha-lène).
Miscellanea Berolinensia, t. 3, p. 34-35.

5. De *Bombyce* et folliculi sui textura prorepente.
Miscellanea Berolinensia, t. 5 p. 106-8.

6. Abhandlung von der schädlichkeit der Insekters (*Dis-sertation sur les dégâts que causent les insectes*).
Neueste mannigfaltigk, 1 ann., p. 721, 739 à 753.

FRITZE (Johann-Gothlob).

1. Die Bienen (*Sur les abeilles*).
Medizin Annalen. Leipzig, 1780, p. 51.

2. Die Raupen (*Sur des chenilles*).
Medizin. Annalen. Leipzig, 1780, p. 70-72 et 76.
Fuessly's Neu Mag. der Entom., t. 1, 1782, p. 191-92.

3. Die Wespen (*Sur les guêpes*).
Medizin. Annal. Leipzig, 1780, p. 265-67.
Fuessly's Neu Mag. der Entom., t. 1, 1782, p. 193.

4. Maywürmer (*Sur le ver de mai*).
Medizin. Annal. Leipzig, 1780, p. 255-58.
Fuessly's Neu Magaz. der Entom., t. 1, 1782, p. 193-95.

FROELICH (J.-Aloys).

1. Bemerkungen über einige seltene Käfer aus der Inseklen sammlung der hr. Rudolph in Erlangen (*Remarques sur quelques scarabées rares de la collection de M. Rudolphe d'Erlangen*).
Naturforscher, 26 st., p. 68-165.

2. Kritisches verzeichniss des OEsterreichischen Schneckenkäfer (*Catalogue critique des scarabées-limaçons* [Saperdes] *d'Autriche*).
Naturforscher, 27 st., p. 128-175.

FROEHLICH (Godefroy).
Enumeratio *Tortricum* Wurtembergiæ.
In-8. Tubingæ, 1828.

FROMAGEOT (de Verrax).
Lettre sur le moyen de dessécher les larves d'Insectes.
Journal de Physique, t. 27, p. 225-228.
En allemand, Voigt's Magaz., 4 band, 3 st, p. 34-38.

FROMMAN (J.-C.).
In Nive Pulias (Podures).
Ephem. Nat. Curios., déc. 11, an. 3, obs. 197, p. 390.

FUESSLY (Johann-Gasp.).

1. Verzeichniss der ihne bekanten Schweitzerischen Insekten (*Catalogue des insectes de Suisse connus de l'auteur*, avec 1 pl. col.).
In-4. Zurich, 1775.

2. Magazin für die Liebhaber der Entomology (*Magasin pour les amateurs d'entomologie*), avec fig. col.

2 vol. in-8. Zürich, 1778-79. ·

3. Neues Magazin für die Liebhaber der Entomology (*Nouveau magasin pour les amateurs d'entomologie*).

3 vol. in-8. Zurich, 1782-85-86.

Ces deux ouvrages ont paru par fascicules.

4. Etwas über Woets Käferwerk (*Un mot sur l'ouvrage des scarabées de Voet*).

Magaz. der Entom., 1 band, 1778, p. 1.

5. Systematische Verzeichniss der Schmetterlinge der Wienergegend (*Sur le catalogue des lépidoptères des environs de Vienne*).

Magaz. der Entom., 1 band, 1778, p. 71.

6. Sulzer's, abgekürze Geschichte der Insekten (*Sur l'histoire abrégée des insectes de Sulzer*).

Mag. der Entom., 1 band, 1778, pag. 141.

7. Von den Nachtkerzenschwärmer (*Sur le coureur de lumières de nuit, Sphinx OEnotheræ*).

Magaz. der Entom., 2 band, 1779, p. 65.

8. Extrait des douze premiers numéros du Naturforscher.

Magaz. der Entom., 2 band, 1779, p. 75, et Neu. Mag. der Entom., 1 band, p. 66, etc.

9. Noch etwas den *Scarab. auratus*, Linn.

Neu. Magaz. der Entom., 3 band, 92.

10. Archives des Insecten Geschichte (*Archives de l'histoire des insectes*).

In-4. Zurich, 1781-86.

Cet ouvrage est de Herbst; mais, comme il est très-connu sous le nom de Fuessly, nous le mentionnons ici; il a paru en 8 fascicules, avec 6 planches, dont 4 coloriées.

Edit. française. Zurich et Winterthour, 1794.

G

GADD (Pehr-Adrian), professeur de chimie à Abo, mort vers la fin du dix-huitième siècle.

1. Bewis til mojeligheten af Silkes-Afwelens införande i Finland (*Preuve de la possibilité d'introduire la culture des vers à soie dans la Finlande,* avec 1 pl.). Resp. C. Herkepæus.

Vetensk. Academ. handl., 1760, 35 band.

Fuessly's Neu. Entom. Magaz., 3 B., p. 79.

2. Chemico Entomologisk Undersökning om sättet att utrota och förminska sädes-masken. Resp. O. R. Bökman (*Examen chimico-entomologique des moyens propres à diminuer ou détruire les vers des semences ;* Charançon?).

Aboœ, 1762.

3. Insecta Piscatoribus in maritimis Finlandiæ oris noxia. Resp. C. N. Hellenius.

In-4. Aboœ, 1769.

En Allemand : Naturforscher, 5 st., p. 195-206.

4. Rön gjorde vid Silkes-Afwelens införande i Finland (*Mémoire pour faire introduire la culture des vers à soie en Finlande*).

Vetensk. Acad. Handl., 1773, p. 281-287.

Naturforscher, 5 st., p. 195-206.

Sanders, Kleine Schrisfen, 1 B., p. 256-63.

GAEDE (de Liége).

1. Description du genre *Acanthothorax* (Charançon).
Guérin, Magaz. de Zool., 1832, Ins., n° 15.

2. Description de la *Calandra securifera* (avec fig. col.).
Ann. de la Soc. Entom. de France, t. 2, 1833.

GAEDE (Henri-Maurice).

1. Beyträge zur Anatomie der Insekten (*Matériaux pour l'anatomie des insectes*).

In-4. Altona, 1815.

2. Beyträge zur Anatomie der Insekten (*Matériaux pour l'anatomie des insectes;* Cimex, Tabanus, Geotrupes), avec 1 planche.

Wiedemann. Zool. Mag., 1 B., 1 st., 1817, p. 87.

3. Physiologische Bemerkungen über die sogenanten, etc. (*Observations philosophiques sur les vaisseaux hépatiques des insectes*).

Acta Acad. Natur. Curios. de Bonn, t. 10, 2ᵉ part., 1821, p. 515.

4. Beyträge zur Anatomie der Insekten (*Matériaux pour l'anatomie des insectes;* Hydrophilus Piceus, Buprestis Mariana).

Nova Act. Acad. Natur. Curios, t. 11, 2ᵉ part., 1823, p. 323-40.

GAHRLIEB von der MUEHLEN (Gustave-Casimir), né le 24 décembre 1630 à Grymsholm, près de Stockholm, mort en 1717 à Alten-Landsberg, près Berlin.

1. De Eruca melissæ.

Ephem. Nat. Curios., déc. 3, an. 1, obs. 81, p. 125.

2. De minutis Animalibus curiosis, seu insecto minimo novo, et antehac vix, a me saltim, unquam viso, genere Pediculus.

Miscell. Act. Nat. Curios, dec. 3, ann. 7 et 8, Ephem. 1699 et 1700, p. 256-257.

3. De minutis Vegetabilibus, foliorum sambucinarum flosculis minutissimis sobolescentibus.

Ephem. Act. Acad. Nat. Curios., dec. 3, ann. 7-8, p. 258-259.

4. De *Musca* innumerorum minorum reptilium nutrita.

Ephem. Nat. Curios., dec. 111, ann. 3, obs. 169, p. 299.

GAIMAR (Joseph-Paul).

Rédacteur, avec M. Quoy, de la partie entomologique du Voyage de M. le capitaine Freycinet.

GALEATIUS (Dominicus-Gusman).

De Insecto quodam novo in vite reperto (*Coccus*).

Comment. Bononiense, t. 2, p. 1, pag. 78, p. 2, pag. 279-284.

GALLI (Francesco).

Su un Insetto che danneggia le Viti.

Atti della Soc. Patriot. di Milano, vol. 2, p. 50-51.

Opuscoli Scelti, t. 7, p. 181-182.

GALLO (Pietro-Paolo da San).

Esperienze intorno alla generazione delle Zanzare (*Cousins*), avec 1 pl.

In-4. Firenze, 1679.

Ephem. Acad. Nat. Curios., cent. 1 et 2, append., p. 220.

GALLOIS.

Observations sur les *Sauterelles* qui ont ravagé la Pologne et la Lithuanie en 1689.

Mém. de l'Acad. des Sc. de Paris, t. 2, p. 88.

GARDEN (Georg.).

1. A Letter concerning Caterpillars that destroy fruit (*Lettre sur les chenilles qui détruisent les fruits*).

Philos. Trans., vol. 20, 1698, p. 54-55.

2. Letter concerning the proboscies of Bees (*Lettre sur la trompe des abeilles*).

Philos. Trans., 1685, n° 175, p. 1148-56.

3. The true origin of Caterpillars (*Sur la véritable origine des chenilles*).

Philos. Trans., n° 257, p. 54. Badd. 3, p. 244.

GARDES (F.).

Bemerkungen über dies chwarzen Ameisen (*Remarques sur les fourmis noires*).

Schwed. abandl., 29 band.

Fuessly. N. Entom. Magaz., 5 band, p. 68.

GARIDEL (Pierre–Joseph), né à Manasque le 1er août 1659, et mort en 1737.

Histoire des Plantes qui naissent aux environs d'Aix et dans plusieurs autres endroits de la Provence.

In-fol. Aix, 1715.

In-fol. Paris, 1723. Elle ne diffère de la première édition que par un titre.

Dans cet ouvrage l'auteur décrit le *Chermes* qui sert à la teinture.

Cette portion est répétée dans les Ephémérides des Curieux de la Nature, vol. 3, appendice, p. 57, avec figure.

GARVIE (John-M'.)

Observations sur le grand *Frelon* brun de la Nouvelle-Galles du sud, sous le rapport de l'instinct.

Edinb. New Philos. Journal, avril-juin 1828.

GAUTIER.

De *Pediculorum Muscarumque* generatione sine alterius sexus concursu et sine ovis.

Hist. Nat., part. 12. Ed. in-4, p. 11.

GEBLER.

1. Insecta Siberiæ rariora, decas prima.

Mém. de la Soc. Imp. des Nat. de Moscou, t. 5, p. 315-333.

2. Observationes Entomologicæ.

Mém. de la Soc. Imp. des Nat. de Moscou, t. 6, p. 115-116.

3. *Chrysomelæ* Siberiæ rariores.

Mém. des Nat. de Moscou, t. 6, p. 117 à 126.

4. *Coleoptera* Siberiæ orientalis descripta.

Mém. de la Soc. Imp. des Nat. de Moscou, t. 6, p. 127 à 151.

5. Des *Milabrides* de la Sibérie occidentale et des confins de la Tartarie.

Mém. de la Soc. Imp. des Nat. de Moscou, 1829, t. 7, ou Nouv. Mém., t. 1, p. 145-171.

6. Notice sur les *Coléoptères* qui se trouvent dans le district des mines de Nertschinsk, dans la Sibérie orientale.

Mém. de la Soc. Imp. des Nat. de Moscou, t. 8, ou Nouv. Mém., t. 2, p. 23-78.

GEER (Carl de), riche Suédois qui consacra sa fortune aux progrès de l'histoire naturelle; né à Finspang en 1720, mort à Stockholm le 8 mars 1778.

1. Rön och Observation öfver små Insecter som kunna hâppa i högden (*Mémoire et observations sur de petits insectes qui peuvent sauter en l'air*; Podures).

Vetensk. Acad. Handl., 1740, p. 265-281.

Traduction allemande, p. 279.

En latin .Acta Upsalensia, 1740, p. 48-67.

— Analecta Transalpina, t. 1, p. 46-56.

En français. Mém. de Mat. et de Phys. de l'Ac. des Sc. de Paris, Savants étrangers, 1750, Hist. p. 39.

Dans ses propres mémoires, t. 7, p. 18-31.

2. Beskrifning på en Fluga kallad (*Description d'une mouche appelée Ichneumon*).

Vetensk. Acad. Handl., 1740, p. 464-69.

En latin. Analecta Transalpina, t. 1, p. 106-109.

Dans ses mémoires, t. 1, p. 508.

3. Beskrifning på en Insect, som lefver uppå mäst alla Orter ock trän uti et hwitt skum, ock kallas (*Description d'un insecte qui vit attaché à toute sorte d'arbres et de plantes, au milieu d'une écume blanchâtre*; Cercope).

Vetensk. Acad. Handl., 1741, p. 221-36.

Traduction allemande, p. 257.

En latin. Analecta Transalpina, t. 1, p. 166-176.

Dans ses mémoires, t. 3, p. 163-180.

4. Beskrifning på en Insect kallad Podura (*Description d'un insecte appelé Podure*).

Vetensk. Acad. Handl., 1743, p. 293-305.

Traduction allemande, p. 259.

En latin. Analecta Transalpina, t. 1, p. 275.

Dans ses mémoires, t. 7, p. 55-59.

5. Beskrifning på en Insect af ett nytt slägte kallad **Physa-**
pus (*Description d'un insecte et d'un nouveau genre appelé Phy-*
sapus), avec fig.

Vetensk. Acad. Handl., 1744, p. 1.

Traduction allemande, p. 3.

En latin. Analecta Transalpina, t. 1, p. 277-81.

Dans ses mémoires, t. 3, p. 4-11.

6. Tal om nittan som Insecterne, och deras skärskädande
tilskynda oss (*Discours sur l'utilité dont nous sont les insectes,*
et nouvelles recherches à ce sujet).

Schwedische Mangazin, 1 band., p. 325.

In-8. Stockholm, 1744.

Nouvelle édition. Stockholm, 1747.

7. Beskrifning af Maskar, som förtära spannemälen i ma-
gaziner, samt försök at utrota dem (*Description d'une larve*
qui dévore le blé dans les greniers, et essais sur le moyen de la
détruire; Calandre?).

8. Lyckte-masken från China (*Fulgore de la Chine;*
Candelaria).

Vetensk. Acad. Handl., 1746., p. 60-66.

Analecta Transalpina, t. 1, p. 475-79.

9. Beskrifning öfver en Chinensisk och en Inländsk Fjäril,
jamte nagra anmärkningar öfver Fjärillarne i gemen (*Des-*
cription d'un papillon de Chine et d'un papillon indigène, avec des
remarques sur les lépidoptères en général).

Vetensk. Acad. Handl., 1748, p. 208-230.

10. Observation sur l'anatomie de la Chenille à deux queues
du saule.

Mém. de l'Ac. des Sc. de Paris, 1748, p. 29.

11. Mémoires pour servir à l'histoire des Insectes (avec
258 planches).

7 vol. in-4. Stockholm, 1752-78.

Le tome 6 est double, ce qui porte le nombre réel des volumes à huit; le premier, dont presque toute l'édition a été brûlée, est très-rare, comme en général tout l'ouvrage.

Edition allemande, avec des remarques, par Göze, 8 vol. in-4.´ Les 6 premiers volumes à Leipzig, les deux derniers à Nürnberg. De 1776-1782.

Retzius a donné un abrégé des genres et des espèces contenus dans cet ouvrage.

12. Sur les Insectes en général; c'est le discours d'introduction du 2e vol. des Mémoires.

Trad. en allemand par Göze. Naturforscher, 3 st., n° 17, pag. 266.

En latin : Analecta Transalpina, t. 2, p. 95-104.

13. Rön om Mask-Lejouet (*Essais sur le ver lion*). Diptère.

Vetensk. Acad. Handl., 1752, p. 180-192 et p. 261-265
Traduct. allemande, p. 187-266.

En latin : Analecta Transalpina, t. 2, p. 462-70.

Dans ses Mémoires, t. 6, p. 169-183.

14. Brömsarnas Ursprung (*Origine des taons*), avec fig.
Vetensk. Acad. Handl., 1760, p. 276-291.

Traduct. allemande, p. 272.

Dans ses Mémoires, t. 6, p. 214-20 et 225-26.

15. Tal om Insects Alstring (*Discours sur la reproduction des insectes*).

Stockholm, 1754.

En allemand : Stockholm Magazin, 1 band, p. 239.

Der Nuen Samml., vers. Schr., der Gröss. Gelehr. in Schwed, 1 band.

Naturforscher, 5 st., n° 13, p. 207-256.

Dans ses Mémoires, t. 2, p. 17-51.

16. *Tipula* fusca, Antennis simplicibus, descripta.
Nova Acta Upsalensia, vol. 1, p. 66-77.

Dans ses Mémoires, t. 6, p. 551-59.

17. Observation sur la propriété singulière qu'ont les

grandes Chenilles à quatorze pattes et à double queue, du saule, de seringuer de la liqueur.

Mém. de l'Acad. des Sc. de Paris; Savants étrangers, t. 1, p. 53o.

18. Mém. sur un *Ver luisant* femelle et sur sa transformation, avec fig.

Mém. de l'Acad. des Sc. de Paris; Savants étrangers, t. 2, p. 261-75.

19. Observations sur les *Ephémères* dont l'accouplement a été vu en partie.

Mém. de l'Acad. des Sc. de Paris; Savants étrangers, t. 2, p. 461-69.

En hollandais : Uitgezogte Verhandelingen , 7 deel , p. 271-84. .

20. Observations sur les *Pucerons* du prunier, et en particulier sur leur accouplement.

Mém. de l'Acad. des Sc. de Paris; Savants étrangers, t. 2, p. 469-73.

Dans ses Mémoires, t. 3, p. 50-53.

En hollandais : Uitgezogte Verhandelingen , 5 deel , p. 255-62.

GEIER (Johann.-Daniel).

De vernice ad conservanda Insecta et Animalia.

Miscell. Acad. Nat. Curios., dec. 2, a. 8, 1689, p. 297.

GENÉ (Giuseppe).

1. Memorie per servire alla storia dei *Crittocephali* e delle *Clithre*.

Bibliot. italica , t. 55, 1829.

Ann. des Sc. Nat., t. 20, p. 143.

2. Saggio di una Monographia delle *Forficule* indigene.

In-4. Padova, 1832.

3. Descrizione di una nuova *Forficula* Italiana.

GEOFFROY.

Recueil de 730 planches, contenant des figures de Plantes et d'Animaux utiles en médecine (*Traité de matières médicales*).
5 vol. in-8. Paris.

GEOFFROY (Claude-Joseph), pharmacien, né à Paris le 8 août 1685, mort le 9 mars 1752.

1. Observations sur la Gomme laque et sur les autres matières animales qui fournissent la teinture de pourpre.
Mém. de l'Acad. des Sc. de Paris, 1714; Mém., p. 462.

2. Observations sur les vessies qui viennent aux ormes, et sur une excroissance à peu près pareille qui nous est apportée de la Chine.
Mém. de l'Acad. des Sc. de Paris, 1724; Mém., p. 320-323. In-8; Mém., p. 462.

GEOFFROY (Étienne-Louis), médecin, né à Paris en 1527, et mort à Chartreuse, près de Soissons, au mois d'août 1810.

Histoire abrégée des Insectes des environs de Paris (22 planches).
2 vol. in-4. 1762.
Autre édition, 2 vol. in-4 avec fig. Paris, 1764.
Autre édition, 2 vol. in-4. Paris, an 7 (1799).

Les mêmes planches ont servi pour toutes les éditions, qui ne sont que de nouveaux tirages sans aucun changement.

GEOFFROY SAINT-HILAIRE (Étienne), né à Étampes le 15 avril 1772.

1. Sur le Système intra-vertébral des Insectes.
Fascicule de 16 pages.
Bull. de la Soc. Philom., 1823, p. 40.

2. Mémoires sur l'organisation des Insectes.
Journal complémentaire du Dictionnaire des Sciences médicales.

3. Sur l'organisation des Insectes.
Annales des Sc. physiques, t. 3, p. 165.

4. Considérations philosophiques sur la détermination du système solide et du système nerveux des animaux articulés.
Annales des Sc. Nat., t. 2, p. 295.

GEOFFROY SAINT-HILAIRE (Isidore).
Rapport sur trois notices relatives à l'existence de l'*OEstre* chez l'homme, par MM. Roulin, Guérin et Vallot.
Ann. de la Soc. Entom. de France, t. 2, 1833, p. 518.

GEORGE (J.-G.).
Bemerkungen einer Reise im Rutzischen (*Remarques faites pendant un voyage en Russie*).
2 vol. in-4. Pétersburg, 1775.

GERBI (Ranieri).
1. Sull' Insetto odontalgico.
Opuscoli Scelti, t. 18, p. 94-96.

2. Sul modo con cui produconsi dagl' Insetti le Galle.
Opuscoli Scelti, t. 18, p. 96-111.

GERDES (Olof.).
Förklaring Huru vida lukt of Hampa fordrifver Kal-Mask (*Avertissement que l'odeur de la* Canabis sativa *chasse les vers qui attaquent le chou*).
Vetensk. Acad. Handl., 1771, p. 89-91.

GERDES (Friedrik).
Rön och Anmärkningar ofver Swart-Myrorna (*Essais et observations sur les fourmis noires*).
Vetensk. Acad. Handl., 1768, p. 573.
Traduction allemande, p. 574.

GERMAR (Ernst-Friedrich).
1. Systematis *Glossatorum* Prodromus, systens Bombycum species secundum oris partium diversitas in nova genera distributas.
In-4, § 1. Lipsiæ, 1810.
§ 2. Lipsiæ, 1812.

2. Dissertatio sistens *Bombycum* species.
In-4. Halæ?

3. Classification der *Insekten*.
Neu. Schrift. der Naturf. Gesell. zu Hale, 1 band, 1811.

4. Nachträge zur Monographie der Rohrkäfer, und die
Ausstellung einer neuen Käfergattung, Potamophilus (*Supplément à la monographie des ptines, et exposition d'un nouveau
genre de coléoptères, le G. potamophile*).
Neu. Schrift. der Naturf. Gesell. zu Hale, 1 band, 1811.

5. Magazin der Entomologie (avec planches).
4 vol. in-8. Halæ, 1813-14-18-21.
Les trois derniers cahiers sont publiés en commun avec
ZINCKEN.

6. Naturgeschichte des C. Gibbus eines Saatverwüstenden
Insekts (*Histoire naturelle du C. gibbus, insecte qui ravage les
semailles*), avec 1 pl. col.
Magaz. der Entom., 1 band, 1813, p. 1-10.

7. Insekten in Bernstein eingeschlossen (*Insectes enfermés
dans l'ambre*).
Magaz. der Entom., 1 band, 1813, p. 11.

8. Neue Insekten (*Coléoptères*).
Magaz. der Entom., band 1, 1813, p. 114.

9. Reise nach Dalmatien und in das Gebieth von Ragusa
(*Voyage dans la Dalmatie et dans le territoire de Raguse*), avec
θ pl. col.
In-8. Leipzig, 1813.
Autre édition, in-8. Leipzig und Altenburg, 1817.

10. *Strepsiptera,* eine neue Ordnung der Insekten.
Magaz. der Entom., band 2, p. 290.

11. Naturgeschichte der Bruchus Ruficornis (*Histoire naturelle du B. ruficornis*), avec fig.
Magaz. der Entom., 5 band, 1818, p. 1.

12. Nachträge und Berichtigungen zur Monographie der

Apionen (*Supplément et vérification de la monographie des Apions*).

Magaz. der Entom., 3 band, 1818, p. 37.

13. Beyträge zur Naturgeschichte der gattung Claviger (*Matériaux pour l'histoire naturelle du genre Claviger*).

Magaz. der Entom., 3 band, 1818, p. 60.

14. Bemerkungen über die einige Gattungen der Cicadarien (*Remarques sur quelques genres de Cicadaires*).

Magaz. der Entom., 3 band, 1818, p. 177; et 4 band, 1821, p. 1, avec 1 pl.

15. Vermischte Bemerkungen über einige Kœfer Arten (*Remarques sur quelques espèces de coléoptères*).

Magaz. der Entom., 3 band, 1818, p. 228.

16. Neue exotischer Käfer (*Nouveaux coléoptères exotiques*), conjointement avec WIEDEMANN.

Magaz. der Entom., 4 band, 1821, p. 291.

17. Genera quædam Circulionum proposita.

Magaz. der Entom., 4 band, 1821, p. 291.

18. Begattung verschiedenartiger Insekten untereinander (*Accouplement d'insectes de différentes espèces*).

Magaz. der Entom., 4 band, 1821, p. 404.

Silbermann, Revue Entom., t. 1, 1833, p. 16.

19. Nebenaugen bei Käfern (*Sur des yeux lisses dans quelques coléoptères*).

Magaz. der Entom., 4 band, 1821, p. 410.

20. Insectorum species novæ aut minus cognitæ descriptionibus illustratæ (Coléoptères).

In-8. Halæ, 1824.

21. Mémoire sur la Faune du district de Kolywan, dans la Sibérie méridionale (Coléoptères), avec 2 pl.

Isis, 1827, liv. 7, p. 738.

22. Fauna Insectorum Europæ.

In-18, large. Halæ.

Cet ouvrage fait suite à celui de Panzer sur les insectes

d'Allemagne ; il est dans le même format et exécuté sur le
même plan. Les deux premiers fascicules sont d'Ahrens. Il en
a déjà paru dix-huit, et l'ouvrage se continue.

23. Conspectus generum *Cicadariarum*, et notes à l'appui.
Silbermann, Revue Entom., t. 1, 1833, p. 174.

24. Précis d'un nouvel arrangement de la famille des *Bra-
chélytres*, par M. Mannerheim.
Silbermann, Revue Entom., t. 1, 1833, p. 184.

25. *Combophororum* species enumeratæ ab H. Burmeister (genre d'hémipt. Cicada), 1 pl. col.
Silbermann, Revue Entom., t. 1, 1833, p. 227-33.

26. Observations sur plusieurs espèces du genre *Cicada*
(avec 8 pl. col.).
Silbermann, Revue Entom., t. 2, 1834, p. 49.

27. Description du genre *Thorictus* (coléopt. Clavicorne,
fam. Peltoïdes).
Silbermann, Revue Entom., t. 2, 1834, n° 15.

28. Description du genre *Chirodica* (coléopt. de la tribu
des Chrisomélines).
Silbermann, Revue Entom., t. 2, 1834, n° 16.

29. Description du genre *Brachiscelis* (coléoptère de la famille des Eupodes), avec fig. col.
Silbermann, Revue Entom., t. 2, 1834, n° 17.

GESENIUS (Wilhelm).
Versuch einer Lepidopterologischen Encyclopädie ; anlei-
tung zur Kenntniss der Schmetterlinge unser gegenden
(*Essais d'une encyclopédie des Lépidoptères ; instruction pour la
connaissance des papillons de notre pays*).
In-8. Erfurt, 1786.

GEIERUS (Joh.-Daniel).
Tractatus physico-medicus de *Cantharidibus*, etc., fig.
In-4. Lips. et Francf., 1687.

GIBELIN.

Abrégé des Transactions philosophiques de la Société royale de Londres, traduit de l'anglais (avec figures).

14 vol. in-8. Paris, 1787.

GIMMERTHAL.

Observations sur la métamorphose de quelques Diptères de la famille des *Muscides.*

Bull. de la Soc. imp. des Nat. de Moscou, t. 1, n° 5, 1829, p. 136-146.

GINANNI (C.-Francesco).

Osservazioni, ed esperienze particolari d'intorno all' infestamento degl' Insetti (Dans son ouvrage sur les maladies des grains, p. 127-207).

In-4. Pesaro, 1759.

GIORGETTI (Gian-Francesco).

Il Filugello, o sia il Bacco da Seta, poemetto, con Annotazioni scientifiche, ed una Dissertazione sopra l'origine della Seta.

In-4. Venezia, 1752.

GIORNA.

1. Account of a singular conformation in the wings of some species of Moths (*Observations sur la forme singulière des ailes dans quelques espèces de teignes*).

Trans. Soc. Linn. of London, t. 1, 1791, p. 135-46.

Traduit en français, avec 1 planche.

2. Calendrario entomologico.

In-8. Torino, 1791.

Il en a été fait un rapport à la Société d'Histoire naturelle par M. Millin.

GISTL (J.).

1. Enumeratio *Coleopterorum* agri Monacensis.

In-8. Munich, 1829.

2. Sur la distribution géographique des *Coléoptères*, surtout en Bavière.

Isis, 1829, cah. 11, p. 1129.

3. *Antimachus*, nouveau genre de Coléoptères.

Isis, 1829, cah. 10, p. 1055, avec 1 figure.

4. Description d'une nouvelle espèce de Coléoptères du genre *Cucujus*.

Isis, nov. 1829, p. 1131.

GLADBACH (Georges-Jacques), médecin, né à Francfort sur le Mein en 1756, et mort le 13 septembre 1796.

Beschreïbung neue Europaïscher Schmetterlinge, die weder im Rösel noch Kleemann beschreiben stehen (*Description de nouveaux papillons européens qui ne se trouvent décrits ni dans Kleeman ni dans Rœsel*).

1 Th., in-4. Francf. am Mayn, 1777.

GLASSER (Johannes-Fridericus).

1. De Erucarum specie, Pomorum Flores præcipue exedentium, commentarius.

Acta Acad. Mogunt., 1776, p. 89-96.

2. Abhandlung von den Schädlichen Raupen der Obstbäume (*Dissertation sur les chenilles qui nuisent aux fruits des arbres*), avec 2 pl. col.

In-8. Leipzig, 1780.

GLEDITSCH (Johann-Gottlieb), né à Leipzig le 5 février 1714, mort à Berlin le 5 octobre 1786.

1. Descriptio multitudinis insignis *Formicarum* congregatarum quæ auroram Borealem referebant.

Act. Regiæ Soc. Berolinensis, 1749, p. 46-55.

En allemand. Berlin Abhandl., 3 band, p. 418.

Dans ses Phys. OEconom. Bot. Abhandl., 2 Th., p. 1-18.

Hambourg Magaz., 8 band, p. 595.

2. De Scarabæo, *Vespilio* dicto, disquisitio de sepultura Talpæ (conjointement avec MUNCKHAUSEN).

Acta Reg. Soc. Berol., 1752, p. 29-53.

En allemand, dans ses Phys. OEconom. Bot. Abhandl., band 3, p. 200-227.

Rheinischen Beyträge, 1781.

Physical Belustigung, 3 band, p. 1103-1140.

En hollandais. Uitgezogte Verhandelingen, 1 deel., p. 44-83.

3. De Locustis orientalibus quarum agmina itinera instituunt et anno 1750 Marchiam Brandenburg devastarunt (*Grillus migratorius*).

Act. Reg. Soc. Berol., 1752, p. 83-101.

En allemand, dans ses Phys. OEconom. Bot. Abhandl., 3 Th., p. 228-311.

Melii. Phys. Belustig,. 26 st., p. 1192-1217.

4. Abhandlung von Vertilgung der Zugheuschrecken, und den eigenlichen Hülfsmitleln die sich aus eine richlige erkenntniss dieser Thiere gründen (*Dissertation sur la destruction des sauterelles de passage, et des remèdes qui se fondent sur une juste connaissance de ces animaux*).

In-8. Berlin und Postdam, 1754.

Rapporté dans le Forstwissenchaft.

5. Vermischte Physicalisch Botanisch OEconomische Abhandlungen.

3 vol. in-8. Hale, 1765-67.

6. Considération sur la multiplication précoce des *Abeilles*, retrouvée dans le margraviat de Lusace, et qui avait déjà été employée par les Romains.

Histoire de l'Académie de Berlin, 1760, p. 87-98.

7. Monatliche beschäftigungen bey der Bienenzucht (*Occupations mensuelles de la culture des abeilles*).

Berlin Sammlung, 1 band, p. 553-586.

8. Betrachtung über die Beschaffenheit der Bienenstander in der Mark Brandenburg (*Considérations sur la culture des abeilles dans la marche de Brandebourg*).

In-8. Riga, Mitaw, 1769.

Dans ses Phys. OEconom. Bot. Abhandl., 2 band.

9. Verzeichniss von gevächsen, aus welchen die Bienen, Honig und Wachs sammlen (*Catalogue des plantes sur lesquelles les abeilles récoltent le miel et la cire*).

Dans ses Phys. OEconom. Bot. Abhandl., 2 band, p. 154-255.

10. Kurze nachricht von einem seltenen Raupenfrasse des 1780 jahres, besonders in der Mark Brandenburg und Pommern (*Courte description d'une chenille rare qui a paru pendant l'année* 1780, *surtout dans la marche de Brandebourg et la Poméranie*).

Schriften der Berlin. Gesell. Naturf. freund., band 3, p. 117.

GLEICHEN (Wilhelm-Friederich von, surnommé Russworm), né à Bareuth en 1717, mort en 1783.

1. Geschichte der gemeinen Stubenfliege (*Histoire de la mouche commune de nos appartemens*), avec 4 pl. col. *Voy.* Keller,

In-4. Nurnberg, 1764.
Traduction française. In-fol. Nuremberg, 1766.

2. Verzuch einer Geschichte der Blattläuse und Blattläusefresser des Ulmbaumes (*Description et histoire du puceron de l'orme et des mangeurs de pucerons*).

In-4. Nurnberg, 1770.

3. Anserlesne microscopische Entdeckungen bey den Pflanzen, Blümen und Blüthen, Insekten und Andern Merkwürdigkeiten (*Choix de découvertes microscopiques sur des insectes, etc., et autres objets remarquables*), avec 83 pl. col.

In-4. Nurnberg, 1777.

GMELIN (S.-G.).
Reise durch Rustland (*Voyage en Russie*), avec planches.
5 vol. in-8. Petersburg, 1769-73.

GMELIN (Johann-Friedrich), naturaliste, né à Tubingue le 8 août 1748, et mort à Gœttingue le 1er novembre 1804.

1. De Musca vegetante.
Naturförscher, 4 st., p. 67.

2. Abhandlung über die Wurmtroknis (*Dissertation sur les vers desséchants*), avec 3 pl. col.

In-8. Leipzig, 1787.

3. Anhang zu der Abhandlung von der Wurmtroknis, bestehend in aklenstüken, die troknis am harze betreffend (*Supplément à la dissertation sur les vers desséchants,* etc.).

In-8. Leipzig, 1787.

4. Il a donné une 13ᵉ édition, Lipsiæ, 1788-93, du *Systema Naturæ* de Linné, où il a refondu tous les ouvrages de ce naturaliste.

GODART (Jean-Baptiste).

1. Article PAPILLON de l'Encyclopédie méthodique, qui contient à lui seul le 9ᵉ volume parmi ceux consacrés aux insectes.

In-4. Paris, 1819.

2. Histoire naturelle des *Lépidoptères* ou Papillons de France.
In-8. Paris, 1821-22-24.

Cet ouvrage a paru par livraisons de trois planches et du texte correspondant. Godart a donné les cinq premiers volumes, qui contiennent les Diurnes des environs de Paris, les Diurnes alpins, les Crépusculaires, les Bombycites, et le 1ᵉʳ volume des Noctuélites. Il a été continué après la mort de cet auteur par M. Duponchel (*voyez* ce nom), qui a étendu ce cadre, au moyen de suppléments, à tous les Lépidoptères d'Europe.

3. Tableau méthodique des *Lépidoptères* diurnes de France.
Quoique ce fascicule fasse partie de l'Histoire des Lépidoptères de France, il se trouve quelquefois à part.

In-8. Paris, 1823.

GODET.
Observations sur la manière de travailler en histoire naturelle.

Ann. de la Soc. Entom. de France, t. 1, 1832, p. 34 à 52.

GOEDART (Johann), peintre naturaliste, Hollandais, né en 1620, mort en 1668.

Metamorphosis et Historia naturalis Insectorum.

3 vol. in-8. Medioburgi.

Le texte est en latin, hollandais et français, et accompagné d'un très-grand nombre de planches.

Autre édition latine, in-8, 1658, avec l'appendix de Lister.

Autre édition latine, in-8. Medioburgi, 1662-67, avec l'appendix de Veezaerdt et les commentaires de Demay.

Autre édition pareille, in-18. Medioburgi, sans date.

Autre édition en anglais, in-8. York, 1682, avec additions et notes de Lister.

Autre édition, mise en ordre par Lister, avec les planches des Scarabées d'Angleterre, in-8. Londres, 1685.

Autre édition en français, avec les remarques de Demay, 3 vol. in-8. Amsterdam, 1700.

GONZAGER (Andreas).

De *Bombycibus*, Exercitium. Resp. C. Gerlach.

In-4. Hafniæ, 1714.

GONÇALO (de Las Casas).

Arte para criar seda,

In-8. Grenada, 1581.

GOEZE (Johann-August-Ephraïm), célèbre naturaliste allemand, né à Aschersleben le 28 mai 1731, mort à Berlin le 27 juin 1793.

1. H. K. Bonneti wie auch einiger andern berühmten Naturforscher anserlesene, Abhandlung aus der Insektologie (*Dissertations entomologiques de Ch. Bonnet et autres célèbres naturalistes*).

In-8. Hale, 1774.

2. Von der Siebbiene (sur *le Crabro Cribrarius*).

Naturforscher 2 : st., 1774, p. 21-65.

Fuessly's Mag. der Entom., 2 band, p. 91.

3. Geschichte der Minir Wurmer in den Blättern (*Histoire des vers mineurs de feuille*).
Naturforscher 4 : st., 1774, p. 1-32.

4. Von den Insekten, uberhaupt aus H. Degeer.
Naturforscher, 3 st., 1774, p. 266-90.

5. Beschreibung eines höchst seltenen Vasserthierchen (*Description d'un petit animal d'eau très-rare ; Tipula littoralis*), avec 1 pl.
Beschäftig. der Berlin Gesell. Natur. fr., 1775-79, b. 1, p. 359-79.
Suite, id. band 2, 1775-79, p. 494-509.

6. Von Insekten die auf andern Thieren leben (*Sur les insectes qui vivent dans d'autres animaux*).
Beschäffig. der Berlin Natur. Gesell. freud., 2 band, 1775-79, p. 253-86.

7. Beschreibung einer fierzehnfüsziegen mininir Raupen in den Apfel Blättern (*Description d'une chenille mineuse à quatorze pieds qui se trouve dans les feuilles de pommier*).
Naturforscher, 5 st., 1775, p. 1-18, avec 2 planches.

8. Beschreibung einer neuen Art Minirraupen (*Description d'une nouvelle espèce de chenille mineuse*).
Naturforscher 5 st., 1775, p. 62-72.

9. Ueber die Erzeugung der Insekten (*Sur la reproduction des insectes ; c'est la traduction du second discours de Degeer*).
Naturforscher, 5 st., 1775, p. 207-65.

10. Beschreibung des *Cicada sanguinolenta* mit Anmerkungen über das Cicaden Geschichte, avec 1 planche.
Naturforscher, 6 st., 1775, p. 41-68.

11. Beobachtungen über einige Thiere, Gëvurme und Insekten (*Remarques sur quelques animaux, vers et insectes*).
Naturforscher, 7 st., 1775, p. 97-104.

12. Verseichniss der Namen Insekten und Wurmer, welche in dem Rösel Kleemann und Degeer vorkommen (*Catalogue des insectes et larves qui se trouvent dans Ræsel, Kleemann et Degeer, rangés selon l'ordre systématique de Linné*).

Naturforscher, 7 st., 1775, p. 117-150.

Suite, id., 9 st., p. 61-78.

13. Beyträge zur Geschichte des schädlichen Ptinen oder Bohrkœfers (*Matériaux pour l'histoire des Ptines*), avec 1 pl.

Naturforscher, 8 st., 1776, p. 62-100.

14. Erklärung über des H. Kühn. Beobachtung des Fliegen den Sommers (*Explication sur le mémoire de M. Kuhn sur les mouches pendant l'été*).

Naturforscher, 9 st, p. 79.

15. Verbesserungen des Namen Registers des Röselschen Papillons (*Correction au catalogue des papillons de Ræsel*).

Naturforscher, 9 st., p. 81-85.

16. Untersuchung der so genantenn Leichenwürmer (*Recherches sur l'insecte nommé ver des morts*).

Naturforscher, 11 st., 1777, n° 9.

17. Entomologische Beyträge (*Matériaux entomologiques sur la 12ᵉ édition du Systema Naturæ de Linné*).

4 vol. in-8. Leipzig, 1777-78-79-80-81.

Le troisième volume est double.

18. Beyträge zur Oeconomie einiger Insekten (*Matériaux pour l'histoire de l'œconomie de quelques insectes*), avec figures.

Naturforscher, 12 st., 1778, p. 197-220.

Fuessly's neu. Entom. Magaz., band 1, p. 197-200.

19. Von der Reproductionkraft bey den Insekten (*Sur la force de reproduction des insectes*).

Naturforscher, 12 st., 1778, p. 221-24.

Fuessly's neu. Entom. Magaz., band 1, p. 214.

20. Europäische Fauna (*continuée par J. A. Donndorff; les Coléoptères*).

8 cah. in-8. Leipzig, 1779.

21. Neue entdekte Theile an einige Insekten (*Sur une partie nouvellement découverte dans quelques insectes*).

Naturforscher, 14 st., 1780, p. 93-102.

Fuessly's neu. Entom. Magaz., band 1, p. 411.

22. Von der OEkonomie besonderer Minirwürmer in den glatten Pappelblättern (*Sur l'industrie d'une chenille mineuse des feuilles du peuplier lisse*).

Naturforscher, 14 st., 1780, p. 103-112.

23. Naturgeschichte des Müllerischen Gliederwurms (*Histoire naturelle des tipules de Muller*).

Naturforscher, 15 st., 1780, p. 113-125.

24. Neue Entomologische Entdeckungen (*Nouvelles découvertes entomologiques*).

Naturforscher, 15 st., 1781, p. 37-57.

25. Beyträge zur Verwandlungs-Geschichte der Schaben (*Histoire naturelle des transformations des teignes*).

Naturforscher, 17 st., 1782, p. 183-89.

26. Erläuterung der Tiedischen zweifel über die Raupen Augen (*Eclaircissement sur les doutes de Tiedisch sur les yeux des chenilles*).

Neuste Mannigfaltigk, 1re année, p. 273.

27. Anekdoten zur Geschichte ausländischer Insekten, des H. Kühns, Erklarung (*Observations sur les anecdotes, du sieur Kuhn, sur les insectes exotiques*).

Berlin Sammlung, 8 band, p. 565-79.

28. Essais d'une histoire naturelle des vers qui se trouvent dans les intestins des animaux, avec pl.

In-4. Denau et Blakenbourg, 1782.

29. Von Insekten die dem Getreide schaden (*Sur les insectes nuisibles aux grains*).

Leipzig Magaz., 1785, p. 331-38.

30. Catalogue du cabinet d'Histoire naturelle de Göze, surtout des objets du règne animal.

In-8. Quedlinbourg, 1792.

GOLDFUSS (G.-A.).

1. Hanbuch der Zoologie (*Manuel de Zoologie*).
1er cahier. In-8. Nurnberg, 1820.

2. Enumeratio insectorum *Eleuteratorum* capitis Bonæ·Spei totiusque Africæ, descriptione iconibusque nonnullarum specierum novarum illustrata.

In-8. Erlangæ, 1805.

GOLDSMITH (Olivier).
History of the Earth and animated Nature (*Histoire de la terre et de la nature animée*).

8 vol. in-8. London, 1774.

GORING (C.-R.).
The natural history of several new popular and diverting living objects for the *microscope*.

Conjointement avec A. Pritchard.

GORY (Hippolyte).

1. Descript. du *Cordistes* 4-maculata.
Mag. de Zool. de Guérin, 1re ann., 1831, n° 4.

2. Descript. de l'*Oxycheila* Distigma.
Mag. Zool. de Guérin, 1re année, 1831, Ins., n° 17.

3. Descript. du *Zuphium* fuscum.
Mag. Zool. de Guérin, 1re ann., 1831, Ins., n° 25.

4. Descript. du *Pamborus* Guerinii.
Mag. Zool. de Guérin, 1re ann., 1831, Ins., n° 26.

5. Descript. de l'*Hyboma* rubripennis.
Mag. Zool. de Guérin, 1831, Ins., n° 37.

6. Descript. du *Trogossita* splendida.
Mag. Zool. de Guérin, 1831, Ins., n° 38.

7. Descript. du *Therates* Javanica.
Mag. Zool. de Guérin, 1831, Ins., n° 39.

8. Monographie des Scarabées mélitophiles (*Cétoines* et genres voisins), conjointement avec M. Percheron.

In-8. Paris, 1831 et suivantes.

L'ouvrage paraît par livraisons de 5 planches coloriées et d'un texte correspondant : 7 livraisons sont en vente.

9. Descript. de l'*Hamaticherus* suturalis.
Mag. Zool. de Guérin, 1832, Ins., n° 1.

10. Descript. de l'*Helluo* Bonellii.
Mag. Zool. de Guérin, 1832, Ins., n° 6.

11. Descript. du *Buprestis* opulenta.
Mag. Zool. de Guérin, 1832, Ins., n° 17.

12. Descript. du *Buprestis* empyrea.
Mag. Zool. de Guérin, 1832, Ins., n° 19.

13. Descript. de l'*Elater* Goryi.
Mag. Zool. de Guérin, 1832, Ins., n° 50.

14. Descript. de l'*Anacolus* quadrimaculatus.
Mag. Zool. de Guérin, 1832, Ins., n° 31.

15. Descript. du genre *Metopias*, col.
Mag. Zool. de Guérin, 1832, Ins., n° 42.

16. Descript. de l'*Acanthocinus* Boryi.
Mag. Zool. de Guérin, 1832, Ins., n° 45.

17. Descript. de l'*Ibidion* amœnum.
Mag. Zool. de Guérin, 1833, Ins., n° 58.

18. Descript. du *Buprestis* Buquet.
Mag. Zool. de Guérin, 1833, Ins., n° 61.

19. Descript. du *Xestia* Elegans.
Mag. Zool. de Guérin, 1833, Ins., n° 64.

20. Descript. de la *Cicindela* lepida.
Mag. Zool. de Guérin, 1833, Ins., n° 96.

21. Description de la *Cicindela* Dives.
Mag. Zool. de Guérin, 1833, Ins., n° 97.

22. Description d'un *Tetralobus* nouveau, avec figures.
Annales de la Soc. Entom. de France, t. 1, 1832, p. 220.

23. Description de trois Coléoptères nouveaux, *Bupreste*, *Elater* et *Allocerus*, avec figures coloriées.
Ann. de la Soc. Entom. de France, t. 1, 1832, p. 383 à 85.

24. Monographie des *Sysyphes*, 1 pl. au trait.
Fas. in-8. Paris, 1833.

25. Descr. des *Melolontha* lactea et spinipennis, avec fig. col.
Revue entom. de Silb., t. 1, 1833, descript., n° 11-12.

26. Descript. de l'*Areoda* maculata, avec fig.
Revue Entom. de Silb., t. 1, 1833, descript., n° 13.

27. Description de deux Coléoptères nouveaux des genres
Rutela et *Buprestis* (avec fig. col.).
Annales de la Soc. Entom. de France, t. 2, 1833, p. 67.

28. Centurie de *Carabiques* nouveaux.
Annales de la Soc. Entom. de France, t. 2, p. 168 à 247.

29. Description de deux *Ruteles* nouvelles (avec fig. col.).
Annales de la Soc. Entom. de France, t. 3, 1834, p. 111.

30. Monographie du genre *Notiophygus*, avec fig.
Annales de la Soc. Entom. de France, t. 3, 1834, p. 455.

GOLTWALD (Chrystophorus).
Il a exécuté beaucoup de planches d'anatomie ; la planche 37 d'une de ses suites représente des Insectes.

GOUFFIER (de).
Sur le Ver blanc, ou Larve du *Hanneton*.
Mém. de la Soc. d'Agric., 1787, trimestre d'été, p. 41-49.

GOULD (Vill.).
An Account of English Ants (*Mémoire sur les fourmis d'Angleterre*).
In-12. London, 1747.
Il existe un extrait de cet ouvrage dans les Philos. Trans.,
n° 482, p. 351.

GOZ (Georg.-Friedrick).
Beyträge zur Naturgeschichte der Insekten (*Matériaux pour l'histoire naturelle des insectes*).
Naturforscher, 17 st., 1782, n° 15.
Suite. *Idem.*, 19 st., 1782, p. 70.

GRAVENHORST (Jean-Louis-Charles).

1. Dissertatio, sistens conspectum Historiæ Entomologicæ, imprimis Systematum Entomologicorum.
In-4. Helmstadii, 1801.

2. *Coleoptera microptera* Brunsvicensia necnon exoticorum quotquot extant in collectionibus Brunsvicensium.
In-8. Brunsvigæ, 1802.

3. Monographia *Coleopterorum micropterorum*.
In-8. Gottingæ, 1806.

4. Vergleichende übersicht des Linneischen und einiger neuern Zoologischen system, etc. (*Coup d'œil comparatif du système de Linné avec un nouveau système zoologique*).
In-8. Göttingen, 1807.

5. Nosographia *Ichneumonum* generis, avec figures.
In-8, 1814.

6. Monographia *Ichneumonum* pedestrium, fasc. avec 1 pl. au trait.
In-8. Lipsiæ, 1815.

7. Conspectus generum et familiarum *Ichneumonidum* (avec M. Nees).
Nova Acta Nat. Curios., t. 9, 1818, p. 279 à 298.

8. Monographia *Ichneumonum* Pedemontanæ regionis.
Mémoires de l'Acad. des Sc. de Turin, t. 24, 1820.

9. Addimenta ad Descriptiones Fabricianas *Ichneumonidum* musæi celeb. Hübnere.
Magaz. der Entom. de Germar, band 4, 1821, p. 259.

10. *Helwigia*, novum insectorum genus Ichneumonidum (avec 1 pl. col.).
Acta Acad. Nat. Curios., t. 2, 1823, 2ᵉ part., p. 315-322.

11. *Ichneumonologia* Europæa.
3 forts vol. in-8. Vratislaviæ, 1829.

12. *Ichneumonidum* genuinorum species cornutæ et calcaratæ, avec 1 pl.

Beyträge zur Entom. die Schles., etc., p. 1 à 26, 1 cahier, 1829.

13. Disquisitio de *Cynipe* psene auctorum et descriptio *Blastophagæ*, novi Hymenopterorum generis.

Beyträge zur Entom. die Schles., etc., p. 27 à 33, 1829.

GRAY (Steph).
Microscopical Animals.
Philos. Trans., n° 221, p. 280.

GRAY (J.-E.).
1. Annals of Philosophy.

2. Zoological Miscellany.

3. Philosophical Magazine.

4. Spicilegia Zoologica.
Il est question de quelques Insectes dans ces différents ouvrages.

GRAY (George-Robert).
1. Description of eight new Species of Indian Butterflies, from the collection of general Hardwicke (Lépidoptères).
Zool. Miscell. J.-E. Gray, 1831, in-8.

2. Description du genre *Trictenotoma*.
Magaz. Zool. de Guérin, 1832, Ins., n° 35.

3. The Entomology of Australasia, the Monography of genus *Phasma* (avec planches coloriées).
In-4. London.

4. Descriptions of several Species of Australian *Phasmata*.
Trans. Soc. Entom. of London, t. 1, 1834, p. 45.

GREGORY (G.).
Dictionary of Arts and Sciences.
In-4. London, 1806-7.

GREW (Nehemiah), né à Coventry vers 1628, mort en 1711.

Musæum Regalis Societatis, or a catalogue and description of the natural and artificial rarities, etc.

In-fol. London, 1681.

GRIESBACH (Alexander-William).
On the Existence of natural Genera.
Walker, the Entom. Magaz., n° 3, avril 1832, p. 296.

GRIFFITH (E.).
The Animal Kingdom.

C'est une édition anglaise du *Règne animal* de Cuvier, où l'on a ajouté pêle-mêle tout ce qu'on a trouvé y ayant rapport. Les planches sont traitées de même; on a calqué d'abord celles de l'Iconographie de M. Guérin, et l'on a ajouté ensuite tout ce qui a tombé sous la main.

London, 1830 et suivantes. Il paraît sous deux formats, petit et grand in-8, figures noires ou coloriées.

GROENEVELD (Jo.).
De tuto *Cantaridum* in medicina usu interno.
In-8. London, 1698.
Autre édition, 1703.
Autre édition en anglais, 1706.

GRONAU (Carl-Ludwig).

1. Beyträge zur Naturgeschichte des Schattenfreundes (*Matériaux pour l'histoire des amis de l'ombre;* Phal. Scotophila).

Schriften der Berliner Ges. Naturf. freunde, 4 band, p. 167-170.

2. Beyträge zur Insekten geschichte (*Matériaux pour l'histoire naturelle des insectes*).

Naturforscher, 10 st., p. 108-111.
Fuessly. Neu Entom. Magaz., 1 band, p. 204.

GRONOVIUS (Laurent-Théodore), mort à Leyde en 1778.

1. Zoophylacium Gronovianum (avec 20 planches).
1 vol. in-fol. en trois cahiers. Lugduni Batavorum, 1763-64-81.
Le deuxième fascicule contient les insectes.
Autre édition in-8. Lugduni Batavorum, 1778.

2. Entomologische Bemerkungen (*Remarques entomologiques*).
Naturforscher, 10 st., p. 108.

3. Animalium Belgicorum observatorum (avec 5 pl.).
Cent. 1, 2, 3. Acta Helvet. Phys. medic., t. 5, p. 120-138.
Cent. 4, ibid., p. 138-161.
Cent. 5, ibid., p. 333-373.

GROSIER (l'abbé).
A general Description of China.
In-8. London, 1788.
C'est une traduction.

GRUNDIGS.
Nachricht von allerley Insekten, sonderlich der Heuschrecken (*Mémoire sur toutes sortes d'insectes, et principalement sur les sauterelles*).
Natur. und Kunst-Historie von Obersachsen, 1 band, p. 545.

GRUENDLER (Gottfried-August).

1. Beobachtungen über die Heuschrecken-arten (*Observations sur quelques espèces de sauterelles*).
Naturforscher, 5 st., p. 19-22.

2. Nachricht von einem aus eines todten Raupe auf gewachsenen Räulenschwarm, etc. (*Sur un moyen de détruire les chenilles, etc.*)
Naturforscher, 5 st., p. 73-75.

GRUTZMANN (Joh.).

1. Neugebantes Immenhäusslein, oder Bienenbuch (*Livre des abeilles*).

In-8. Halberstadt, 1660.

Nouvelle édition, 1669.

2. Beschriebung der Bienen und deren Beschaffenheit (*Description des abeilles et de leur manière d'être*).

In-8. Halberstadt, 1680.

GUENÉE (A., de Châteaudun).

1. Notice sur les mœurs de la Chenille d'une espèce de *Nonagria* (Lépid. noct.).

Ann. de la Soc. Entom. de France, t. 2, 1833, p. 447 (avec fig. coloriées).

2. Sur quelques Chenilles des environs de Châteaudun.

Ann. de la Soc. Entom. de France, t. 3, 1834, p. 193.

GUENEAU DE MONTBEILLARD (Philibert), né à Semur en Auxois, en 1720, mort à Paris en 1785.

Mémoire sur la Lampire ou Ver luisant.

Nouv. Mém. de l'Acad. de Dijon, 1782, 2ᵉ semestre, p. 80-98.

GUENTHER (Jo.).

1. Von alterhand Insekten (*De toutes sortes d'insectes*). Bressl. Natur und Kunstgesch. 22 vers., p. 421 et 548.

23 vers., p. 166.

25 vers., p. 176.

26 vers., p. 422.

29 vers., p. 173.

30 vers., p. 514.

33 vers., p. 63 et 304.

Suppl., 11 v., p. 112.

Ces mémoires sont en commun avec HENNING et d'autres auteurs.

2. Von den Bienen (*Sur les abeilles*).
Bresl. Natur. und Kunstgesch., 1724, p. 403.

GUÉRIN (Félix Edouard), né à Toulon en novembre 1779.

1. Note topographique sur quelques Insectes *coléoptères*, et description de deux espèces des genres *Badister* et *Bembidion*.
Bullet. de la Soc. Philom., août 1823, p. 121.

2. Mémoire sur un Insecte du genre *Bolitophile*, avec planche.
Ann. des Sc. Nat., t. 10, p. 399.

3. Descript. du genre *Microphiris* et espèce.
Mag. Zool., 1re ann., 1831, Ins., n° 1.

4. Descript. de la *Phaleria* Ephippiger.
Mag. Zool., 1re ann., 1831, Ins., n° 2.

5. Descript. de la *Mutilla* Senegalensis.
Mag. Zool., 1re ann., 1831, Ins., n° 6.

6. Descript. de l'*Achias* oculatus, Fab.
Mag. Zool., 1re ann., 1831, Ins., n° 7.

7. Descript. du *Tingis* dilatata.
Mag. Zool., 1re ann., 1831, Ins., n° 8.

8. Descript. du genre *Lobœderus* et espèce.
Mag. Zool., 1re ann., 1831, Ins., n° 9.

9. Descript. du *Buprestis* Percheronii.
Mag. Zool., 1re ann., 1831, Ins., n° 10.

10. Descript. du *Cladophorus* lateralis.
Mag. Zool., 1re ann., 1831, Ins., n° 11.

11. Descript. du genre *Gynantocera* (Lépidop. noct.).
Mag. Zool., 1re ann., 1831, Ins., n° 12.

12. Descript. de la *Doriphora* Dejanii.
Mag. Zool., 1re ann., 1831, Ins., n° 14.

13. Descript. de l'*Agrio* fulgipennis.
Mag. Zool., 1re ann., 1831, Ins., n° 15.

14. Descript. de la *Toxophora* Carcelii.
Mag. Zool., 1ʳᵉ ann., 1831, Ins., n° 16.

15. Descript. du *Lampyris* Madagascariensis.
Mag. Zool., 1ʳᵉ ann., 1831, Ins., n° 22.

16. Descript. du *Pelecium* refulgens.
Mag. Zool., 1ʳᵉ ann., 1831, Ins., n° 23.

17. Descript. du *Pimpla* atrata.
Mag. Zool., 1ʳᵉ ann., 1831, Ins., n° 28.

18. Descript. de la *Cassida* tricolor.
Mag. Zool., 1ʳᵉ ann., 1831, Ins., n° 31.

19. Descript. du *Scarites* Goudetii.
Mag. Zool., 1832, Ins., n° 5.

20. Descript. du *Buprestis* aureo pilosa.
Mag. Zool , 1832, Ins., n° 13.

21. Descript. du *Buprestis* scapularis.
Mag. Zool., 1832, Ins., n° 14.

22. Descript. de la *Cetonia* episcopalis.
Mag. Zool., 1832, Ins., n° 21.

23. Descript. de l'*Eurydera* striata.
Mag. Zool., 1832, Ins., n° 22.

24. Descript. du *Buprestis* complanata.
Mag. Zool., 1832, Ins., n° 25.

25. Descript. du *Buprestis* exophthalma.
Mag. Zool., 1832, Ins., n° 26.

26. Descript. du *Buprestis* colliciata.
Mag. Zool., 1832, Ins., n° 27.

27. Descript. du *Buprestis* rotundata.
Mag. Zool., 1832, Ins., n° 28.

28. Descript. du *Buprestis* cassidoides.
Mag. Zool., 1832, Ins., n° 29.

29. Descript. du genre *Calodromus*.
Mag. Zool., 1832, Ins., n° 34.

30. Descript. du *Buprestis* Luczotii.
Mag. Zool., 1833, Ins., n° 65.

31. Descript. du *Buprestis* Goryi.
Mag. Zool., 1833, Ins., n° 62.

32. Descript. du genre *Prionapterus*.
Mag. Zool., 1833, Ins., n° 63.

33. Descript. de l'*Urocerus* Lefebvre.
Mag. Zool., 1833, Ins., n° 68.

34. Descript. de l'*Ontophagus* undatus.
Mag. Zool., 1833, Ins., n° 67.

35. Exposition des espèces du genre *Trigonodactylus* de Dejean.
Mag. Zool., 1833, Ins., n° 73.

36. Descript. de l'*Anisoscelis* alipes.
Mag. Zool., 1833, Ins., n° 75.

37. Descript. de l'*Aterpus* Pipa.
Mag. Zool., 1833, Ins., n° 98.

38. Descript. du *Meloe* Saulcyi.
Mag. Zool., 1833, Ins., n° 100.

39. Mémoire sur deux nouveaux genres de l'ordre des Coléoptères, *Pseudolicus* et *Calochromus* (avec fig. coloriées).
Annales de la Soc. Entom. de France, t. 2, 1833, p. 155 à 160.

40. Mémoire sur les métamorphoses des *Cératopagons*, et description de deux espèces nouvelles de ce genre (avec fig.).
Annales de la Soc. Entom. de France, t. 2, 1833, p. 161 à 167.

41. Dictionnaire classique d'Histoire naturelle; plusieurs articles d'entomologie.

42. Encyclopédie méthodique, partie entomologique; plusieurs articles et l'explication des planches.

43. Voyage autour du monde, par M. Duperrey; sa partie entomologique, avec planches in-fol.

44. Voyage aux Indes orientales, par Ch. Belanger ; partie entomologique, avec 5 planches coloriées, et texte de la page 443 à la page 512.

45. Iconographie du Règne animal de Cuvier.

L'ouvrage paraît par livraisons de 10 planches en noir ou coloriées ; il est actuellement presque complet.

46. Magasin de Zoologie.

Sa partie entomologique forme par année environ 50 planches et le texte explicatif. Il a déjà paru trois années, 1831-32-33. La quatrième est en train.

GUETTARD (Jean-Étienne), né à Étampes le 22 septembre 1715, mort à Paris le 8 janvier 1780.

1. Description de deux espèces de nids singuliers faits par des Chenilles (avec fig.).

Mém. de l'Acad. royale des Sc. de Paris, année 1749 ; mém., p. 163.

Edition in-8. Mém., p. 246.

2. Caractères et espèces de *Pilulaires*.

Mém. de l'Acad. des Sc. de Paris, ann. 1756, Hist., p. 19 ; Mém., p. 176. Edit. in-8, ann. 1756, Hist., p. 29 ; Mém., p. 279.

3. Caractères et espèces des *Trupanières* (Diptères).

Mém. de l'Acad. des Sc. de Paris, ann. 1756, p. 169-176.

4. Extrait d'une dissertation de Linné, intitulée : Diss. mundum invisibilium breviter delineans.

Dans ses Mémoires sur les différentes parties des sciences, t. 2, p. 473.

5. *Papillons*, Chrysalides, Chenilles, distribués en 21 genres.

Acad. royale de Paris, 1749, Mém., p. 186.

6. Mémoire sur l'Échenillage.

Journal de Physique, t. 11, p. 230-247.

GUILDING (Lansdown), mort en 1832 à l'île Saint-Vincent.

1. The natural History of *Lamia* amputator of Fabricius (1 pl. col.).

Trans. Soc. Linnean of London, t. 13, 2ᵉ part., 1822, p. 604.

2. The natural History of *Phasma* cornutum, and the description of a new Species of *Ascalaphus* (1 pl.).

Trans. Soc. Linn. of London, t. 14, 1ʳᵉ part., 1823, p. 157.

3. The natural History of *Xylocopa* Teredo and *Horia* maculata (avec 1 pl.).

Trans. Soc. Linn. of London, t. 14, 2ᵉ part., 1824, p. 313.

4. Observations on the Crepitaculum and the Foramina in the anterior tibia of some *Coleopterous* Insects.

Trans. Soc. Linn. of London, t. 15, 1ʳᵉ part., 1826, p. 153.

5. The natural History of *Oiketicus*, a new and singular genus of Lepidoptera (avec 3 pl. col.).

Trans. Soc. Linn. of London, t. 15, 2ᵉ part., 1827, p. 371.

6. The generic Characters of *Formicaleo*; with the descriptions of two new Species.

Zool. Journal, n° 12, p. 599.

Trans. of the Linnean Society, vol. 16, 1829, 1ʳᵉ part., p. 47.

7. An account of *Margarades*, a new Genus of Insects found in the neighbourhood of Ants Nest (1 pl.).

Trans. Soc. Linn. of London, t. 16, 1ʳᵉ part., p. 115.

GULLANDER (Pehr).

Svar på den af K. Vetensk. Academien andra gangen framstälda fråga om Biskölsel (*Réponse à la question proposée pour la seconde fois par l'Académie royale, sur l'éducation des abeilles*), conjointement avec Hagström.

In-8. Stockholm, 1773.

GUTIKE (Conr.-Dietr.).

Vom Wassermottengehäuse (*Sur le tuyau des teignes d'eau*), conjointement avec MYLIUS.

Physikal Belustigung, 8 st., p. 629.

GYLLENHAL (Léonard).

Insecta Suecica descripta.

1 vol. in-8 divisé en 4, qui ont paru de la manière suivante :

1re partie, 1808, Scaris.

2e partie, 1810, Scaris.

3e partie, 1813, Scaris.

4e partie, 1827, Lipsiæ.

L'ouvrage ne contient que des Coléoptères.

H

HAAS (Johann-Adam von).

Beobachtungen über den Rinden oder Borkenkäfer, und die daher entslehende baumtrockniss, oder abstand der ficht-walder (*Dissertation sur la bête à corne ou bostriche*).

In-8. Erlangen, 1793.

HAGENBACH (Jacobus-J.).

1. Symbolæ Faunæ Insectorum Helvetiæ.

Fasc. 1, 15 pl. col. In-12. Basileæ, 1822.

2. *Mormolyce*, novum coleopterorum genus (avec 1 pl.).

In-8. Nurembergæ, 1825.

Annales des Sc. Nat., t. 6, p. 500.

3. Insecta *Coleoptrata* quæ in itineribus suis, præsertim Alpinis, colligerunt D. H. Hope et F. Hornschuch, cum notis et descriptionibus J. Sturm et J. Hagenbach (avec 1 pl. col.).

Nova Acta Academiæ Naturæ Curiosorum, Bonn., 1825, t. 12, 2ᵉ part., p. 377-490.

HAGENDORN (Enfroy), né à Wolau, en Silésie, le 22 jan-vier 1640, et mort à Groerlitz le 27 février 1692.

1. *Vermiculi* in fungis cynobasti inventi.

Ephem. Nat. Curios., dec. 1, ann. 2, obs. 189, p. 291.

2. De mira *Vermiculorum* in spongiis cynobasti metamor-phosi.

Ephem. Nat. Curios., dec. 1, ann. 3, obs. 217.

HAGENDROPHINUS (Chr.).

Declamatio in laudem ebrietatis et encomium *Muscæ*, trad. de Lucien.

In-8. Hagenoæ, 1526.

HAGSTROM (Johann. Otto.).

1. Pan Apum, eller afhandling om de orter af hvilka Bien hälst draga deros Honnung och Vax (*Pan des abeilles, ou moyen de les nourrir quand elles sont privées des plantes où elles récoltent la cire et le miel*).

In-8. Stockholm, 1768.

2. Sur les *Abeilles* (*Voy.* Gullander).

In-8. Stockholm, 1773.

HAHN (Carl.-Wilh).

Die Wanzenartigen Insecten (*Sur les punaises*).

In-8. Nurnberg, 1833 et suivantes.

L'ouvrage paraît par cahiers, contenant chacun 6 planches coloriées et le texte explicatif; le premier volume, composé de six cahiers, a paru en 1831, 32 et 33. Il en a paru 5 cahiers du 2ᵉ volume en 1833-34.

HAHN (Petrus).

Diss. de vera Insectorum vulgo sponte nascentium genesi. Resp. N. Kjellberg.

In-8. Aboæ, 1703.

HALE (Gulielmus-Pusey.).

Diss. inaug. quædam de *Cantharidum* natura et usu complectens.

In-8. Lugd., Batav., 1786.

HALIDAY (A.-H.).

1. Notices of Insects, taken in the north of Ireland.

Zool. Journ., t. 3, 1828, p. 500.

2. Catalogue of *Diptera* occurring about Holyrrood in Downshire.

Walker. Entom. Mag., n° 2, janvier 1832, p. 147-180.

3. An Essay on the classification of the parasitic *Hymenoptera* of Britain, which correspond with the Ichneumones minuti of Linnæus.

Walker. Entom. Magaz., n° 3, avril, 1833, p. 259-276.

Suite, n° 4, juillet, p. 333-350.
Suite, n° 5, octobre, p. 480-491.
Suite, n° 6, janvier 1834, p. 93-106.
Suite, n° 8, juillet, p. 326-259.

4. Notes on the *Bethyli* on *Dryinus* pedestris.
Walker. Entom. Magaz., n° 7, avril 1834, p. 219.

HAMILTON (Carl.)
Descriptio Vermium in insulis Antillis qui cannis saccariferis damnum intulerunt.
Comment., Noriberg, 1734, p. 179.

HAMMER (L.)
1. Notice sur le *Typographe*.
Journ. de la Soc. des Sc., Agricult. et Arts du départ. du Bas-Rhin, 1826, n° 3, p. 297.

2. Liste des Animaux indigènes du départ. du Bas-Rhin.
C'est une notice ajoutée à l'ouvrage de M. Aufschlager, intitulé : *Description historique et topographique de l'Alsace.*

HAMMERCHSMIDT.
1. De Insectis agriculturæ damnosis utilibusque.

2. Observationes Physicologicæ-Pathologicæ de plantarum gallarum ortu, insectis excrescentia proferrentibus.

HANOW.
1. Anmerkungen von Heuschrechen (*Remarques sur les sauterelles*).
Merkwürdigk, 1 band, p. 327.

2. Von einem Schröotwurme (*Sur un ver de blé*).
Merkwürd., 1 band, p. 354.

3. Von Käfern und besonders Wasserkäfern (*Des scarabées et principalement des scarabées d'eau*).
Merkwürd., 1 band, 339 et 364.

4. Beschreibung verschiedener Raupen (*Description de plusieurs chenilles rares*).

Merkwürd., 1 band, p. 357.

Danzig. Nachr., 1754, p. 192.

5. Von den Wespen und Hummeln (*Sur les guêpes et les bourdons*).

Merkwürd., 1 band, p. 388.

6. Von Fliegen und einer besondern Fliegen hülse (*Sur les mouches et principalement sur une mouche des cosses*).

Merkwürd., 1 band, p. 443, et 3 band, p. 152.

7. Von der Todtenuhr, Ochsenlauss und einigen andern ungezeifern (*Sur l'horloge de la mort, et quelques autres poux peu visibles;* Psoque).

Merkwürd., 1 band, p. 453.

8. Von etlichen hiesigen Teichschwämmen und den darinnen befindlichen Wespenartigen Wasserthierchen (*De quelques tuyaux en forme d'éponge d'animaux aquatiques, et de quelques guêpes qui ont été trouvées dedans*).

Merkwürd., 1 band, p. 615.

9. Von dem Hecknestern, welche Schlaffkurzen genannt werden (avec fig.).

Merkwürd., 3 band, p. 168.

10. Von verschiedenen Käfern (*De différents scarabées*)

Bresslaw. Natur. und Kungstges, 4 v., p. 965; 20 v., p. 490; 28 v., p. 622.

11. Von Schneewürmern (*Sur des vers de neige;* Podure).

Frank. Samml., 4 band, p. 54.

HANSEMANN (J.-M.-A.).

Anfang einer Auseinandersetzung der Deutschen arten der gattung *Agrion* (*Commencement d'une détermination des espèces du genre Agrion propres à l'Allemagne*).

Wiedemann, Zool. Magaz., 2 band, 1 st., 1823, p. 148.

HARDWICK (Thomas).

1. Description of a Species of *Meloe*, an insect of the first or *Coleopterous* order in the Linnean System.
Asiatic Researches, vol. 5, édit.oct., p. 213-425.

2. Description of a new genus of hemipterous Insect (fam. Reduviardæ) *Ptilocerus*.

3. Description de la *Ceramie* longicorne.
Trans. Soc. Linn. of London, vol. 14, part. 1ʳᵉ, 1823.

4. Of three new insects from Nepaul (Panorpe, Gerris, Pangonie), avec 2 pl. noires.
Trans. Soc. Linn., t. 14, part. 1ʳᵉ, 1823, p. 131.

5. Observations on the loves and the Ants, and the Aphides (*Observations sur les fourmis et les pucerons*), avec fig.
Zool. Journal, t. 4, 1828, p. 113.

HARRER (Geor.-Albrecht).
Beschreibung derjenigen Insekten, Welche D. Schäfer in etc., 1 theil. harlschaalige Insekten (*Description des insectes que le D. Schœffer a publiée*), 1ᵉʳ cahier, Insectes coléoptères.

HARRIS.
Description de trois espèces du genre *Cremastocheilus*.
Journal of the Acad. of Nat. Sc. of Philadelphia, t. 5, p. 381.

HARRIS (Moses).
1. The english Lepidoptera; or Aurelian's pocket companion, containing a catalogue of upward of 400 moths and Butterflies.
In-8, 1765
L'ouvrage forme un catalogue de 400 espèces de chenilles et papillons.

2. The aurelian or natural History of english Insects namely moths and Butterflies (*Les chrysalides, ou histoire natu-*

relle des insectes anglais appelés papillons, etc.), avec 45 planches coloriées.

In-fol. London, 1766.

Autre édition, 1778.

La planche 45 contient le détail de toutes les parties d'un papillon; chaque cellule des ailes y est désignée sous un numéro particulier.

3. An Essay, wherein are considered the Tendons and Membranes of the wings of Butterflies (*Essai sur la manière de voir les tendons et les membranes des ailes dans les papillons*), avec 7 pl. col.

In-4. London, 1767.

4. An Exposition of english Insects (*Exposition des insectes anglais*).

In-4. London, 1776.

Autre édition, 1782.

L'ouvrage se compose d'un texte à deux colonnes, anglais et français, et de 50 planches coloriées de la plus belle exécution, contenant des papillons et d'autres insectes; les nervures des ailes y sont exactement figurées. Je crois que l'ouvrage a paru par décades.

HARRISSON (John).

1. Two Letters concerning a small Species of Wasps (*Deux lettres concernant une petite espèce de guêpe*).

Philos. Trans., vol. 47, 1751, p. 184-87.

Gentlemans Magaz., vol. 24, p. 410.

2. The admirable art and industry of Insects.

Urbans Gentlem. Magaz., vol. 24, p. 410.

HARTLIEBS.

Common Wealths of Bees (*Richesse commune des abeilles*).

In-4. London, 1655.

HARTMANN.

Diss. *Meloas* antilyssicas. Resp. J. G. Pauli.

In-4. Francof.-O., 1778.

HASSELQUIST (Fried.), né à Taernvalla, dans la Gothie orientale, le 14 janvier 1722, et mort à Smyrne le 9 février 1752.

1. An Locustæ ab Arabicis cibi loco adhibeantur.
Schwed. Akad. Aband., 1752, p. 81.

2. Iter Palestinum, eller Resa til., etc.
In-8. Stockholm, 1757.
Il y est traité des insectes, de la page 408 à la page 441.
Edition allemande, in-8. Rossoek, 1762.
Edition anglaise, in-8. London, 1766.
Edition française, 2 vol. in-12. Paris, 1769; sans les descriptions.
La portion des insectes en allemand : Hamburg Magaz., 8 band, p. 160.

HASSELT (Wilhelm-Hendrik van).
1. Proeven omtrent het opvoeden van Zyvormen, en het aanwinnen van Zyde, in Gelderland genomen.
Verhandel. van de Maatsch. te Haarlem, 17 deels, 2 st., p. 34-126.

2. Dagverhaal nopens het uitbrocijen der Zywormen, en het opvoeden derserve in het jaar 1776.
Verhand. van de Maatsch. te Haarlem, p. 3-24.

HATCHETT (J.).
1. A Short account of some rare British *Moths*, with descriptions from *Lepidoptera* Britannica now in the press.
Trans. of the Entom. Society of London, 1812, p. 244.

2. An account of some rare British *Moths*, with descriptions from *Lepidoptera* Britannica.
Trans. of the Entom. Soc. of London, 1812, p. 327.

HATTORF (Johann).
Physikalische Unterzuchung und Erfahrungen ob die Königinn oder Weiser den Drohnen befruchtet werden musse?

(*Recherches et observations pour savoir s'il est nécessaire que la reine des abeilles soit fécondée par les bourdons*).

Abhandl. der Oberlaus. Bienengesel, 3 samm., 1768-69, p. 13.

HAUHART.
Du combat des Fourmis.

Zeitschrift de Basler Hochschule, 1825, p. 62.

HAUSMANN (Johann-Frieder.-Ludov.).
1. Bemerkungen über *Lygeus* apterus Fabricii (*Remarques sur le Lygeus apterus de Fabr.*).

Magaz. zur Insekten, 1 band, 1802, p. 229.

2. Beyträge zu den Materialien für eine Künftige Bearbeitung der Gattung der Blattläuse (*Matériaux pour servir à la refonte future du genre puceron*).

Magaz. zur Insekten, 2 band, 1802, p. 426.

HAVENS (Jonathan-N.).
Observations on the Hessian fly.

Trans. Act. of the Soc. of New-York, part. 1ʳ, p. 89-107.

HAWORTH (Adrien-Hardy), mort en 1834.
1. Prodromus Lepidopterorum Britannicorum a concise catalogue of British Insects.

In-4. Holt, 1802.

2. Lepidoptera Britanniæ, sistens digestionem novam Insectorum lepidopterorum quæ in magna Britannia reperiuntur.

In-8. London.

L'ouvrage a paru en quatre parties en 1803, 1809, 1811, 1828. Les espèces décrites s'élèvent au nombre de 1450.

3. Review of the Rise and Progress of the Science Entomology in Great Britain, chronologically digested.

Trans. of the Entom. Soc. of London, 1812, p. 1.

4. A Brief account of some rare and interesting Insects, not hitherto announced as inhabitants of Great Britain.
Trans. of the Entom. Soc. of London, 1812, p. 75.

5. Observations on three Species of *Lepidoptera* figured in the British Insects of Donovan.
Trans. of the Entom. Soc. of London, 1812, p. 241.

6. On account of the genus *Coccinella*.
Trans. of the Entom. Soc. of London, 1812, p. 257.

7. Observations on the *Coccus* vitis.
Trans. of the Entom. Soc. of London, 1812, p. 257.

8. A Brief account of some rare Insects announced at various times to the society, as new to Britain.
Trans. of the Entom. Soc. of London, 1812, p. 332.

HAYMANN (Chr.-Jo.-Gotter).
Die Schmetterlinge als lehrer der Menschen (*Les papillons, comme exemple aux hommes*).
In-4. Friedrichstadt, 1784.

HEBENSTREIT (Johann-Ernst), médecin naturaliste, né à Neustadt-sur-l'Orle le 15 février 1703, mort à Leipzig le 5 décembre 1767.

1. Programma de Vermibus anatomicorum administratis.
In-4. Lipsiæ, 1741.

2. Programma de Insectorum natalibus, 1 planche.
In-4. Lipsiæ, 1743.
Ludwig. delect. Opuscul., vol. 1, p. 106-117.

3. Programma sistens historiæ naturalis Insectorum institutiones proponens, avec 2 pl.
In-4. Lipsiæ, 1745.

4. Nöthige vorsicht gegen Würmer und Insekten (*Précautions nécessaires contre les vers et les insectes*).
Danziger Wöchentl. auz. 1780.

HEBENSTREIT.

1. De Locustis agmine immenso aerem nostrum implenti-
bus et quid protendere putentur (avec 1 pl.). Resp. Brauge.
In-4. Jenæ, 1693.

2. De Remediis adversus locustas. Resp. B. G. Lippoldt.
In-4. Jenæ, 1793.

HECQUET (Philippe), né à Abbeville le 11 février 1661, mort à Paris le 11 avril 1757.

1. Epistola ad Vallisnerium de generatione Insectorum;
jointe à son Traité de l'abus des purgatifs.
In-12. Paris, 1729.

2. Von der fortplanzung in den Eyer nerstern einiger hör-
ner und zu Insekten (*Sur la propagation dans les nids d'œufs
de quelques vers et insectes marins?*).
Comment. Haarlem, t. 4.
Œkonom. Physik. Abhandl., 18 th., p. 395.

HEGETSCHWEILER (Jean-Jacques).

Dissertatio inauguralis Zootomica de Insectorum genita-
libus.
In-4. Turici, 1820.

HEINEKEN (Charles).

1. Descriptions of a new genus of *Hemiptera* and of a
Species of *Hegeter,* avec figures.
Zool. Journal, t. 5, 1828, p. 35.

2. Observations sur la reproduction des membres des
Araignées et des Insectes.
Zool. Journal, janv.-mai 1829, n° 16, p. 422-32.

3. Entomological Notices.
Zool. Journal, t. 5, 1830, p. 191.

HEISE (Johannes-Gottlob).

Diss. inaug. de noxio Insectorum effectu in corpus hu-
manum.
In-4. Halæ, 1757.

HEISTER (Laur.).

De *Pediculis* seu *Pulicibus* muscarum.

Ephem. Nat. Curios., vol. 1, obs. 186, p. 409.

HELFER (J.-G.).

Nova Species Europæa *Trichidum* (avec fig. col.).

Annales de la Soc. Entom. de France, t. 2, 1833, p. 495.

HELL.

Von abhalten der Kornwurmer durch das salz (*Moyen d'é-carter des charançons avec du sel*).

Mém. et Obs. de la Soc. économique de Berne, 2ᵉ vol., 1788, n° 5.

HELLENIUS (Carl-Nicolas).

1. Försök till Beskrifning på et nytt genus bland Insecterna, som kunde kallas Serropalpus (*Essais de descriptions pour la connaissance des différents genres d'insectes et établissements du genre Serropalpus*).

Vetenskaps Acad. Nya Handl., ann. 1786, t. 7, s. 310-319.

New. Schwed. Acad. Abhandl., Ins., 1786, s. 273.

2. Specimen Calendarii Flora et Faunæ Aboënsis. Resp. F. G. Ynstander.

Aboæ, 1786.

HELLWIG (Joh.-Christ.-Ludow.).

1. Eine den Hofrath HELLWIG vorgelegte und von ihm beautwortete frage : Wie den Verheerungen des Kornwurms zu begegen sey ? (*Question proposée au conseiller Hellwig, et à laquelle il a répondu : Quel moyen pourrait-on employer pour s'opposer aux ravages des vers du blé*).

2. Fauna etrusca, Petri Rossii iterum edita et annotis perpetuis aucta (*Voy.* Illiger).

T. 1ᵉʳ, in-8. Helmstadii, 1755.

3. Neu gattungen im Entomologischen System (*Nouveaux genres dans le système entomologique*).

Schneider, Entom. Magaz., 1 band, p. 385-408.

HENNERT (C.-W.).

Ueber den *Raupenfrass* und Wind Brüch in den jahre:
1791 bis 1794. (Chenilles).

In-4. Berlin, 1797.

HENNICKE (Craton.-Godofr.).

Insecta volantia ab infante anniculo per os et alvum red-
dita (avec fig.).

Nova Acta Nat. Curios., t. 2, 1761.

HENTZ.

Nouvelles espèces d'Insectes (*Coléoptères*) de l'Amériqu e
du nord (avec fig.).

Journal of the Acad. of Nat. Sciences of Philadelphia,
vol. 5, p. 373, février 1827.

HERBST.

Un auteur de ce nom a donné un ouvrage sans titre et sans
date, au frontispice duquel est cette devise :

Vivitur ingenio , cætera mortis erunt.

Dans cet ouvrage il est principalement traité des plantes
et des insectes.

HERBST (Johann-Friedrick-Willehlm), célèbre entomo-
lo giste allemand, né le 1er novembre 1743 à Petershagen, mort
à Berlin en 1807.

1. Beschreibung aller Pracht-Käfer die so viel bekannt
ist bisher bey Berlin (*Description de tous les Buprestes trouvés
jusqu'à présent aux environs de Berlin,* etc.), 12 espèces.

Schriften des Berliner Ges. Naturf. freund., band 1, p. 85-
100.

2. Beschreibung und Abbildung einiger theils neuer, theils
noch nicht abgebildeter Insekten (*Description de quelques insectes en partie nouveaux, en partie non encore figurés;* Coléoptères).

Beschaftig. der Berlin Ges. Naturf. freund., band 4, 1775-
79, p. 314.

3. Archiv. der Insekten geschichte (*Archives de l'histoire des insectes*), avec 54 planches coloriées.

8 fasc. in-4. Zurich, 1781-86.

Cet ouvrage a été publié par Fuessly.

Edition française, in-4. Winterthour, 1794.

4. Kritisches Verzeichniss meiner Insekten Sammlung (*Catalogue critique de la collection de l'auteur*), avec planches coloriées.

Archiv. der Insekten geschichte, p. 196.

5. Plan zu einer Entomologischen Republik (*Plan d'une république (société) entomologique*).

Fuessly. Neu Entom. Magaz., band 1, 1782, p. 1.

6. Bemerkungen über Laichartaings verzeichniss (*Remarques sur le catalogue de Laichartaing*).

Fuessly. Neu Entom. Magaz., 1 band, 1781, p. 307-25.

7. Berichtigung derer Schröter's abhandlungen über verschiedene gegenstände der Naturgeschichte (*Rectifications pour des dissertations de Schröters sur différents objets d'histoire naturelle*).

Fuessly. Neu Entom. Magaz., band 1, 1781, p. 333-44.

8. Natur system des Schmetterlinge (*Système naturel du genre papillon de* Linné), avec 124 planches coloriées.

7 vol. in-8. Berlin, 1783 à 1795.

La plupart des figures ne sont que des copies d'autres ouvrages.

9. Kurze einleitung zur Kenntnis der Insekten für Ungeübte und anfänger (*Courte introduction pour la connaissance des insectes, à l'usage des commençants*), avec 56 pl. col.

5 vol. in-8. Berlin und Stralsund, 1784-87.

Chaque volume est composé de 4 cahiers; ils forment les tomes 6, 7 et 8 de l'ouvrage de Borowsky, intitulé : *Gemeinnuetzige Naturgeschichte des Thierreisches* , en 10 vol. in-8. Berlin, 1780-88.

10. Natur system aller bekanten In und Auslandischen In-

sekten (*Système naturel de tous les insectes connus, naturels et étrangers*).

10 vol. in-8. Berlin, 1783-95.

L'ouvrage a paru en 40 cahiers ou 10 volumes, et est accompagné de 109 planches coloriées; 6 volumes sont consacrés aux coléoptères, le reste aux lépidoptères. L'ouvrage a été commencé par JABLONSKY, et seulement continué par HERBST.

11. Entomologische Bemerkungen aus verschiedenen Academischen Schriften (*Observations entomologiques prises sur les mémoires des différentes académies*).

1ʳᵉ partie. Académie des Sciences de Paris.

Fuessly. Neu Entom. Magaz., band 1, p. 121; band 2, p. 1-16.

2ᵉ partie. Académie des Sciences de Suède.

Fuessly. Neu Entom. Magaz., 2 band, p. 16-27. Suite, p. 345-364; 3 band, p. 35-91.

12. Insekten Belustigungen (*Récréations sur les insectes*) coléoptères.

2 volumes.

13. Muthmassung über die Ursachen der Abweichungen bey den Insekten (*Conjectures sur la cause des aberrations dans les insectes*).

Lichtenbergs Magaz., 1 band, 4 st., p. 109.

Schrift. der Berlin. Ges. Naturf., 2 band, p. 41-55.

HERMANN (Johann.).

1. Drey Preisschriften, die den Urkunden und Büchern in archiven und bibliothecken Schädlichen Insekten betrefende (*Trois mémoires, en commun avec* FLADD, *sur les documents et livres concernant les insectes nuisibles qui se trouvent dans les archives et les bibliothèques*).

In-4. Hannover, 1775.

Le premier de ces mémoires en italien : Opuscoli Scelti, t. 1, p. 28-37.

2. Remedium quo libri conservantur o vermium Insecto-
rumque depredationibus.

Urbans. Gentlem. Magaz., vol. 24, p. 73.

HERMANN (Jean-Frédéric).
Mémoire aptérologique (avec pl. col.).
In-fol. Strasbourg, an 12 (1804).

HERMBSTAEDT.
Anmerkungen über die Bezeitung der Ameisensaeure (*Sur
la préparation de l'acide formique*).
Crells. Chym. Annal., 2 band, p. 209.

HERNANDEZ (don Francisco-Garcia).
Nuevo discurso de la generacion de Plantas, Insectos,
Hombres y Animales.
In-4. Madrid, 1767.

HEROLD (Friedrick).
Wahrscheinliche Muthmassungen von der Bestimmung
und Entstehungs art den Drohnen unter der Bienen (*Suppo-
sition vraisemblable sur la destination et la formation des bourdons parmi les abeilles*).
Abhandl. der Frank. Bienen Gesell., 1772-73, p. 177-272.
Et in-8. Nurnberg, 1774.

HEROLD (Mauritius).
1. Entwickelungs geschichte der Schmetterlinge anato-
misch und physiologisch bearbeitet (*Histoire du développement
des lépidoptères, traité anatomiquement et physiologiquement*).
In-4. Cassel und Marburg, 1815.
En extrait : Magaz. Entom. de Germar, 2 band, 1817,
p. 305.

2. Physiologische Untersuchung über das Rückengefaess
des Insekten (*Recherches physiologiques sur le vaisseau dorsal
des insectes*).
Schriften der Gessell. zur Befoïd. der Gesam. Natur. zu
Marburg, 1823, 1er vol., 1re part., p. 41.

HETTLINGER.
Lettre sur une *Phalène* hermaphrodite.
Journal de Physique, t. 26, p. 268-271.

HEUVEL (van der).
Remarques sur les abeilles d'Amérique.
Isis, 1823, 6, p. 679.

HEYDEN (de).
1. Sur deux poches abdominales propres au mâle de l'*Epia-lus* hectus (lépidopt.).
Isis, 1830, cah. 5, 6, 7, p. 718.
2. Extrait de l'ouvrage de P.-F. Bouché sur les Insectes utiles et nuisibles.
Revue Entom. de Silbermann, t. 2, 1834, p. 47.

HEYER.
Sonderbare Erscheinung aus der *Pepsis* Lutaria (*Apparition singulière du Pepsis Lutaria*).
Magaz. Entom. de Germ., 4 band, 1821, p. 409.

HEYSHAM (John).
An account of a painful affection of the antrum maxillare, from wich three Insects were discharged (conjointement avec Salham).
Medical communications, vol. 1, p. 430.

HIERNE (Urb.).
Tentamen de Duplici *formicarum* sale tum acido tum volatili.
Tentamen Chemicis, t. 2, p. 4.
In-8. Stockholm, 1753.

HILDANUS (Fabr.).
De noxis ex *Cantharidibus*.
Observats., cent. 6, obs. 98 à 99.
Edit. operum, in-fol. 1682, p. 631.

HILL (Thomas).

A profitable instruction of the perfect ordering of Bees (*Instruction pour tirer parti des abeilles*).

Imprimé dans son ouvrage intitulé : Art du Jardinier.

In-4. London, 1574.

In-4. London, 1579.

HILL (John), naturaliste anglais, né vers l'an 1716, mort à Londres vers 1775.

1. A general natural History of Animals (avec 28 planches en couleur).

3 vol. in-fol. London, 1748-51-52.

Autre édition, 3 vol. in-fol. London, 1773.

2. A Decade of Curious Insects (avec 10 planches).

In-4. London, 1773.

Fabricius regarde les planches de cet ouvrage comme de fantaisie; c'est une question que l'on peut examiner de nouveau, maintenant que l'on possède tant de matériaux que lui-même ne connaissait pas.

3. A Review of the Works of the royal Society of London.

In-4. London, 1761.

Ce volume contient une critique peu mesurée des travaux de la Société royale de Londres.

4. Essays in natural History, concerning a series of discoveries by the assistance of microscopes.

Il a été donné des extraits, en allemand, de cet ouvrage, dans le Magasin de Hambourg, des parties qui regardent les insectes.

5. De la nature et de la propriété de l'Insecte habitant le tronc des arbres fruitiers (Cossus ?).

En allemand : Magas. de Hambourg, 12 band, p. 1.

6. The Book of natur, or the history of Insects.

In-fol. London, 1758.

C'est un abrégé ou plutôt une traduction de la Biblia naturæ de Swammerdam.

HIRE (de la).

1. Description d'un Insecte qui s'attache à quelques plantes étrangères et principalement aux orangers (conjointement avec Sedileau), Coccus.

Mémoires de l'Académie des Sciences de Paris, t. 2, p. 116; t. 10, 1666-69, p. 10-14.

2. Nouvelle découverte des yeux de la Mouche et autres Insectes volants, faite à la faveur du microscope.

Mém. de l'Acad. des Sc. de Paris, t. 10, p. 609.

Journal des Savants, 1678, p. 358 (avec fig.).

3. Description d'un Insecte qui s'attache aux mouches (avec fig.).

Mém. de l'Acad. des Sc. de Paris, 1692, p. 11.

4. Observations sur les Pucerons.

Mém. de l'Acad. des Sc. de Paris, 1703, Hist., p. 16; édit. in-8, p. 19.

5. Nouvelles remarques sur les Insectes des orangers (conjointement avec Sedileau).

Mém. de l'Acad. des Sc. de Paris, 1704, p. 45-42; édition in-8, p. 60.

HOBHOUSE (John-Cam.).

Some account of a Journey into Albania, Romelia, and other provinces of Turkey in 1809 and 1810.

In-4. London, 1812.

HOCHENWARTH (Siegmund von).

Beitrage zur Insekten geschichte (*Matériaux pour l'histoire des insectes*).

Schriften der Berliner Gesellschaft Naturforscher freunde, band 6, p. 134-160.

HODIERNA (J.-B.).

Dell' Occhio della Mosca.

In-4. Panornis, 1644.

HOEFER (Uberto).

Memoria sull' Estirpazione d'alcuni Insetti.

Opuscoli Scelti, t. 10, p. 173-178.

HOEFNAGEL (D.-Jacob).

1. Diversæ Insectorum volatilium Icones advivum accuratissime depictæ (14 pl. col.).

In-4 oblong. Francofurti ad Mœnum, 1630.

2. Archetypa Insectorum (48 pl.).

4 vol. in-fol. Francofurti ad Mœnum, 1692.

Linné donne à cet ouvrage tantôt 16 planches, tantôt 12 ; Frisch ne lui en accorde que 14, et il parle de leur beauté. Il est probable qu'ils ont entendu parler de l'ouvrage précédent.

HOEGSTROEM (Peder).

Beskrivelse over under Sverriges Krone liggende Lapmarker (*Description des états de la couronne de Suède, y compris la Laponie*).

Kiöbenhavn, 1748.

HOEPFNER (Nic.).

Die neue böse Pest, der grosse und ominöse Fliegenschwarme (*La nouvelle peste, ou essaims de grosses mouches*).

In-4. Jena.

HOEVEN (J. van der).

1. Description systématique de quelques espèces d'Insectes du nord des Pays-Bas.

Bijdragen tot de Natuurkund. Wetenschappen, t. 1, n° 4, 1826, p. 431.

2. Sur les crochets des ailes chez les *Sphinx* et les *Phalènes* (avec figures).

Bijdragen tot de Natuurkundige Wetenschappen, t. 11, n° 2, p. 273.

3. Remarques sur l'organisation interne du *Taupe-grillon*.
Bijdragen tot de Natuurkundige Wetenschappen, t. 5,
cah. 1, p. 99.

4. Handboek der Dierkunde (*Manuel pour servir à un cours
de zoologie*).
4 vol. in-8. Rotterdam, 1828.
Le 1ᵉʳ vol., 2ᵉ livraison, comprend les animaux articulés.

5. Sur un nouveau caractère pour distinguer les *Libellules*
des *Æshnes*.
Annales des Sc. Nat., t. 15, 1828, p. 423.

HOFFMANN (J.-J.).
Entomologische Hefte (*Recueil entomologique*), conjointement avec J.-D.-W. Koch, P.-W.-J. Müller, et J.-M. Linz
(avec 3 pl. col.).
1ᵉʳ et 2ᵉ cah. in-8. Frankfurt aus Mein, 1803.

Cet ouvrage contient une monographie des *Histers*, 34 espèces; une monographie des *Anticus*, 54 espèces; et une
monographie des *Doratomus*, 3 espèces.

HOFFMANSEGG (Johann.-Centurius de).
1. Bemerkungen über die Europäischen arter der Schmetterlinge (*Remarques sur les lépidoptères d'Europe publiés par
Herbst dans le 10ᵉ volume de son Système naturel*).
Illiger's Magaz. zur Insektenk., 2 band, 1802, p. 446.

2. Alphabetische Verzeichniss zu J.ᵍHübners abbildungen
der Papiliones (*Catalogue alphabétique des figures de papillons
de Hubner*).
Illiger, Magaz. zur Insekt., 3 band, 1804, p. 181.

3. Erster nachtrag zu Verzeichniss von Hübners (*Premier
supplément au catalogue des papillons d'Hubner*).
Illiger, Magaz. zur Insekt., 5 band, 1806, p. 176.

4. Entomologische Bemerkungen über Amerik Insekt

(*Remarques entomologiques sur les insectes de l'Amérique, du Recueil d'observations zoologiques de Humboldt*).

Wiedem. Zool. Magaz., band 1, st. 1, 1817, p. 8.

Suite, Wiedem. Zool. Magaz., band 1, st. 2, 1818, p. 49.

HOFFMANUS (Godofredus-Daniel).

Observationes circa *Bombyces* Sericum et Moros, ex antiquitatum, depromptæ.

In-4. Tubingæ, 1757.

HOISTER (Laurentius).

De Muscarum Pediculo.

Acta Physico medica, vol. 1, p. 409; obs. 186, tab. 11, fig. 6.

HOLLAR (Wenceslas), né à Prague en 1607, mort à Londres en 1677.

Muscarum, Scarabeorum, vermiumque variæ figuræ, ad vivum coloribus depictæ (16 planches).

Antverpiæ, 1646.

HOLMBERGER (Petrus).

Et kort utkast om Svenska Insecters Winterquater (*Court aperçu sur l'hivernage des insectes de Suède*).

In-8. Norrköping, 1779.

En allemand : Fuessly. neu Entom. Magaz., 3 band, p. 1-32.

HOMBERG (Guillaume), né à Batavia le 8 janvier 1652, mort à Paris le 24 septembre 1715.

Observations sur cette sorte d'insecte qui s'appelle *Demoiselle* (avec 1 pl.).

Mém. de l'Acad. des Sc. de Paris, 1699, p. 46-95.

HOMEYERS.

Abhand. Sollte die Drohnen Wirklich das Männchen der Biene seyn (*Dissertation : Les bourdons seraient-ils effectivement les mâles des abeilles*).

Hannov. Magaz., 1768, 71 st.

HOOKE (Robert), né dans l'île de Wight en 1635, mort à Londres en 1703.

1. Micrographia or some philosophical Descriptions of minutes Bodies, etc. (avec 38 planches).

In-fol. London, 1665-67.

2. Philosophical Collection.

Cet ouvrage se compose de 7 numéros, qui sont destinés à combler la lacune existant dans les Transactions Philosophiques, qui ont été plusieurs années sans paraître.

HOOKER.

Journal of a tour in Iceland in the summer of 1809.

In-8. Yarmouth, 1811.

HOPE (F.-W.).

1. Sinopsis of the new Species of Nepaul Insects in the collection of major-general Hardwicke.

Fasc. in-8. Extrait du Zoological Miscellany de Gray, 1821.

2. Description of some hitherto no characterized exotic *Coleoptera*, chiefly from New-Holland (avec 2 pl. col.).

Trans. Soc. Entom. of London, t. 1, 1834, p. 11.

3. Notice of several Species of Insects found in the Heads of Egyptian mummies.

Trans. Soc. Entom. of London, t. 1, 1834; journal, p. 11.

HOPP (Joachim).

Diss. de Educi *Locustarum* pernicie. Resp. Martini.

In-4. Jenæ, 1682.

HOPPE (David-Henry), né à Vilsen, dans le Hanovre, a principalement écrit sur la botanique.

1. Enumeratio Insectorum *elytratorum* indigenorum circa Erlangam (avec pl. col.).

In-4. Erlangæ, 1795.

Cet ouvrage est regardé comme utile pour l'étude des *Donacies*.

2. Entomologisches Taschenbuch für die anfanger und liebhaber dieser Wissenschaft (*Manuel d'entomologie pour les commençants et amateurs de cette science*).

In-8. Ratisbonne, 1796.

In-8. Idem, 1797.

HOPPE (Tobias-Cunrad).

1. Anmerkungen über die so genannten Todtener... Insekten (*Remarques sur l'insecte appelé Horloge de la mort; Psoque ou Vrillette*).

In-4. Geræ, 1745.

Autre édition in-4. Volfeub., 1747.

2. Einige Nachrichte von den sogenannten Korn-rosen, und Wasser jungfern (*Quelques remarques sur les insectes appelés Cerambyx et Demoiselles*).

In-4. Leipzig, 1748.

3. Antwert Schreiben auf die ienigen zweifel welche H. Schreiber von den Weidenrosen gesezt (*Lettre en réponse aux doutes de M. Schreiber sur les roses de saule; Cerambyx*).

In-4. Geræ, 1748.

4. Einer mittel auf eine besondere Art zu Insekten zu gelangen und sie zu verwahren (*Moyen de se procurer d'une manière particulière des insectes et de les conserver*).

Mylii. Physikal. Belustig., 2 band, p. 648.

5. Verschiedene Nachrichten von Ameisen (*Quelques observations sur les fourmis*).

Mylii. Physikal. Belustig., 5 band, 25 st., p. 1075-1087.

HORCH (Friederich-Wilhelm).

De Pulice Canariæ, cum nonnullis circa Rana factis observationibus (Pediculus), avec fig.

Miscella Berolinensia, t. 6, p. 111-117.

HORREBOW (Nic.), né à Copenhague en 1712, mort en 1760.

Relation authentique de l'Islande (en danois), avec cartes.

In-8. Copenhague, 1750.

Traduction allemande, in-8. Leipzig, 1753.

En anglais, in-fol., 1758.

En français, 2 vol. in-12. Paris, 1764.

HORNSTEDT (Clas.-Frederic.).

Beschreibung neuer blatt-käfer-arten (*Descriptions de nouvelles espèces de scarabées de feuilles ;* genre Chrysomèle).

Schriften der Berliner Gesell. Naturfors. freunde, band 8, p. 1-8.

HORSFIELD (Thomas).

1. Recherches zoologiques à Java et dans les îles voisines (avec figures).

In-4. London, 1825.

2. A descriptive Catalogue of the *Lepidopterous* Insects contained in the Museum of the East-Indies Company.

1ʳᵉ livraison, in-4. London, 1828.

2ᵉ livraison, in-4. London, 1829.

L'ouvrage doit avoir six parties ; il est accompagné de figures coloriées des espèces nouvelles, et des métamorphoses des insectes de l'Inde.

3. Descriptions of several oriental *Lepidopterous* Insects (avec 1 pl. col.).

Zool. Journal, t. 5, 1829-30, p. 65.

Part of a Letter concerning the late Swammerdam's treatise de Apibus (*Extrait de la lettre contenant le dernier traité de Swammerdam sur les abeilles*).

Philos. Trans., 1699, p. 365.

Jacquin Collectaane, vol. 3, p. 291-302.

HOTZ (Johannes).

Descriptio *Buprestis*. Avec pl.

Imprimé avec sa Dissertatio de Balneis infantum, p. 40-48.

In-4. Tubingæ, 1758.

HOTTON (Peter), né à Amsterdam le 18 juin 1648, mort le 10 janvier 1709.

HOST (Nicolaus).

1. *Cimex* Teucrii.

Jacquin Collectanea, vol. 2, p. 255-259.

2. Entomologica.

HOYER (Johann.-Georg.).

1. De rore Melleo vitioso.

Miscel. Acad. Nat. Curios., dec. 3, ann. 9 et 10, 1701-1705, p. 171.

2. De rore Melleo *erucas* producente.

Ephem. Acad. Nat. Curios., cent. 1-2, p. 240.

HUBER (François), né à Genève en 1750, perdit la vue de bonne heure, et n'en continua pas moins, aidé de son domestique, le cours de ses observations.

Nouvelles Observations sur les Abeilles.

1re édition........

Edition anglaise, avec 5 nouvelles gravures, in-12. Londres et Edimbourg, 1808.

2e édition, française, 2 vol. in-8. avec figures. Paris, 1814. Le second volume est de Pierre HUBER, son fils.

En Extrait : Bulletin de la Société Philom., t. 3, p. 281, n° 84.

HUBER (Pierre, fils de François Huber).

1. Observations sur le genre *Abeille*, avec 3 pl.

Transact. de la Soc. Linn. de Londres, t. 6, 1802, p. 214-298.

2. Observations sur les *Bourdons*.

Transact. de la Soc. Linn. de Londres, t. 6.

3. Recherches sur les mœurs des *Fourmis* indigènes, avec 2 pl.

1 vol. in-8. Paris, 1810.

En anglais, traduit par Johnson. In-8. London, 1820.

4. Notice sur une migration de *Papillons*.

Mém. de la Soc. de Phys. et d'Hist. Nat. de Genève, t. 3, 2e part., p. 247.

5. Histoire du Trachuse doré (*Abeille*), avec fig.

Mém. de la Soc. de Phys. et d'Hist. Nat. de Genève, t. 2, 2° part.

HUEBNER (Jac.), dessinateur allemand, mort en 1827, un des auteurs qui ont le plus et le mieux travaillé les Lépidoptères.

1. Beyträge zur Geschichte der Schmetterlinge (*Matériaux pour l'histoire des papillons*), avec 12 pl. col.

In-8. Augsbourg, 1786-99.

2. Sammlung Europäischer Schmetterlinge (*Collection de papillons d'Europe*).

In-4. Augsbourg, 1805 et suivantes.

L'ouvrage se compose actuellement de plus de 750 planches coloriées et du texte y relatif; il est continué par Geyer.

3. Geschichte Europäischer Schmetterlinge (*Histoire des papillons d'Europe*).

In-4. Augsbourg, 1806 et suivantes.

Cette partie, composée actuellement de plus de 425 planches, contient les Chenilles et Chrysalides; elle est continuée par Geyer.

4. Sammlung exotischer Schmetterlinge (*Collection de papillons exotiques*).

5 vol. in-4. Augsbourg, 1806 et suivantes.

Le premier volume contient 413 pl. col., le deuxième 225 pl. col., et du troisième 25 planches ont paru.

5. Zuträge zur Sammlung exotischer Schmetterlinge (*Supplément à la collection de papillons exotiques*).

In-4. Augsbourg, 1818.

Il a paru des suppléments aux trois premiers volumes, et 34 planches coloriées d'un quatrième. L'ouvrage se continue par Geyer.

6. Index exoticorum Lepidopterorum in foliis 244 a Jacobo Hübnero hactenus effigiatorum.

In-4. Augustæ Vindelicorum, 1821.

7. Catalogue des Lépidoptères de la collection de M. Frank.
In-8. Strasbourg.

8. Systematisch alphabetisches verzeichniss Europäischer Schmetterlinge und 18. Bogen, vom verzeichniss bekanter Schmetterlinge (*Catalogue systématique et alphabétique des lépidoptères d'Europe, divisés en 18 familles, avec le catalogue de tous les lépidoptères connus*).
In-8. Augsbourg, 1826.

HUEBNER (Johann.-Gottfried.).

1. Beyträge zur Naturgeschichte der Insecten (*Matériaux pour l'histoire naturelle des insectes*).
Naturforscher Stück, p. 36-59.

2. Gedanken über die beste Art die Schädlichen Raupen zu vertilgen (*Réflexions sur la meilleure manière de détruire les chenilles nuisibles*).
In-8. Dessau, 1781.
En Extrait. Fuessly. neu Entom. Magaz., 1 band, p. 321.

HUEPSCH.

Beschreibung einer Maschine die Ameisen und andere Insekten zu vertilgen (*Description d'une machine pour détruire les fourmis et autres insectes*); en allemand et en français.
In-8. Cölln., 1777 (1 planche).

HUFNAGEL.

1. Beschreibung einer seltenen bisher umbekannten Raupe und der deraus entstehenden Phaläne (*Description d'une chenille rare, jusqu'à présent inconnue, et de la phalène qui en provient*).
Berlin. Magaz., 1 band, p. 648-654.

2. Tabelle von den Tagevögeln der gegend um Berlin (*Catalogue des papillons de jour des environs de Berlin*).
Berlin. Magaz., 2 band, 1766, p. 54-90.

3. Natürliche geschichte des Changeant oder Schielervögels (*Histoire physique des changeants ou papillons changeants*).

Berlin. Magaz., 2 band, p. 111-131.

4. Zweyte Tabelle, Worinnen die Abendvögeln angereit werden (*Deuxième catalogue, dans lequel sont rangés les papillons crépusculaires*).
Berlin. Magaz., 2 band., p. 174-195.

5. Gedanken über die Mittel die Schädlichen Raupen zu vertilgen (*Réflexions sur un moyen de détruire les chenilles nuisibles*).
Berlin. Magaz., 3 band., p. 3-19.

6. Dritte Tabelle von den Nachtvögel, etc. (*Troisième catalogue, comprenant les papillons de nuit*, Bombyx).
· Berlin. Magaz., band 3, p. 391-437.

7. Vierte Tabelle (*Quatrième catalogue*, Noctuelles).
Berlin. Magaz., 3 band, p. 202-215, p. 279-309 et p. 393-426.

8. Beschreibung einer sehr bunten Raupen auf der Eichen, und der daraus entstehenden Phaläne (*Description d'une chenille très-bariolée trouvée sur le chêne, et de la phalène qui en provient*).
Berlin. Magaz., band 3, p. 555-59.

9. Beschreibung einer seltenen Phaläne (*Description d'une Phalène rare*, ph. Pyritoides).
Berlin, Magaz. 3 band, p. 560-62.

10. Fortsetzung der Tabelle von den Nacthvögeln (*Continuation du catalogue des papillons de nuit*, Géomètres).
Berlin. Samml., 4 band, p. 504-27 et p. 599-626.

HUGHES (Griffith).
The natural history of Barbados (avec fig.).
In-fol. London, 1750.

HUISH (Robert.)
A Treatise of the nature, economy, and Pratical management of Bees (*abeilles*).

In-8. London, 1815.

HUPEL (Aug.-Wilh.)
Topographisce Nachrichten von Lief und Estland.
2 band. In-8. Riga, 1774, 1777.

HUTTUYN.
Natuurlike historie volgens het Zamenstell v. Linnæus
(*Histoire naturelle d'après Linné*).
1—18. deel. In-8. Amsterdam, 1760-75.

HUMBOLDT (Alexandre de), célèbre naturaliste, physicien, voyageur.
Observations de zoologie et d'anatomie comparée, avec un
grand nombre de très-belles planches. La portion des insectes
est de Latreille (*voy*. ce nom).
2 vol. in-4. Paris, 1805 et suivantes.

HUMMEL (Arvid-David).
1. Essais entomologiques.
In-8. Pétersbourg.
Il en existe 7 cahiers, avec quelques planches qui ont paru
en 1821-23-25-26-27 et 28. Ils contiennent des ob rvations
sur des insectes de tous les ordres.
2. Supplementum ad Faunæ Ingriæ prodomus, *Eleuterata*,
centuria prima.
Mém. de la Soc. imp. des Naturalistes de Moscou, t. 6,
p. 133.
3. Insectum non descriptum ex ordine *Dipterorum* et fami-
lia Tipulariarum. *Ctenophora*.
Mém. de la Soc. imp. des Naturalistes de Moscou, t. 6,
p. 160-161.

HUMMEL (Anton).
Physische Erfahrung, dass der Weisel wirklich von den
Drohnen ausser den Bienenstock befruchtet werde (*Remarque
physique, que la reine des abeilles est effectivement fécondée par
les bourdons, en dehors de la ruche*).
Gemeinn. arb. der Bienenges. in der Oberlausiz, B. 1, pag. 64.

HUNTER (John).

Observations on certain Parts of the animal Economy; observations of Bees (*abeilles*).

Philos. Trans., 1792, p. 128-195.

I

IETZEUS (Paul).

Muthmassungen von den Wunderbaren Heuschrecken (*Conjecture sur les sauterelles merveilleuses*).

In-4. Stettin.

ILLIGER (Johann.-Carl.-Wilhelm).

1. Verzeichniss der Käfer Preussens von Kugelann, angearbeitet von Illiger (*Catalogue des scarabées de Prusse de Kugelann, revu par Illiger*).

In-8. Halle, 1798.

2. Versuch einer Systematisch Vollständige Terminologie der Thier-und Planzenreiches (*Essai d'une terminologie complète systématique des règnes animal et végétal*).

In-8. Helmstadt, 1800.

3. Olivier's Entomologie, oder Naturgeschichte der Insekten mit ihren gattungs und art (*Entomologie d'Olivier, ou histoire naturelle des insectes, avec description de leurs genres et espèces*); avec 1 vol. de planches.

2 vol. in-4. Braunschweig, 1800-1802.

4. Abbildungen von Olivier's Entomologie (*Figures de l'Entomologie d'Olivier*).

2 vol. in-4. Nurnberg, 1802-1803.

Les planches sont au nombre de 96, coloriées, avec un texte en allemand et en latin.

5. Systematisches verzeichniss von den Schmetterlinge der Wiener gegend (*Catalogue systématique des lépidoptères des environs de Vienne*).

2 vol. in-8. Braunschweig, 1801.

C'est une nouvelle édition de ce catalogue.

6. Magazine zur Insektenkunde (*Magasin pour la connais-sance des Insectes*).

6 vol. in-8. Braunschweig, 1802-3-4-5-6. Le sixième volume, imprimé dans une autre ville et fort rare, est, je crois, de 1807.

7. Nachtrag und Berichtigungen zum der Käfer Preussens,. Halle bei Gebauer 1798 (*Supplément et rectification au catalo-gue des coléoptères de Prusse, publié à Halle, en 1798, par Ge-bauer*).

Magaz. zur Insektenk. Band 1, 1802, p. 1.

8. Ist es richtiger Genus Durch Geschlecht oder durch Gat-tung aus zu drücken (*Est-il mieux de traduire* genus *par race que par genre*).

Magaz. zur Insektenk. 2 band, 1802, p. 95.

9. Ueber die Deutschen Benennungen in der Naturkunde (*Sur les dénominations allemandes dans l'histoire naturelle*).

Magaz. zur Insekt. 1 band, 1802, p. 105.

10. Namen der Insekten Gattungen (*Des noms de genres des insectes, avec leur génitif, leur genre grammatical, leur pro-sodie et leur racine; avec les noms allemands*).

Magaz. zur Insektkunde. 1 band, 1802, p. 125.

11. Die Deutschen namen der Insekten (*Noms allemands des genres d'insectes*).

Magaz. zur Insektenk. Band 1, 1802, p. 156.

12. Neue Insekten (*Insectes nouveaux*).

Magaz. zur Insektenk. Band 1, 1802, p. 163.

13. Prüfende Ueberzicht der seit 1801 aufgestellten neuen Gattungen und arten (*Revue critique sur les genres et espèces décrits depuis* 1801).

Magaz. zur Insekt. Band 1, 1802, p. 242.

14. Ueber die Fabricische system (*Sur le système de Fabri-cius et sur les besoins de l'état actuel de l'entomologie*).

Magaz. zur Insektenk. Band 1, 1802, p. 261.

15. Anzählung der Käfergattungen nach der Zahl der

fussglieder (*Exposition des genres de coléoptères, d'après le nombre des articles de leurs tarses*).

16. Zusätze, Berichtigungen und Remark zu Fabricii system. Eleuteratorum (*Supplément, rectifications et remarques sur le systema Eleut. de Fabricius*).

Pour le tome 1ᵉʳ, Magaz. zur Insekt. Band. 1, 1802, p. 306,

Pour le tome 2, Magaz. zur Insekt. Band 3, 1804, p. 146. Suite, band 4, 1805, p. 69.

17. Beschreibung einiger neuen Käfer arten aus der Sammlung des H. Hellwig (*Description de quelques coléoptères nouveaux de la collection de M. Hellwig*).

Schneider. Entom. Magaz. Band 1, p. 593-620.

18. Nachschrift, etc. (*Réflexions sur la défense faite par Fabricius de son système*).

Magaz. zur Insekt., 2 band, 1803, p. 14.

19. Anseinanders von zwei unter Namen Rumina bisher verwechselten Tagfalter Arten (*Division de deux papillons de jour, jusqu'à présent confondus sous le nom de Rumina*). Rumina et Médésicaste.

Magaz. zur Inseckt., 2 band., 1803, p. 181.

20. Verzeichniss der in Portugal einheimischen Käfer (*Catalogue des coléoptères indigènes au Portugal*), 1ʳᵉ partie.

Magaz. zur Insekt., band 2, 1803, p. 186.

21. Kretische revision der neuen Ausgabe den systematischen verzeichniss von der Schmetterlinge, etc. (*Révision critique de la nouvelle édition du catalogue systématique des lépidoptères de Vienne, par Laspeires*).

In-8. Braunschweig, 1803.

22. Die essbaren Insecten (*Des insectes mangeables*).

Magaz. zur Insekt., 3 band, 1804, p. 207.

23. Zusätze zu den Terminologie der Insekten (*Supplément à la Terminologie des Insectes*).

Magaz. zur Insekt., band 5, 1806, p. 1.

24. Nachtrag zu den Zusatzen zu Fabricii system. Eleuteratorum (*Nouveau supplément aux remarques sur le système de
Fabricius*).

Magaz. zur Insekt., 5 band, 1806, p 221.

25. Fauna Etrusca Rossii.
2 vol. in-8. Hemstadii, 1807.
Edition commencée par Hedwig et continuée par Illiger.

IMHOFF.

Sammlung Schweitzerischer Insekten (*Collection d'insectes
de Suisse*).

L'ouvrage paraît par livraisons de 4 feuilles de texte et de
4 pl. col.

Il a paru 3 livraisons.

IMPERATO (Ferrante).

Historia naturale, libri 28.
In-fol. Napoli, 1599.
In-fol. Venezia, 1672.
In-4. Coloniæ et Lipsiæ, 1692.

INCH (C.-W.).

Ideen zu Zoochemia, 1800.

INGPEN (A.).

Instructions for collecting, rearing and preserving British
Insects, avec 1 pl. col.
In-18. London, 1827.

ISER (Carl.).

Svensk Entomology (*Entomologie suédoise*).
In-8. Linköping, 1806.

IUNG (Conrad-Christoph.).

Verzeichniss der meisten bisher Bekannten Europäischen

Schmetterlinge mit ihren synonymien in alphabetische ordi-
nung.

In-8. Frank. am Mein, 1782.

In-8. Markbreit, 1791.

Relaté, Fuessly, neu Entom. Magaz., band 1, p. 417.

IUNGIUS (Joachimus).
Historia Vermium.
In-4. Hamburgi, 1691.

J

JABLONSKY (Carl.-Gustav.).

Natursystem aller bekannten In-und-Ausländ. Insekten, als eine fortsetrung der Büffonischen Naturgeschichte, nach Linné system bearbeitet (*Histoire naturelle, d'après le système de Linné, de tous les insectes indigènes et exotiques*).

Lépidoptères.

1 th. Berlin, 1783, avec 6 pl. col.

2 th. Berlin, 1784, avec 14 pl. col.

Coléoptères.

1 th. Berlin, 1785, avec 6 pl. col.

2 th. Berlin, 1787, avec 9 pl. col., dont trois de détails anatomiques.

Cet ouvrage a été continué par Herbst.

JACKSON (James-Gray).

An account of the empire of Morocco and the district of Suez, etc.

In-4. London, 1809.

JACOBAEUS (Oligerius), né le 6 juillet 1650 à Arhusen, dans le Jutland; mort à Copenhague le 18 juin 1701.

1. Dissertatio de Vermibus et Insectis.

In-4. Hafn., 1668.

Autre édition, 1696.

2. Anatome Gryllo-talpæ.

Bartholini. Act Hafniens, vol. 4, obs. 2, p. 9-13.

Manget bibl., t. 2, p. 1, pag. 6.

3. Museum Regium descriptum.

In-fol. Hafn., 1696.

JACOBAEUS (Thomas), fils d'Oligerius.

Diss. de Oculis Insectorum (Resp. MM. Tybring).

In-4°. Hafniæ, 1708.

JACQUIN (Nicolas-Joseph).

1. Miscellanea austriaca ad botanicam chemisam et hist. naturalem.

In-4. Vindebonæ, 1781.

2. Collectanea ad botanicam, chemisam et historiam naturalem spectantia. (avec fig. col.)

4 vol in-4. Vindebonæ, 1786.

On y trouve la description et la figure de quelques insectes.

JAEGER (Christianus-Fridericus), né à Stuttgard le 15 octobre 1739.

Diss. de *Cantharidibus* eorumque actione et usu. Avec figures. Resp. Kaiser.

In-4. Tubingæ, 1769.

JAEGER (Jean-Henri), né à Gœttingue le 15 juin 1752.

Beytrage zur kenntniss und Tilgung des Borkenskäfers der fichte oder der so genannten Wurmtrockniss fichtener Waldungen (*Matériaux sur la connaissance de la destruction des scarabées des écorces du sapin*, etc.), avec 1 pl.

In-8. Iena, 1784.

JALON (Paul).

Eruca in serpilio reperta ejusque miranda metamorphosis.

Misc. Acad. Nat. Cur., dec. 2, A. 6, 1687, p. 202, obs. 106.

JERM.

The *Butterfly* collector's vade mecum, or synoptical Table of English Butterflies (*Lépidoptères*).

In-12, Ipswich, 1824.

2e édit., 1827.

JOBLOT.

Description et usage de plusieurs microscopes, avec de nou-

velles observations sur une multitude d'Insectes. Avec beaucoup de planches.

In-4. Paris.

JOERDENS (J.-H.).

Geschichte der Kleinen fichtenraupe oder der Larve von der
Phalæna monacha Linn. (*Description de la petite chenille des
sapins ou de la larve de la* P. monaca Linn.), avec 1 pl.

In-4. Hof, 1798.

JOHN.

Beschreibung einiger ost-indischen Insekten (*Description de
quelques insectes des Indes orientales.* Sauterelles).

Neue schr. der Ges. Naturf. fr. zu Berlin, b. 1, p. 347-352.

JONES (William).

2. A new arrangement of *Papilios.* Avec 1 pl. au trait.
Trans. of the Linnean Society, vol. 2, p. 63.

2. Some account of the *Musca* Pumilionis. Avec 1 pl. en
noir.
Trans. of the Linnean Society, t. 2, 1794, p. 76.

JONSTON (Johann.), né à Sambter, en Pologne, en 1603,
et mort en 1675, à Ziebendorf.

Historiæ naturalis de Insectis, libri 3. Avec 28 pl. en
noir.

In-fol. Francofurti ad Mænum, 1653.
In-fol.   *id.*   1658.
In-fol. Amstelodami, 1657.
In-fol. Amstelodami, 1718.

JOSSELIN (John).

New England Rarities discover'd in Birds, Beats, etc. Avec
figures.

In-8. London, 1672.
Phil. trans., vol. 7, n° 82, p. 5021.

JOYEUSE (J.-B-X.).

Histoire des Vers qui s'engendrent dans le biscuit qu'on embarque sur les vaisseaux.

In-12. Avignon, 1773.

JUAN (don George).

A natural History of *Cochineal*, ex hispanico sermone anglice translata.

Urbans. gentlem. Mag., vol. 23, p. 68.

JULIN (John).

Förseckning på Djur i Uleåborgs Län (*Recherches sur les animaux des environs de Uleoborgs*).

By Journal uti Hushållningen, 1792, p. 105-152.

684 espèces d'insectes décrites dans la Faune de Suède de Linné y sont énumérées.

JURINE (Louis), médecin et naturaliste, né à Genève en 1751, et mort vers la fin d'octobre 1819.

1. Nouvelle méthode de classer les *Hyménoptères* et les *Diptères*. Avec 14 pl., la plupart coloriées.

In-4. T. 1, Genève, 1807.

Observations sur les ailes des *Hyménoptères*. Avec 6 pl.
Mém. de l'Acad. des Sc. de Turin, t. 24, p. 214.

3. Observations sur le *Xenos* vesparum. Avec 1 pl.
Acad. Roy. des Sc. de Turin, 1816, t. 23, p. 63.

JUSTEL.

From Aramont giving an account of an extraordinary Swarm of Grashoppers (*Sur un nuage de Sauterelles*).
Phil. Trans, n° 182, p. 147.

JUSTI.

Ob ein Mittel wider die schwarzen Kornwurmer (*S'il existe un remède contre les charançons du bled*).
OEkon. Schrift., 2. th., p. 236.

K

KOEMPFER (Engelbert), né à Lemgo en Westphalie, le 16 septembre 1651, médecin et voyageur, est surtout célèbre ; à ce titre il visita l'Inde, l'Arabie, Ceylan, Sumatra, Siam et enfin le Japon, où il put pénétrer. Il est le premier qui ait bien fait connaître cette contrée. De retour dans son pays il n'eut le temps de publier qu'un ouvrage, et mourut le 2 novembre 1716. Son Histoire du Japon a été mise au jour par Sloane après sa mort.

1. Amœnitatum exoticarum politico-physico-medicarum, fasciculi V. etc.

In-4°. Lemgo, 1712.

2. The History of Japon and Siam.

2. vol. in-fol. London, 1727.

C'est la traduction que Sloane fit faire sur les manuscrits de l'auteur par Scheuchzer. Il est question dans cet ouvrage de quelques insectes, et une douzaine sont figurés.

Edition française, 2 vol. in-fol. La Haye, 1729.

Autre édition, 6 vol. in-12. La Haye, 1731.

Autre éd. en hollandais, in-8. Amsterdam, 1733.

Autre éd. in-4. Rostock, 1750.

Autre éd., 2 vol. in-4. Lemgo, 1777-78, avec planches et cartes.

Cette édition est la publication du texte original de l'auteur.

KALM (Pehr), né en 1713 dans l'Ostro-Bothnie, royaume de Suède, est célèbre comme naturaliste et comme économiste : il a voyagé dans l'Amérique septentrionale ; mort le 16 novembre 1797.

1. Wästgotha och Bähus Ländska Resa (*Voyage dans Ves-trogotie*, etc,).
In-8°. Stockholm , 1746.

2. En Resa till Norra America.
3 vol. in-8. Stockholm, 1753-61.
Autre édition en allemand.
Autre édition en hollandais.
Autre édition en anglais. In-8°. Warrington, 1772.

3. Beskrifning på et slags Gras-Hoppor, uti Norra America (*Description d'un genre de grand sauteur de l'Amérique du nord*), cicada septemdecim ?
Vetenskaps Akadem. Handl., 1756, p. 101-116.
Traduction allemande, 1756, p. 94.
Fuessly's, N. Entom. Magaz., 3 band, p. 41.

4. Beskrifning på et slags Mascar, som somliga år göra stor skada på Träden i Norra America (*Description des chenilles qui infestent les arbres dans l'Amérique septentrionale*).
Vetensk. Acad. Handl., 1764, p. 124-139.

5. Om den sa kallade Gräs-Eller angsmaschen, samt dess förckommande och utodande (*Sur les insectes appelés vers d'herbes ou de prairies, avec les moyens de les détruire*). Resp. ALCENIUS.
In-4. Aboæ, 1776.

6. Beschreibung einen nord Amerikanischen Insekts Wald-laus genaunt (*Description de quelques insectes de l'Amérique du nord, appelés pous de bois*).
Scheved. Academ. Abhandl., 16 st.
Fuessly's, N. Ent. Magaz., 3 band, p. 34.

7. Disputation om Sättet at utoda mask på Stickelbärs busken (*Dissertation sur le moyen de détruire la chenille etc.*). Resp. A. CAJALEN.
In-4. Aboæ, 1778.

8. Dissertationis, descriptionem historiamque Insectorum quorumdam sistentis particula. Res. Joh. KERCHSTRÖM.

In-4. Aboæ, 1778.

Par suite de la mort de l'auteur, il n'a paru de cet ouvrage, qui était destiné à éclairer l'histoire des papillons, que quelques feuillets qui sont très-rares, surtout pour y trouver jointe la planche représentant quelques phalènes, leurs chenilles, et chrysalides, avec une espèce d'Ichneumon.

KAMEL (Georg.-Joseph).

De Araneis et Scarabeis Philippensibus.

Philos. Trans. 1711, vol. 27, n° 331, p. 310-315.

KAPPS.

Beytrag zur Geschichte der Insektenzüge (*Matériaux sur l'histoire des migrations d'insectes*).

Naturforscher, 11 st., n° 8, p. 92-95.

KARELINE.

Catalogue des Coléoptères pris dans les steppes des Kirguises, entre le Volga et l'Oural.

Bull. de la Soc. Imp. des Nat. de Moscou, n° 6, 1829, p. 160.

KARSTEN (J.-C.-Gust.)

2. Etwas über Gattung, Gattungs Keunzeichen und Gattungs Penennung (*Un mot sur les genres, les caractères et les noms de genre*).

Illigers. Mag. zur Insekt., 2 band, 1803, p. 24.

KASTEN (D.-L.-G.)

Museum Leskeanum, Regnum animale, quod ordine systematico, cum 9 iconibus pictis, etc.

Vol. 1. In-8. Lipsiæ, 1789.

KEFERSTEIN (Chr.)

1, Uber den Bombyx der Alten.

Germar. Entom. Mag., 3 band, 1818, p. 8.

2. Ueber den mittelbaren nutzen der Insekten *(Sur l'u-
tilité immédiate des insectes)*.

In-4. Erfurt, 1827.

Extrait, Revue Entom. de Silbermann, t. 1, 1833, p.
189.

3. Remarques sur l'*Oistros* des anciens. Isis, t. 20,
1827, p. 177.

4. Note sur un Charançon qui en 1832 a détruit la ré-
colte de navette aux environs d'Erfurt ; avec des observations
sur le même sujet, par M. Silbermann.

Silbermann, Revue Entom., t. 1, 1833, p. 135.

5. Note sur le Catalogue des Insectes d'Angleterre de
M. Stephens.

Silbermann, Revue Entom., t. 1, 1833, p. 135.

6. Note sur le Catalogue systématique des *Lépidoptères*
d'Autriche de M. Kollar.

Silbermann, Revue Entom., t. 1, 1833, p. 190.

7. Note sur les mœurs de quelques *Lépidoptères* du Brésil.
Silbermann, Revue Entom., t. 1, 1833, p. 243.

8. Observations sur le *Curculio* granarius.
Silbermann, Revue Entom., t. 2, 1834, p. 115.

9. Observations détachées sur l'apparition des *Lépidoptères*,
trad. de l'allemand par Silbermann.

Silbermann, Revue Entom., t. 2, 1834, p. 137-167.

Supplément n° 1, ibid., t. 2, p. 168.

Supplément n° 2, catalogue des Lépidoptères des environs
de Hambourg, ibid., t. 2, p. 176.

Supplément n° 3, catalogue des Lépidoptères des îles
Canaries, ibid., t. 2, p. 179.

Supplément n° 4, catalogue des Lépidoptères de la Hon-
grie, ibid., t. 2, p. 180.

Supplément n° 5, catalogue des Lépidoptères trouvés
dans le gouvernement d'Orenbourg, ibid., t. 2, p. 184.

Supplément n° 6, catalogue des Lépidoptères de la Livonie, ibid., t. 2, p. 184.

KELLER (Jean-Christophe).

Histoire de la *Mouche* commune ; 1 fascicule in - fol. de 34 pages de texte et 4 planches coloriées.

Nuremberg, 1766.

Cet ouvrage est de GLÉICHEN.

KERNER (J. S.)

Naturgeschichte des Coccus Bromelia, oder des Ananasschildes etc. (*Histoire naturelle de la cochenille des bromélies, et des ananas*), avec 1 planche.

In-8. Stuttgard, 1778.

KERR (Robert), chirurgien, naturaliste écossais, mort à Edimbourg en 1814.

The Animal kingdom.

In-4. London, 1792.

C'est la traduction de la partie zoologique de la 13ᵉ édition du Systema naturæ de Linné, publiée par Gmelin.

KERR (James).

Natural History of the Insect which produces the Gum Lacca *(coccus)*. Philos. Trans., vol. 71, p. n° 24.

En allemand, Sammlung zur Phys. und naturgeschichte, 3 band, p. 479.

Fuessly's, New Entom. Magaz., 3 band, p.169-178.

KEYS (John).

A Treatise on the breading and menagement of *Bees*.

In-12. London, 1814.

KIDD (J).

Sur l'anatomie du *Grillo-talpa*, avec fig.

Philos. Trans., 1825, 2ᵉ part., p. 283, pl. 15.

KING (Edmund), médecin anglais du 17ᵉ siècle.

1. Description de quelques insectes d'eau qui ont été trouvés dans un fossé près de Norwich.

Philos. Trans., 1767.

En allemand, Neu Hamburg. Magazin, 41, st., p. 477.

2. Observations concerning Emmets or Ants, their eggs, production, progress, coming to maturity use (*Observations sur les fourmis, leurs œufs, leur développement,* etc.).

Philos. Trans., v. 2, 1767, n° 23, p. 425-28.

Badd. 1, p. 72.

Leskens uebers, 1 band, 1 th., p. 95.

3. Observations on Insects lodgings themselves in old willows (*Observations sur les insectes,* etc.).

Philos. Trans., 1670, n° 5, p. 2098-2102.

KIRBY (William), savant entomologiste anglais.

1. A history of three species of *Cassida.*

Transact. of the Linnean Society of London, vol. 3, 1797, p. 7.

2. Ammophila a new genus of Insects, in the class hymenoptera, including the *Sphex sabulosa* of Linneus.

Transact of the Linn. Society of London, t. 4, 1798, p. 195.

3. History of *Tipula* tritici and *Ichneumon* Tipulæ, with some observations upon other Insects that attend the wheat.

Transact. of the Linnean Society of London, t. 4, 1798, p. 230,

4. A continuation of the history of *Tipula* tritici (avec 1 pl. col.).

Transact. of the Societ. of London, t. 5, 1809, p. 96.

5. Monographia *Apum* Angliæ.

2 vol. in-8. Ipswich, 1802.

Extrait en allemand, Illiger. Magazin zur Entomol., 5 band, 1806, p. 28.

6. Some observations upon Insects that prey upon timber, with a short history of the *Cerambyx* violaceus of Linneus (*Quelques observations sur les insectes qui minent le bois, et histoire succincte du,* etc.).

Transact. of the Linnean Society of London, t. 5, 1800, p. 246.

7. The genus *Apion* of Herbsts, natursystem considered its characters laid down and many of the species described (avec 1 pl. col.).

Transact. of the Linnean Society of London, t. 9, 1808, p. 1.

Traduction allemande Germar, Magaz. entomologique, 2 band, p. 114-265 (avec 5 pl. col.).

8. Description of several new species of *Apion*.

Transact. of the Linnean Society of London, t. 10, 1811, p. 347.

9. *Strepsiptera* a new order of Insects proposed; and the characters of the order, with those of its genera land down (1 pl. col.).

Transact. Linnean Society of London, t. 11, 1ʳᵒ partie 1813, p. 86.

Bulletin de la Société philomatique, avril 1815, p. 62.

10. Addendum to *Strepsiptera*.

Transact. Linnean Society of London, t. 11, 2ᵉ part., 1815, p. 233.

11. *Achillus* Flammeus.

Transact. Linnean Society of London, t. 12, 1810, p. 23.

12. A Century of Insects, included several new Genera described from his cabinet (*Centurie d'insectes contenant la description de nouveaux genres établis dans la collection de l'auteur*), avec 2 planches coloriées.

Transact. Linnean Society of London, t. 12, 2ᵉ partie, 1818, p. 375-453.

Nouvelle édition in-8. Paris, 1834, 4 planches coloriées.

13. A description of several new species of Insects, col-

lected in New-Holland by Robert Brown (avec 1 planche col.).

Transact. Society Linnean of London, t. 12, 2° part., 1818, p. 454-478 et p. 483.

14. The characters of *Otiocerus*, and *Anotia* the new Genera of hemipterous Insects, belonging to the family of cicada with a description of several species (avec 1 planche coloriée).

Transact. Linnean Society of London, t. 15, 1re part., 1821, p. 12.

Extrait, bulletin de la Société philomatique, août 1822, p. 119.

Annales des Sciences naturelles, t. 1, p. 192, avec planche.

15. *Lamia* Amputator (avec fig.).

Transact. Linnean Society of London, T. 13. p. 607.

16. An introduction to Entomology (*conjointement avec M . W . Spence*), avec 50 planches, dont la plupart au trait et quelques-unes coloriées.

4° édition, 4 vol. in-8. London, 1822-26.

Edition allemande, traduction de M. Oken, 1823-24-27 et 33.

Nouvelle édition, London, 1828.

17. A description of some Insects, which appear to exemplify M. Macleay's doctrine of affinity and analogy (*Description de quelques insectes qui servent à développer la doctrine de M . Macleay sur les affinités et les analogies*), avec 1 planche coloriée.

Trans. Linnean Society of London, t. 14, 1re part. 1823, p. 95.

18. Some account of a new species of *Eulophus* (Geoffroy).

Trans. Linnean Society of London, t. 14, 1re part., 1823, p. 111.

19. Some remarks on the nomenclature of the *Gryllina*, of Macleay.

Vigors. Zoological Journal, t. 1, p. 429.

20. Sur les moyens de défense des Insectes.

Isis, 1824, 5ᵉ cahier, p. 542.

C'est une traduction en allemand du chapitre qui porte le même titre dans l'Introduction à l'Entomologie.

21. Description of such Genera and species of Insects, alluded to the introduction to Entomology.

Trans. Linnean Society of London, t. 14, 1825, 3ᵉ part., p. 563.

22. Some further remarks on the nomenclature of *Orthoptera*, with a description of the genus *Saphura* (*Quelques remarques ultérieures sur la nomenclature des orthoptères, et description du genre scaphure*), avec 1 planche coloriée.

Zoological Journal, Vigors, t. 2, 1825-26, p. 9.

23. A brief description of a pair of remarkable horned mandibules of an Insects (*Courte description d'une paire de mandibules fort remarquables*), avec figure.

Zoological Journal, Vigors, n° 5, avril 1825, p. 70.

24. A description of two new species of Coleopterous Insects belonging to the Genera *Cremastocheilus* and *Priocera*.

Zool. Journal, t. 2. 1825-26, p. 516.

25. Sur la structure des tarses des *coléoptères* tétramères et trimères des entomologistes français.

Philosophical Magazine, mars 1825, p. 193.

26. Lettre explicative de la note sur la structure des tarses, des *coléoptères* tétramères et trimères.

Philosophical Magazine, avril 1825, p. 267.

27. A description of some new Genera and species of *Petalocerous Coleoptera* (*avec une planche coloriée*).

Zool. Journal, t. 3, 1827, p. 145.

28. The characters of *Clinidium* a new genus of Insects in the order coleoptera, (*avec fig. col.*).

Zool. Journal, t. 5, 1828-29, p. 6.

29. A description of some *Coleopterous* Insects in the collection of the R. Hope (avec 1 pl.).

Zool. Journal, t. 3, 1828, p. 520.

KIRCHDORF (Michael).
Diss. de *Cantharidibus*. Resp. J. F. Goltz.
In-4. Regiomonti, 1711

KIRCHER (Athanase), né le 2 mai 1602 à Geysa, près de Fulde, entra, dès qu'il eut terminé ses études, dans la compagnie de Jésus: c'était un homme très-instruit sur toutes sortes de matières, mais aussi très-crédule; il mourut à Rome le 28 novembre 1680.

Voy. Bonnannius et Battara, qui ont publié la description de son cabinet, sous le titre de Muséum Kircherianum.

KIRCHMAIER (Theodorus).
De *Locustis* Dissertatio. Resp. Ge. Henr. Ursinus (avec 2 pl.).
In-4. Vittebergæ.

KIRCHMAIER (George-Gaspard), professeur d'éloquence à Wittemberg, est né à Uffenheim en Franconie en 1635, et mort le 28 septembre 1700.

Epist. de *Locustis* insolitis, tergemino examine et portentoso numero e Thracia in Pannoniam, etc., infundentibus.
In-4. Wittenb, 1693.

KIRKUP.
Account of *Tenebrio* Mauritanicus.
Trans. of the Entom. Society of London, 1812, p. 329.

KIRSTEN (George), vint au monde le 20 janvier 1613 à Stettin, et y mourut le 4 mars 1660.

Exercit. Phytophilolog. de Colocynthide et Cocco.
In-4. Stettini, 1651.

KITTEL.

1. Mémoire sur les Pucerons, t. 5.

Annales de la Société Linn. de Paris, mai 1826, t. 5, p. 133.

Les observations contenues dans ce mémoire doivent être lues avec réserve, car elles sont en opposition avec tout ce qu'on sait à ce sujet.

2. Crabro Parisinus.

Isis, t. xxi, p. 925, cah. 8 et 9 de 1828.

KLEEMANN (Christian-Friedrich-Carl.), peintre en miniature, né à Altdorf près de Nurnberg en 1789.

1. Anmerkungen über Verschiadene Raupen und Schmetterlinge (*Remarques sur divers chenilles et papillons*).

Naturforscher 4 st., p. 121-127.

Fuessly, Magaz. der Entomolog., 2 band, p. 225.

2. Insekten Belustigungen (*Récréation sur les insectes*), avec 40 planches en couleur.

In-4. Nurnberg, 1761.

C'est la quatrième partie de l'ouvrage de son beau-père Rœsel, qu'il a fait paraître après sa mort; il a même donné une nouvelle édition des trois premières parties, qui portent le millésime de 1774-76 et 77. Je crois que la dernière a aussi été réimprimée en 1792.

3. Beyträge zur natur oder geschichte (*Matériaux sur la nature et l'histoire naturelle des insectes*), avec 44 planches coloriées.

In-4. Nurnberg, 1761.

4. Preisschrift von den Maykäfern (*Mémoire de concours sur le hanneton*).

Bemerkungen der Churfü, Phys. OEkon. Gesells., t. 2, 1770, p. 305-410.

KLEIN (Jacques-Théodore), célèbre naturaliste allemand,

né à Kœnigsberg en 1685, a écrit sur toutes les parties de l'histoire naturelle ; mort le 27 février 1760 à Dantzig.

Tabula generalis Meethodi Zoologicæ.

In-4. Gedani, 1734.

Lipsiæ, 1778.

Français-latin : Paris, 1754.

KLEISIUS (Johann.-Jacob).

Anleitung bestänble Insekten zu Sammeln (*Instruction pour former des collections d'insectes lépidoptères*).

2 cahiers in-8. Coblentz.

KLEONDAS.

Das Lob des Spiogels, des Papagoyes, und der Flige (*Eloge de,* etc., *et de la mouche*), traduit du français.

In-8. Frank. et Leipz., 1746.

KLOPSCH.

1. Naturgeschichte des Papilio (*Apatura*). Ilia (avec fig.).

Beyträge zur Entomol. des Schlesien, 1 cahier, p. 207-211, 1820.

2. Beschreibung einer merkwürdigen varietät des *Papilio* adonis (Wahrscheinlich ein Bastard), avec fig.

Beyträge zur Entom. des Schlesien, 1 cahier, p. 212-214, 1829.

KLUG (Franck).

1. Monographia *Siricum* Germaniæ, atque generum illis adnumeratorum (avec 8 planches coloriées).

In-4. Berolini, 1803.

2. Absonderung einiger Raupen Todter (*sphex*), und verseinigung derselben zu einer neuen gattung *Sceliphron* (*Séparation de quelques sphex, et de leur réunion dans ce genre,* etc.).

Neue Schriften der Gesel. Naturf. freund., zu Berlin, t. 3, p. 555.

3. Die Blat-Wespet noch ihren Gatnungen und arten zusam-

14

men gestellt (*Les guêpes de feuilles* (Lophires), *avec essais de classification de leurs genres et espèces*).

Berlin, Magaz. Gesell. Naturf. freund., 6 jahrang.

Ext. Magaz. Entom. de Germar, 1er heft., 1812, p. 60.

4. Die Blatt-Wespen (*Tenthredo*) der fabricischen Sammlung.

Wiedemann. Zoolog. Magaz., 1 band, 3 st., 1819, p. 64.

5. Die Blatt-Wespen (*Tenthredo*), nach ihren Gattungen und arten zusammen-gestellt.

In-4. Berlin, 1818-19.

6. Versuch der Blatt-Wespen gattung (*Cimbex*).

In-4. Berlin, 1819.

7. *Proscopia* novum Insectorum Orthopterorum genus a comite Hoffmansegg.

In-fol. avec 2 planches coloriées.

8. Entomologiæ Brasilianæ specimen.

Acta Academ. naturæ curiosorum de Bonn, t. 10, 2e part., 1821, p. 277-334, avec 3 planches coloriées.

9. Entomologische monographien (avec 10 planches coloriées).

1 vol. in-8. Berlin, 1824.

10. Entomologiæ Brasilianæ specimen alterum.

Acta naturæ curiosorum de Bonn, t. 12, 1825, p. 419-476, avec 5 planches coloriées.

11. Ueber das verhalten der einfachen seiten-augen begiden Insekten mit zusammengesetzten seiten augen (*Sur le rapport des yeux lisses et des yeux composés des insectes*).

Akademien der Wissenchaften, in-4.

12. Bericht über eine auf Madagascar veranstaltete Sammlung von insect aus der ordnung, Coleoptera (*Description d'une nouvelle collection d'insectes, venus de Madagascar, de l'ordre des Coléoptères*), avec 5 planches coloriées.

Konig. Akadem. der Wissenschaften Abhandlung, 1832.

13. Jahrbücher der Insektenkunde mit besondere Rücksicht auf die Sammlung in Königl. Museum zu Berlin (*Annales pour la connaissance des insectes, particulièrement à l'égard de la collection du Muséum de Berlin*), avec 2 planches coloriées.

In-8. Berlin, 1834.

KINPHOF (Jo-Hier.).

Diss. de *Pediculis* inguinalibus, Insectis et Vermibus homini molestis. Resp. REICHARD; 3 planches.

In-4. Erf., 1759.

KNOCH (August.-Wilhelm).

1. Beyträge zur Insektenkunde (*Matériaux pour la connaissance des insectes*).

1 st. Leipzig, 1781 (avec 6 pl. coloriées).
Extrait Fuessly. Neu Entom. Magaz., 1 band, p. 214-220.

2 st. id., 1782 (avec 7 pl. coloriées).
Extrait Fuessly. Neu Entom. Magaz., 1 band, 326-31.

3. st. id., 1783 (avec 6 pl. coloriées).
2. Neu Beyträge zur Insektenkunde.
In-8. Leipzig, 1801.

KNORR (George-Wolfang), graveur allemand, né en 1705 à Nürnberg, et mort en 1761.

Délices physiques choisis (en français et en allemand), avec des descriptions et notes, par Müller (L.-St.), 91 planches coloriées.

2 vol. in-fol. Nürnberg, 1766 et 67.

L'ouvrage a été continué par Müller, et la traduction est de Verdier de la Plagniere; les planches avaient commencé à paraître bien avant le texte; car le frontispice porte le millésime de 1754.

Nouvelle traduction par Walch (Ernst-Imm.).
In-fol. Nürnberg, 1778.

KNOX (Robert), voyageur anglais du 17ᵉ siècle.

An historical Relation of the Island of Ceylon.

In-fol. London, 1681.

Traduction française : 2 vol. in-12. Paris et Lyon, 1664-1693.

KOB (J.-A.).

Walme ursache der Baumtrochniss der nadel-wälder (*Cause de la maladie, du desséchement des arbres à feuilles en aiguille* (*Phalœna piniperda*), avec 5 planches coloriées.

In-4. Nürnberg, 1786.

In-4. Frankfurt und Leipzig, 1790.

In-4. Erlangen, 1793.

KOEHLER (Joh.-Gottfr.).

Zu Leipzig microcopische Beobachtungen, èiniger kleinenwasserthiere (*Observations microscopiques sur quelques insectes aquatiques des environs de Leipzig*).

Naturforscher, 10 st., p. 102-108, n° 5.

Fuessly. N. Ent. Magaz., 1 b., p. 204.

KOECHLIN.

Correspondance entomologique.

Mülhausen, 1823.

L'auteur traite des *lucanus* cervus, capreolus, capra et hircus, qu'il regarde comme une même espèce.

KOELREUTER (Joseph-Gottlieb), né à Sulz sur le Necker en 1733, et mort le 11 novembre 1806, est principalement connu comme botaniste.

1. Dissertatio de Insectis *Coleopteris*, nec non de plantis quibusdam rarioribus.

In-4. Tubingæ, 1755.

2. Insectorum musæi Petropolitani rariorum, Americæ patissimum meridionalis incolatum, descriptiones.

Novi commentar. Acad. Petropol., t. 11, hist., p. 37.

Mémoires, p. 401-23.

3. Nachricht von einer schwarz braunen vanze, die sich die
Roth-Tannenzapfen zu inrem Winterlager Erwählt und gegen
diese Jahreszeit den kreuzvögeln zur täglichen speise dient
(*Mémoire sur une* punaise *qui se retire pendant l'hiver dans les
pommes de pin, et sert de nourriture vers cette saison aux bec-
croisés*).

Comment. Acad. Theodoro-Palatinæ, vol. 3, p. 62-68.

4. Beschreibung und abbildung einiger neuen Insekten
aus Kayenne (*Description et dissertation sur un insecte nouveau
de Cayenne*), Lepture.

Rosier. Observations sur la physique, 1772, p. 219.

5. Von den Beschwerlichkeiten der Insekten in Kayenne
aus Barrere Beschreibung von Guyana (*Des incommodités des
insectes à Cayenne, d'après le voyage de Barrère à la Guyane*).

Berlin, Sammlung, 7 band, p. 227.

6. Neue und merkwürdige Islandische Insekten aus Olofs
Reise durch Island (*Insectes nouveaux et remarquables de l'Islande, d'après le voyage d'Olof dans cette île*).

1 band, p. 319; 9 band, p. 490.

KOENIG (Johann-Gerhard), né en Livonie en 1728, et
mort dans les environs de Madras, en 1785.

Naturgeschichte de so genanten weissen ameise (*Histoire
naturelle des insectes appelés fourmis blanches*), Thermes.

Beschaff. der Berliner. Gesell. Naturf. freunde, b. 4, 1775-
19, p. 1-28.

KOENIG.

De stridoris seu cantus *Gryllarum* organo.

Ephem. Natur. Curios., dec. 2, ann. 4, 1685, p. 84, obs. 32.

KOENIG (Samuel).

Solution du problème des cellules hexagones des ruches des
abeilles.

Mém. de l'Acad. des Sc., ann. 1739, hist., p. 30.

Ed. in-8, hist., p. 40.

KOENIG (Emanuel).
Regnum animale, physicè, medicè, etc., evisceratum.
In-4. Coloniæ Munatianæ, 1682.
Aut. édit., 1698.

KOESTNER (Abraham-Gotthef.).
Ein mittel, die Insekten, die man zu einer sammlung auf-
behalden will, bequemlich zu tödten *(Moyen de tuer commo-
dément les insectes que l'on veut conserver dans une collection).*
Hambg. Magaz., 8 band, p. 201.

KOLK (Schroeder Van der).
Organisation interne de la larve de l'*œstre* du cheval.
Isis, 1830, v. vi à vii, p. 555.

KOLLAR (Vincent).
1. Monographia *Chlamydum* (avec 2 pl. coloriées).
In-fol. Vienne, 1824.
2. Catalogue systématique des *Lépidoptères* de l'archiduché
d'Autriche.
Extrait du 2ᵉ vol. des Mém. statistiques de l'Autriche, au-
dessous de l'Embs. In-8. Vienne, 1832.
3. Brasiliens vorsüglich lästige Insecten (*Insectes nuisibles
aux Brésiliens*), avec 1 pl. coloriée.
Fasc. in-4. Wien., 1832.

KORTUM (C.-A.).
Grunndsätze der Bienenzucht (*Le fondement de l'éducation
des abeilles*).
In-8. Wesel und Leipzig, 1776.

KOY (Tobias).
Beschreibung eines neuen werkzeugs zum Insektenfange
(*Description d'un nouvel instrument pour prendre les insectes*).
Mag. zur. Insekten., 2 band, 1802, p. 460.

KRAFFT (Abs. Fried.).
Von der grausamen thiere schädlichen ungeziefers und

verderblichen gewurmer natur, etc. (*Des animaux cruels, des insectes nuisibles et des vers destructeurs*).

In-8. Nürnberg, 1712.

KRAMER (Wilhelm.-Henric.).

1. Gryllorum 5-species in Austria observatæ.
Commerc. Lit. Norimberg, 1740, p. 226-25.

2. Elencus vegetabilium et animalium, per Austriam inferiorem observatorum (avec 1 planche).
In-8. Viennæ, Pragæ et Tergesti, 1756.

KRANTZ (David).
1. Historie von Grönland.
Barby and Leipzig, 1770.

2. Anmerkninnger over de tre forste Böger af Historie om Grönland.
Kiöbenhavn, 1771.

KRUENITZ (Johann.-Georg.), docteur en médecine et un des plus infatigables écrivains, né à Berlin en 1728, et morten 1796.

Das wesentlichste des Bienengeschichte und Bienenzucht, etc. (*Le plus essentiel de l'histoire des abeilles et de leur éducation*), avec 2 planches coloriées.

In-8. Berlin, 1774.

KRYNICKY (F.).
Litteræ directoris datæ, de *Coleopteris* quibus dam Rossics.
Bull. de la Soc. Imp. des Nat. de Moscou, t. 1, p. 187-199.

KUEHN (August.-Christian), né à Eisenach, en 1743, et mort le 24 février 1807.

1. Anecdoten zur Insecten geschichte.
Naturforscher, 1 stück, 1774.

A. Von dem sogenannten Herwurm, p. 79.
Relaté, Fuessly. Mag. der Entom., t. 2, p. 75.

B. Von der Raupe des kleinen Blauschillers (*Papillio Guercus*), p. 85-87.
Relaté, Fuessly. Mag. der Entom., 2 band, p. 81.

Suite. Naturforscher, 2 stück, 1774 (*Lépidoptères*), avec 2 pl. coloriées, p. 10-20.

Relaté, Fuessly. Mag. der Entom., 2 band, p. 83.

Suite. Naturforscher, 3 stück, 1774 (*Lépidoptères*), avec 2 pl. coloriées, p. 1-27.

Relaté, Fuessly. Mag. der Entom., 3 band, p. 103.

Suite. Naturforscher, 6 stück, 1775, avec 1 pl. coloriée, p. 69-86.

Suite. Naturforscher, 7 stück, 1775.

A. Abhandlung von besondern Raupen, die in Schaalen- thiere gränzen (*Des chenilles qui ressemblent à des tortues*), avec 1 pl. coloriée, p. 169-188.

B. Beobachtuugen der Fliegenden sommers (*Observations sur les mouches pendant l'été*), p. 272-277.

Suite. Naturforscher, 8 stück, 1776.

Abhandlung von einigen *Papillons*, avec 1 planche, p. 112-128.

Suite. Naturforscher, 9 stück, 1776.

A. Von dem ey des Gefleckten kleinen füervogls (*Sur les œufs d'une petite espèce de*, etc.).

B. Von der Raupen des Baureuseufs (*Sur la chenille des coques en nasse*).

C. Von der Todtenkopfs-Raupe (*Sur la chenille tête de mort*).

D. Von der Seltnen Schilraupe des sedi Telephii (*Sur une chenille tortue du*, etc.).

E. Von einer Gefrässigen Erraupe (*Sur une petite vorace*).

F. Von der Seltnen Puppe einer Birkenraupe (*Sur une chenille du bouleau et sa chrysalide*).

G. Forsgesetzte betrachtung der Raupen, die Schatthiere gränzen (*Des chenilles qui ressemblent à des tortues*), p. 169-176.

Suite. Naturforscher, 11 stück, p. 37-46.

Relaté, Fuessly. N. Entom. Magaz., 1 band, p. 206.

Suite. Naturforscher, 12 stück, p. 111-130.

Relaté, Fuessly. N. Entom. Magaz., 1 band, p. 212.

Suite. Naturforscher, 13 stück, p. 224-236.
Relaté, Fuessly. N. Entom. Magaz., p. 406.
Suite. Naturforscher, 14 stück, p. 50-65.
Relaté, Fuessly. N. Entom. Magaz., band 1, p. 408.
Suite. Naturforscher, 15 stück, p. 96-110.
Suite. Naturforscher, 16 stück, p. 73-81.
Suite. Naturforscher, 18 stück, p. 226-231.

2. Sammlung einiger merkwurdigkeiten aus dem Insekten reiche (*Collection de quelques objets remarquables du règne des insectes*).

Beschätigungen der Berliner Gesel. Naturf. freunde, band 3, 1775-77, p. 29-43.

3. Kurze anleitung Insekten zu sammeln (*Courte instruction pour la manière de faire des collections d'insectes*).
In-8. Eisenach, 1775.
Autre édition in-8. Eisenach, 1782.

KUGELLAN (J.-G.).
Veirzeichniss der in einigen Preussens bis jezt entdeckten Käfer-arten (*Catalogue des coléoptères découverts en Prusse*).
Schneiders, Entom. Magaz., 1 band, p. 252-306 et 477-582.
L'ouvrage a été continué par ILLIGER. (*V.* ce nom.)

KULMUS (Johann.-Adam), médecin anatomiste, né à Breslau en Silésie le 18 mars 1689, et mort le 29 mai 1745.
1. Von einem gevissen Fisch-Insekt (*D'un certain insecte poisson*, Éphémère).

2. Dissertatio de Insectis. Resp. Reinick (avec 1 planche).
In-4. Gedani, 1729.

KUNDMANN (Johann.-Christ), né à Breslau en 1684, et mort le 11 mai 1751.
Anmerkungen über die Heuschrecken in Schlesien (*Remarques sur les sauterelles dans la Silésie*), avec 1 planche.
In-4. Breslau, 1748.

KUNZE (Gustav.).

1. Entomologische fragmente.

Neue Schrif. der Naturf. Gesell. zu Halle, 2 band, 1818.

2. Monographien der ameisen Käfer (*Scidmenus, Latreille*), conjointement avec Decan et Mueller.

Actes des Scrutateurs de la Nature de Leipzig, vol. 1, 1823, p. 175-204, une planche lithographiée.

KUNTZMANN.

1. Uber der stachel der Bienen (*Sur l'aiguillon de l'abeille*).

Hufelands Journal des Prat. Keilk, Berlin, 1820, 3 st.-J., 119.

Mag. Entom. de Germ., 4 band, 1821, p. 436.

Dictionnaire des Sciences médicales, t. 9, p. 79.

2. Otites produites par des larves d'insectes.

Dictionnaire des Sciences médicales, t. 20.

KYBER (Johann.-Friedrich.).

1. Bemerkungen über die aus das ehemaligen Curculionem neu gebildeten gattungen *Lixus, Curculio* und *Rynchenus* (*Remarques sur l'ancien genre Charançon, partagé maintenant entre les genres,* etc.).

Neue Schrif. der Naturf. Gesellschaf zu Halle. Erster band, Halle, 1811.

Extrait dans le Mag. Entom. de Germ., t. 1, p. 65.

2. Einige Erfahrungen und Bermekungen über Blattläuse (*Quelques remarques sur les pucerons*).

Mag. Entom. de Germ., zweiter heft., 1815, p. 1-39.

3. Beitrage zur Verwandlungs-Geschichte einiger Käfer arten (*Matériaux pour servir à l'histoire des métamorphoses de quelques coléoptères*).

Mag. Entom. de Germ., 2 band, 1817, p. 1-23 (avec une planche).

L

LABILLARDIÈRE (Jean-Julien), botaniste français, né à Alençon, a voyagé en Angleterre, en Syrie, dans le Liban, dans les îles du Levant, en Sardaigne, en Corse, et enfin à la Nouvelle-Hollande, lors de l'expédition à la recherche de la Pérouse. Il a rapporté de ces voyages beaucoup de matériaux entomologiques, dont la plus grande partie a été décrite par Fabricius et Latreille.

Note sur les mœurs des Bourdons.

Mémoires du Muséum d'Histoire naturelle de Paris, t. 1, p. 55-59.

LACÈNE.
Mémoire sur les Abeilles.

LACHAT.
Mémoire sur une larve apode trouvée dans le bourdon des pierres (conjointement avec M. Audouin), avec figure.

Mémoires de la Société d'Histoire naturelle, t. 1, p. 329.
Bulletin de la Société philomatique, avril 1819, p. 49.

LACHMUND (Friedrich), médecin allemand, né à Hildesheim, mort dans la même ville, en 1676, à l'âge de 42 ans.

Observationes variæ Zoologicæ.

A. De *Cantharidibus* in magna copia prope Hildeshemium captis.

B. De Muscarum grandium, quæ Perlæ nominantur insecta copia.

Miscel. Acad. Nat. Curios., déc. 1, ann. 4 et 5, obs. 186 et 188, p. 239 et 243.

LACORDAIRE (J.-Théodore).

1. Mémoire sur les habitudes des *Coléoptères* de l'Amérique méridionale.

Annales des Sc. Naturelles, t. 21, 1830, p. 149-194.

2. Notice sur l'Entomologie de la Guyane française.

Annales de la Société Entom. de France, t. 1, 1832, p. 348-366.

3. Notice sur les habitudes des *Lépidoptères* diurnes de la Guyane française.

Annales de la Société Entom. de France, t. 2, 1833, p. 379.

4. Essais sur les *Coléoptères* de la Guyane française.
Nouvelles Annales du Muséum d'Hist. Nat. de Paris.
Revue Entomologique de Silbermann, t. 1, 1833, p. 95.

5. Introduction à l'Entomologie (avec 12 planches).
T. 1er. In-8. Paris, 1834.

LAEMMAN (Ch.-Aug.).
Descriptio et delineatio duarum *erucarum*.
Commerc. Noriberg, 1733, p. 316.

LAET (Johannes Van), géographe flamand, né à Anvers vers la fin du seizième siècle, et mort en 1649.
Novus orbis seu descriptio Indiæ occidentalis, libri 18.
In-fol. Lugduni Batavorum, 1633.
En français : in-fol. Leyde, 1640.
En flamand : in-fol. Leyde, 1644.

LAICHARTING (Jean-Népomucène de).
Verzeichniss und beschreibung der Tyroler Insekten (*Catalogue et description des insectes du Tyrol*), avec figures.
2 vol. in-8. Zürich, 1781-84.

LALANDE.
Lépidoptère exotique pris à Bordeaux : c'est le satyre OEdipus de l'Encyclopédie.
Bulletin d'Histoire Naturelle de la Société Linnéenne de Bordeaux, t. 1, 2e livraison, p. 70.

LALANE.

Manuel entomologique pour la classification des *Lépidoptères* de France.

In-8. Paris, 1829.

LAMARCK (Jean-Baptiste-Pierre-Antoine de Monette, de), né le 1ᵉʳ août 1744 à Barenton, dans le département de la Somme, professeur pour les animaux sans vertèbres au Muséum d'Histoire naturelle de Paris, mort à Paris le 19 décembre 1829.

1. Système des Animaux sans vertèbres.

1 vol. in-8. Paris, an 8 (1801).

2. Sur deux nouveaux genres d'Insectes de la Nouvelle-Hollande (avec fig.), Col. *Chiroscelis* ; Diptère *Panops*.

Annales du Muséum d'Histoire Naturelle, t. 3, 1804, p. 260.

3. Philosophie zoologique.

2 vol. in-8. Paris, 1809.

4. Extrait du Cours fait sur les Animaux sans vertèbres.

In-8. Paris, 1812.

5. Histoire naturelle des Animaux sans vertèbres.

7 vol. in-8. Paris, 1815-1822.

Extrait en allemand : Magaz. Entom. de Germar, 3 band, p. 317.

LAMBERT (John).

Travels through the United States of America, Canada, and Georgia, in the years 1806-1808.

3 vol. in-8. London, 1810.

LANDRIANI (Marsilio).

1. Opuscoli fisico-chimici.

In-8. Milano, 1781.

2. Del modo di dare la vernice alle farfalle, e ad altri Insetti.

Opuscol, t. 4, p. 242.

Trad. dans le journal de phys. de Rosier, t. 20, p. 299.

LANDUS (Ubertinus), connu aussi sous le nom d'ATELMO LEUCOFIANO.

Raggionamento intorno al frumento buccato, e inverminato del 1720.

Giornale de' Letterari d'Italia, supp., t. 1, n° 1.

LANG (Heinrich-Gottlob).

Verzeichniss seiner Schmetterlinge meistens in den gegenden neu Augsburg gesammelt. (*Catalogue de Lépidoptères de sa collection, presque tous ramassés aux environs d'Augsbourg*), avec 3 planches.

In-8. Augsbourg, 1782.

Autre édition ou suite, 1789.

LANGE (Johann).

Neue physische entdeckung, das die bienen-königinn bis in die generation fruchtbar gewesen. (*Nouvelle découverte physique constatant que la reine des abeilles a été fécondée jusqu'à la troisième génération.*)

Gesellsch. Gemeinnützige arbeiten, 1 band, p. 59.

LANGHANS.

Einige anmerkungen über des Fliegenauge. (*Quelques remarques sur les yeux de la mouche*).

In-8. Landshut, 1736.

LANGIUS (Christ-Jo.).

1. Diss. de Cochenilla.

In operum. in-fol. 1704, t. 2, p. 427.

2. De Pityocampis, picearum crucis.

Epistol. 15, p. 368.

LANGLOIS.

Livre de fleurs, avec diversité d'Oiseaux et de *Papillons*.

In-fol. Paris, 1620.

LAPORTE aîné (J.-L.).

Observations pour servir à l'histoire de quelques Insectes, et description d'une nouvelle espèce de *Coliade* (avec fig.).

Actes de la Soc. Linn. de Bordeaux, t. 4, 3° cah., p. 141.

LAPORTE (de).

1. Notice sur un nouveau genre de la famille des *Charançons* (conjointement avec M. BRULÉ).

Mém. de la Soc. d'Hist. Naturelle de Paris, t. 4, sept. 1828, p. 197.

2. Description du genre *Callicnemis*.

Magas. zool. de Guérin, 1832, ins., n° 7.

3. Description du genre *Stenocheila* (Col.).

Magas. zool. de Guérin, 1832, ins., n° 12.

4. Description du genre *Hoptopus* (Col. lamellic.).

Magas. zool. de Guérin, 1832, ins., n° 20.

5. Description du genre *Enicotarsus*.

Magas. zool. de Guérin, 1re ann., 1831, ins., n° 35.

6. Description du genre *Eurydera*.

Magas. zool. de Guérin, 1831, ins., n° 36.

7. Description du genre *Pachyderma* (Col. lamell.).

Magas. zool. de Guérin, 1832, ins., n° 37.

8. Description du genre *Trochalus* (Col. lamell.).

Magas. zool. de Guérin, 1832, ins., n° 44.

9. Essais d'une classification systématique de l'ordre des *Hémiptères*, Hétéroptères.

Magas. zool. de Guérin, 1832, ins., n° 52 à 55.

10. Notice sur le *Macrotoma*, nouveau genre de Diptères de la famille des Muscides (avec 1 pl.).

Annales des Sciences naturelles, t. 25, 1832, p. 457.

11. Notice sur un nouveau genre de l'ordre des *Homoptères* (G. *Heteronatus*).

Annales de la Soc. Entom. de France, t. 1, 1832, p. 95 à 98, avec dem.-pl. coloriée.

12. Mémoire sur quelques nouveaux genres de l'ordre des *Homoptères*, avec pl. au trait.

Annales de la Société Entom. de France, t. 1, 1832, p. 221 à 231.

13. Mémoire sur cinquante espèces nouvelles ou peu connues d'Insectes (de tous ordres).

Annales de la Société Entom. de France, t. 1, 1832, de la p. 386 à la p. 415.

14. Mémoire sur les divisions du genre *Colaspis*.
Revue Entom. de Silb., t. 1, p. 18.

15. *Coléoptères* et *Hémiptères* nouveaux.
Revue Entom., t. 1, 1833, p. 32.

16. Note monographique sur le genre *Oxycheila*.
Revue Entom. de Silb., t. 1, p. 126.

17. Note monographique sur le genre *Zuphium*.
Revue Entom. de Silb., t. 1, 1833, p. 251.

18. Essais d'une révision du genre *Lampyre*.
19. Annales de la Société Entom. de France, t. 2, 1833, p. 122 à 153.

19. Note sur un nouveau genre et un nouvel insecte *Homoptère* (Caliscelis), avec fig.
Annales de la Soc. Entom. de France, t. 2, 1833, p. 251

20. Observations sur les *Cicindélètes*.
Revue Entom. de Silb., 1834, p. 27.

21. Extrait du premier numéro de l'Entom. Magaz.
Revue Entom. de Silb., t. 2, 1834, p. 40.

22. Extrait de son essai et classification des *Hémiptères*.
Revue Entom. de Silb., ins., t. 2, 1834, p. 44.

23. Description d'une nouvelle espèce de *Mégacéphales*.
Revue Entom. de Silb., t. 2, 1834, p. 83.

24. Monographie du groupe des *Rhipicères* (avec fig.).
Annales de la Soc. Entom. de France, t. 3, 1834, p. 225.

25. Études entomologiques (avec 2 pl. col.).
1 fasc. in-8. Paris, 1834.

LASPEYRES (Jacques-Henri).

1. *Sœsiæ* Europæ iconibus et descriptionibus illustrato (1 pl. col.).

in-4. Berolini, 1801.

2. Vorschlag zu einer in die classe der Glossaten ein zu führenden gattung Platypteryx (*Proposition pour la place que doit occuper le genre Platypteryx dans l'ordre des Lépidoptères*).

in-4. Berlin, 1803.

3. Kritische revision der nuen ausgabe des systematischen verzeichniss von den Schmetterlingren de Wienen (*Révision critique d'une nouvelle édition du catalogue systématique des Lépidoptères des environs de Vienne*).

Illiger magazin zur Insektenk, etc.

1re partie, band 2, 1803, p. 33.

2e partie, band 4, 1805, p. 1.

LASSAIGNE.

Examen chimique du miel de la *Guêpe* Lecheguana.

moires du Muséum d'Histoire nat., t. 2, p. 319-20.

LATREILLE (Pierre-André), qui a été surnommé à juste titre le *Prince* et le *Héros* de l'Entomologie, dont il a fait une science à part, naquit le 29 novembre 1762 à Brives, département de la Corrèze, d'une noble famille, mais à laquelle il ne tenait que par les liens de la simple nature. Cette position décida de son sort; et en voyant le jour il fut destiné à l'état ecclésiastique. Des protecteurs généreux prirent soin de son éducation, et il répondit à leurs intentions bienveillantes. Un négociant de son pays, en lui prêtant des livres d'histoire naturelle, déve-

15

loppa en lui ce goût si vif pour les insectes, qui décida plus tard de l'occupation de toute sa vie. A l'âge de seize ans il fut appelé à Paris par une famille puissante, et put continuer ses études dans un des premiers colléges de la capitale. A vingt-trois ans il était retourné en province, et s'occupait avec succès de l'étude des insectes, mais, suivant une autre marche que Linné et Fabricius, qui n'avaient présenté que des méthodes arides, il chercha dès ce moment à en établir une basée sur les rapports naturels, et ses différents ouvrages n'ont été que le développement de cette idée. En 1791, étant venu à Paris, il se lia avec Fabricius, Olivier, Bosc, et se fit connaître par plusieurs mémoires importants, répandus dans les différents recueils scientifiques de l'époque, et par plusieurs articles de l'Encyclopédie méthodique.

La révolution, en ruinant les faibles ressources que Latreille devait à son état, le força de faire de ce qui n'avait été pour lui qu'un délassement une ressource contre les besoins de la vie. Son caractère d'ecclésiastique le fit incarcérer, condamner à être déporté : dans un autre moment il fut de nouveau proscrit comme émigré ; mais ses occupations tranquilles et son caractère exempt de toute intrigue lui firent des amis et des protecteurs de ses concitoyens, et il fut toujours heureusement préservé. Dans les intervalles de ces dangers il avait donné un ouvrage fort important pour l'époque et bien rare aujourd'hui, c'est le *Précis des caractères des Insectes,* imprimé à Brives en 1796. Vers 1798 il revint à Paris, fut successivement nommé correspondant de l'Institut et aide naturaliste au Jardin des Plantes, chargé de suppléer M. de Lamarck dans le classement des insectes. Il a porté bien long-temps ce titre modeste, tout en remplaçant entièrement le professeur, et en pliant même sa propre méthode à des idées singulières : exemple de modestie bien rare et dont il a emporté le secret avec lui. C'est pendant près de trente ans que dura cette position qu'il rédigea presque tous ses ouvrages, tels que son *Histoire des Fourmis,* son *Genera*

Crustaceorum et Insectòrum, qui est son chef-d'œuvre; son *Histoire des Crustacés et Insectes*, ses *Considérations sur les Insectes* et le *Règne animal de Cuvier*, etc. Ces ouvrages sont remplis d'aperçus tellement ingénieux, que presque toujours l'anatomie est venue confirmer les rapprochemens qu'il avait indiqués. Ils sont presque tous indispensables aux Entomologistes.

Latreille avait été nommé membre de l'Institut en 1814, chevalier de la Légion-d'Honneur en 1821; et le grand âge de M. de Lamarck donnait à penser que bientôt il jouirait de la place et du titre qui lui étaient si bien dus; mais déjà aussi l'envie s'agitait, répandait sourdement le bruit que ses études étaient trop spéciales, que les Mollusques lui étaient étrangers, etc., etc. On répétait même *tout bas* que sa tête était bien fatiguée, etc., etc. Pour répondre à ses détracteurs il publia *les Familles du Règne animal*, ouvrage où il est sorti de sa sphère habituelle, et où il a apporté l'esprit d'ordre et d'agglomération naturelle qu'il possédait à un si haut degré. Quoique ce livre ne soit pas exempt de défauts, il prouva ce dont sa tête était encore capable. Cependant quand en 1829 la mort eut frappé M. de Lamarck, l'intrigue et le népotisme furent sur le point de réussir à l'évincer; mais le célèbre Cuvier tendit une main ferme à son ami et à son collaborateur, et l'assit à la chaire où depuis long-temps il aurait dû être monté. Ce savant fit dans ce moment un second acte de justice; car, faisant séparer en deux la chaire, qui était, vu l'état de la science, trop chargée, il présenta pour la partie des Mollusques un homme dont il reconnaissait le talent, mais qu'il avait des raisons pour ne pas aimer, préférant l'intérêt de la science à sa satisfaction personnelle.

Latreille ne jouit pas long-temps de cette juste récompense. La mort de Cuvier le frappa; et il me disait quelques jours après qu'il sentait qu'il ne lui survivrait pas beaucoup. En effet il ne tarda pas à être atteint de la maladie qui l'emporta le 6 février 1833. Il travaillait en ce moment à son Cours d'Entomologie, dont le premier volume seul avait été publié

Latreille était d'une constitution et d'une santé délicates ;
les éjour dans les prisons avait encore contribué à les altérer.
Ce n'est qu'avec un régime très-frugal et par la privation de
toute espèce de plaisirs qu'il put encore se conserver aussi
long-temps. Il était d'un caractère doux, bienveillant, mais
sans énergie, ce qui venait malheureusement de la situation
précaire où la fortune l'avait placé, situation qui lui faisait
toujours craindre de se compromettre vis-à-vis de gens qu'il
regardait comme redoutables par cela seul qu'ils étaient mé-
chants. Sur la fin de sa vie les tracasseries qu'il avait éprouvées
l'avaient rendu moins ouvert, et il paraissait redouter les
jeunes gens qui se livraient avec ardeur à la même carrière que
lui ; mais c'était bien à tort : car tout ce que nous, qui l'avons
connu, pourrions faire effacerait-il jamais ce qu'il a fait !
Outre ses travaux entomologiques, Latreille a fait beaucoup
d'autres ouvrages zoologiques, géographiques et d'antiquité :
car il était fort instruit dans toutes les sciences.

Je me suis étendu sur cet auteur, d'abord parce qu'il a
plus fait jusqu'à présent que toute autre personne pour l'Entomologie, ensuite parce que je me glorifie d'avoir été un de
ses élèves, et, malgré la différence de nos âges, j'oserai dire
un de ses amis.

1. *Mutilles* découvertes en France.

Actes de la Soc. d'Histoire naturelle de Paris, t. 1, 1792,
part. 1, p. 6-12.

2. Description de deux nouvelles espèces de *Mutilles*.

Journal d'Histoire naturelle, t. 2, p. 98-101.

3. Description d'une nouvelle espèce de *Tiphie*.

Magas. encyclopédique, t. 1, p. 25.

4. Mémoire sur la Phalène culiciforme de l'éclaire (*G. aley-
rode*).

Magas. encyclopédique (1795), n-8., t.4, p. 504.

5 Mémoire sur le genre *Diopsis* de Linné.

Journal de la Société de Médecine et d'Histoire naturelle
de Bordeaux, t. 1, p. 77.

Magas. encyclopédique, t. 6, 1797, p. 433.

6. Précis des caractères génériques des Insectes disposés dans un ordre naturel.

In-8. Brives, 1796.

Extrait. Bulletin de la Soc. Philom., t. 1, 1797, p. 118.

Extrait. Magas. encyclopédique, t. 6, 1797, p. 550.

7. Description du *Kermès* mâle de l'orme.

Magas. encyclopédique, t. 2, 1796, p. 146.

Réimprimée à la suite de l'Histoire des Fourmis, 1802, p. 326-332.

8. Découverte de nids de *Thermes*.

Magas. encyclopédique, 1797, t. 6, p. 550.

Bulletin de la Soc. Philom., t. 1, 1798, p. 84.

9. Lettre sur le genre *Rhinomacer*.

Journal de la Soc. de Médecine et d'Histoire naturelle de Bordeaux, t. 2, p. 331.

10. Mémoire sur une nouvelle espèce de Psylle (le genre *Livie*).

Bulletin de la Soc. Philom., t. 1, an 6 (1798), p. 113.

Réimprimé à la suite de l'Hist. des fourmis, p, 521.

11. Observation sur la *Raphidie* ophiopsis.

Bulletin de la Soc. Philom., t. 1, 1798, p. 153, avec fig.

12. Observation sur l'hist. natur. de la *Puce*.

Rapport général des travaux de la Société Philomatique, t. 2. Paris, 1798.

13. Essais sur l'histoire des *Fourmis* de la France.

1 fasc. in-12. Brives, an 6 (1798).

Extrait. Journal de Santé et d'Histoire naturelle de Bordeaux (Capelle), t. 3, p. 130.

14. Observations sur une *Teigne* de la cire décrite par Réaumur dans ses mémoires.

Journal de la Société de Médecine et d'Hist. naturelle de Bordeaux, t. 3, p. 19.

15. Observations sur la *Fourmi* fongueuse de Fabricius (avec figures).

Bulletin de la Soc. Philom. t. 2, 1799, p. 1.

Extrait. Magas. encyclopéd., t. 1, 1799, p. 93.

16. Observations sur *l'Abeille* tapissière de Réaumur (avec figures).

Bull. de la Soc. Philom., t. 2, 1799, p. 33.

Réimprimé à la suite de l'Histoire des Fourmis, p. 297.

17. Mémoire sur un Insecte qui nourrit ses petits de l'abeille domestique *(Philantus apirorus)*, avec figures.

Société Philomatique, t. 2, 1799, p. 49.

Réimprimé à la suite de l'Hist. des Fourmis, p. 307.

18. Sur une nouvelle espèce d'*Ichneumon* (Ich. Pendulator), avec figures.

Bull. de la Société Philomat., t. 2, 1799, p. 138.

19. Description d'un nouveau genre d'Insectes *(Pelecinus)*.

Bull. de la Société Philomat., t. 2, 1799, p. 155.

20. Observations sur les mœurs et l'industrie d'une petite *Abeille.*

Magasin encyclopédique, 1799, t. 4, p. 230.

21. Description d'un nouveau genre d'Insectes (avec fig.), G. *Elmis).*

Bull. Soc. Philom., t. 2, 1800, p. 155.

A la suite de l'Histoire des Fourmis, p. 396.

22. Mémoire sur la *Vrillette* striée.

Dans le Rapport des travaux de la Société Philomatique de 1799 à 1800, t. 4.

23. Histoire naturelle des Crustacés et Insectes, faisant partie du Buffon de Sonnini (avec 374 planches).

14 vol. in-8. Paris, 1802-1805.

Extrait en allemand des familles, tribus et genres de Coléoptères contenus dans cet ouvrage. Illigers. Magaz. zur Insekt., 3band, 1804, p. 1 et suivantes.

24. Histoire naturelle des *Fourmis*, avec 12 planches coloriées.

In-8. Paris, an 10 (1802).

A la suite de cet ouvrage on trouve divers mémoires dont plusieurs relatés plus haut, et d'autres dont les titres suivent.

25. Observations sur le genre *Ricin*, et sur l'espèce qui vit parasite sur le Paon.

Hist. des Fourmis, p. 389-96.

26. Ordre naturel des insectes désignés généralement sous le nom d'*Abeilles*.

Hist. des Fourmis, p. 401.

27. Description d'une nouvelle espèce de *Fourmi*.

Bull. de la Société Philomatique, t. 3, 1802, p. 65.

28. Observations sur quelques *Guêpes* (avec fig.).

Annales du Muséum d'Histoire naturelle, t. 1, 1802, p. 287.

Bull. de la Société Philomatique, t. 3, p. 147.

29. Description d'une Larve et d'une espèce inédite du genre des *Cassides* (avec fig.).

Annales du Muséum d'Hist. nat., t. 1, 1802, p. 295.

30. Observations sur *l'Abeille* pariétine de Fabricius, et considérations sur le genre auquel elle se rapporte.

Annales du Muséum d'Hist. natur., 1804, t. 3, p. 251.

31. Mémoire sur un gâteau de ruche d'une Abeille des Grandes-Indes, et sur les différences des *Abeilles* proprement dites, vivant en grande société, de l'ancien continent et du nouveau (avec fig.).

Ann. du Mus. d'Hist. nat., t. 4, 1804, p. 383.

32. Notice des espèces d'*Abeilles* vivant en grande société, ou Abeilles proprement dites, et descriptions d'espèces nouvelles (avec fig.).

Ann. du Mus. d'Hist. nat., t. 5, 1804, p. 161.

33. Dictionnaire d'Histoire naturelle de Déterville, 1ʳᵉ édition, in-8., 1804.

Plusieurs articles d'Entomologie dans le cours de l'ouvrage, et dans le 24ᵉ volume un tableau méthodique des reptiles, des poissons, des molusques, des annelides, des crustacés, des *Insectes* et des zoophites.

34. Genera Crustaceorum et Insectorum secundum ordinem naturalem in familias disposita (avec 16 planches).

4 vol. in-8. Paris, 1806, 7 et 9.

35. Notice biographique sur J.-C. Fabricius.

Annales du Muséum d'Histoire natur., 1808, t. 11, p. 393.

36. Mémoire sur le genre *Anthidie* de Fabricius (avec 1 planche).

Ann. du Mus. d'Hist. nat., t. 13, 1809, p. 24 et 207.

Traduit en allemand dans le Magasin Entom. de Germar, 2ᵉ cahier, 1815, p. 40-103.

37. Nouvelles Observations sur la manière dont plusieurs Insectes de l'ordre des *Hyménoptères* pourvoient à la subsistance de leur postérité.

Annales du Muséum d'Hist. naturelle, 1809, t. 14, p. 412.

Extrait. Nouveau Bulletin de la Société Philomatique, t. 2, 1810, p. 75.

38. Considérations générales sur l'ordre naturel des animaux composant la classe des crustacés, des arachnides et des insectes.

In-8. Paris, 1810.

39. Observations de zoologie et d'anatomie, par M. de Humboldt (la partie des Insectes), avec planches coloriées.

2 vol. in-4. Paris, 1811 et suiv.

La même partie traduite en allemand. Germar, Magaz. der Entom., 2 cahiers, 1815, p. 104.

40. Encyclopédie méthodique. Beaucoup d'articles à dater de 1811, et les planches qui en dépendent.

41. Mémoire sur un Insecte que les anciens réputaient fort venimeux et qu'ils nommaient *Bupreste*.

Annales du Muséum d'Hist. nat., t. 19, 1812, p. 129.

Réimprimé dans l'Histoire naturelle de Pline, édition latine de Lemaire, vol. 8, 1830, p. 559.

Réimprimé dans le même ouvrage, édition française, traduction d'Ajasson, vol. 17, 1833, p. 585.

42. Nouveau Dictionnaire d'Histoire naturelle, 2ᵉ édition tous les articles d'Entomologie).

In-8. Paris, 1816 et suiv.

43. Règne animal, par Cuvier (15 pl.).

1ᵉ Edition, 4 vol. in-8. Paris, 1817.

Le troisième volume, contenant l'Entomologie, avec (2 pl.).

Extrait de cette partie en allemand. Germar, Magaz. Entom., 3 band., p. 339.

2ᵉ Edition, Paris, 5 vol. in-8. (avec 20 pl.), les vol. 4 et 5, 1829, (avec 4 pl.).

44. Introduction à la géographie générale des Arachnides et des Insectes, ou des climats propres à ces animaux.

Mémoires du Muséum d'Hist. natur., t. 111, 1817, p. 591.

45. Considérations nouvelles et générales sur les Insectes vivant en société.

Mém. du Mus., t. 3, 1817, p. 591-410.

46. Des Insectes peints ou sculptés sur les monuments de l'Egypte (1 pl.).

Mém. du Mus., t. 5, 1819, p. 249-270.

47. Mémoires sur divers sujets de l'histoire naturelle des Insectes et autres.

In-8. Paris, 1819.

Ce sont : une Notice sur les peuples anciens, nommés Seres, p. 113-118.

Des Insectes peints ou sculptés sur les monuments de l'Egypte.

Introduction à la Géographie des Insectes, et Considérations générales sur les Insectes vivant en société.

Ces trois derniers Mémoires déjà imprimés dans les Mémoires du Muséum.

48. Passage des animaux invertébrés aux animaux vertébrés. In-8. Paris, 1820.

49. Des rapports généraux de l'organisation extérieure des animaux invertébrés articulés, et comparaison des Annelides avec les Myriapodes.
Mémoires du Muséum d'Histoire naturelle. T. 6, 1820, p. 116-144.

50. De quelques Appendices particuliers du thorax de divers Insectes.
Mémoires du Muséum d'Hist. natur., t. 7, 1821, p. 1-21.
Ann. génér. des Sc. physiq., Bruxelles, t. 6, p. 332.

51. De la formation des ailes des Insectes.
Fasc. in-8.

52. Description des Insectes de la Nubie, recueillis par M. Caillaud (1 pl. in-4).
In-8. Paris.

53. De l'organe musical des *Criquets* et des *Truxales*, et de sa comparaison avec celui des mâles des *Cigales*.
Mém. du Mus., t. 8, p. 121-132.

54. Eclaircissements relatifs à l'opinion de M. Hubert fils, sur l'origine et l'issue extérieure des *Abeilles*.
Mém. du Mus., t. 8, 1822, p. 133-148.

55. Observations nouvelles sur l'organisation extérieure des animaux articulés à pieds articulés.
Mém. du Mus., t. 8, 1822, p. 169-202.

56. De l'origine et des progrès de l'Entomologie.
Mém. du Mus., t. 8, 1822, p. 461-482.

57. Dictionnaire classique d'Histoire naturelle.
Divers articles généraux.
In-8. Paris, 1822 et suivantes.

58. Histoire naturelle et iconographique des *Coléoptères*
d'Europe (conjointement avec M. Dejean); 15 planches.
In-8. Paris, 1822.
L'ouvrage a cessé après la 3ᵉ livraison.

59. Notice sur un insecte hyménoptère de la famille des Di-
ploptères, connu dans quelques parties du Brésil sous le
nom de *Guêpe* lecheguana et récoltant du miel.
Mém. du Mus., t. 11, 1824, 313-318.
La figure se trouve sur une planche du t. 12.
Extrait, Annales des Sc. nat., t. 4, 1825, p. 235.

60. Note sur un Mémoire de M. le comte Ignace Mielzinsky,
relative à la Larve du *Drillus* flavescens.
Annales des Sciences naturelles, t. 1, 1824, p. 78.

61. Esquisse d'une distribution du règne animal.
Fas. in-8, 1824.

62. Rapport sur un ouvrage de Dalman, intitulé : *Analecta
Entomologica.*
Annales des Sc. nat., t. 3, 1824, p. 374.

63. Familles naturelles du règne animal.
1 vol. in-8. Paris, 1825.
Trad. en allemand par Berthold, 1825.

64. Cours d'Entomologie, 1ʳᵉ année (avec 24 planches).
In-8. Paris, 1831.
De l'organisation extérieure des *Thysanoures.*
Nouvelles Annales du Mus. d'Hist. nat., t. 1, p. 161.

65. Distribution méthodique de la famille des *Serricornes*
(ouvrage posthume).
Ann. de la Soc. Entom. de France, t. 3, 1834, p. 113.

LAUCRET.
Mémoire sur les Larves des Coléoptères aquatiques (con-
jointement avec Miger). *Voy.* ce nom.
Extrait. Bulletin de la Soc. Philom., t. 3, p. 229.

LAXMANN (Eric).

1. Siberische Briefe(publié par Schlötzer).
In-8. Gotha, 1789.

2. Nova Insectorum species.
Novi commentar. Acad. Petropolit., t. 14, p. 4, Hist.
p. 49, Mém. p. 59-3, n° 2.

3. Etwas zur Insektengeschichte (*Un mot sur l'histoire des insectes*).
Wittenb. Wochenbl., 9 band, p. 146-158.

4. Observationen von einigen Insekten und würmern (*Observations sur quelques insectes et vers*).
Neue Gesellsch. Erzähl., 4 th. p. 157.

LEACH (William-Elford).

1 Encyclopedia.
In-4. Edimburg, 1810 et suivantes.
Les articles d'Entomologie sont de M. Leach.

2. An account of two species of *Clytra*.
Mem. of the Entom. Soc. of London, 1812, p. 248.

3. An essay on the British species of the genus *Meloe*, with descriptions of two exotic species (2 pl. coloriées).
Trans. Soc. Linn. of London, t. 11, 1re part., 1813, p. 35.

4. Monograph. on the *Cebrioniaæ*, a family of Insects.
Zool. Journal, t. 1, 1814, p. 35-45.

5. The Zoological Miscellany (conjointement avec NODDER).
5 vol. in-8. Lond.
L'ouvrage est en latin et en anglais ; chaque description est accompagnée d'une figure coloriée.
T. 1, 1814, 19, description et planches d'insectes.
T. 2, 1815, 11, description et planches d'insectes.
T. 3, 1817, travail général sur la classification des Insectes, et 5 planches en dépendant.
Les numéros de planches sont intervertis.

Extrait en allemand dans le Mag. Entom. de Germar, 3 band, p. 377.

6. Further observations on the genus *Meloë*, with descriptions of six exotic species, t. 1, pl. coloriée.

Trans. Soc. Linn. of London, t. 11, 1815, 2ᵉ part. p. 242.

7. A tabular view of the external Characters of four classes of Animals, which Linné arranged unter *Insecta*.

Trans. Soc. Linn. of London, t. 11, 2ᵉ part., p. 506, 1815.

8. Descriptions of some new genera and species of Animals, discovered in Africa. By, T. C. Bowdich.

Une demi-feuille in-4.

9. On the classification of the natural tribe of Insects *Notonecdites*, with descriptions of the British species.

Trans. Soc. Linn. of London, t. 12, 1817, 1ʳᵉ part., p. 10, 1817.

10. On the genera and species of *proboscideous Insects;* and on the arrangement of *œstrideous Insects*.

1 vol. in-8, avec figures. Edimbourg, 1817.

(Dans les Mémoires de la Société d'Histoire naturelle Wernérienne), avec 3 pl. col., 1817.

11. Characters of a new genus of Coleopterous Insects of the family *Byrrhidæ*.

Trans. Soc. Linn. of London, t. 13, 1ʳᵉ part., 1821, p. 41.

12. Descriptions of thirteen species of *Formica*, and three species of *Culex*.

Zool. Journ., t. 2, 1825-26, p. 289.

13. On the stirpes and genera composing the familly *Pselaphidæ*; with descriptions of some new species.

Zool. journ., t. 2, nᵒ 8. 1825-26, p. 445.

LEBLOND.

Catalogue des Insectes envoyés de Cayenne à la Société d'Hist. Nat. de Paris, par Leblond. Publié par Olivier.

Act. de la Soc. d'Hist. nat. de Paris, t. 1, p. 120.

LEBREUX (F.-L.).

Histoire naturelle des Lépidoptères.

In-12. Valenciennes, 1827.

LECHE (Johann.).

1. Dissertatio novæ Insectorum species Resp. UDDMANN (*voy.* ce nom), avec 7 planches.

In-4. Aboæ, 1753.

Nouvelle édition, publiée par Panzer. In-4. Norimberg, 1790.

2. Honunger-d'Aggens historia (*Histoire de la rosée de miel.* Pucerons).

Vetenskaps. Academ. Handlinger, 1762, p. 87.

Traduction allemande, 1762, p. 89.

LECLERC.

Observations sur la corne du *Psile* de Bosc, présentées à l'Académie des Sciences en 1815.

LECOINTE DE LAVEAU.

Considérations sur les principaux organes des Insectes.

LEDELIUS (Samuel).

De Polygono marchico *Coccifero.*

Ephem. Nat. Curios. Déc. 3, an 9 et 10, obs. 68, p. 132.

LEDERMUELLER (Martin-Forobenius), né à Nuremberg le 22 août 1719, et mort dans la même ville le 16 mai 1769. Il s'est particulièrement fait un nom par ses observations microscopiques.

1. Der mikroskopischen Gemueths und Augen Ergoetzung, etc. (*Récréations microscopiques pour l'esprit et pour les yeux, avec une instruction fidèle,* etc.).

In-4. Nurnberg, 1762.

L'ouvrage contient cinquante planches, dessinées et gravées d'après nature, enluminées.

Autre édition. Nurnberg, 1765.

Autre édition en français. Nurnberg, 1768,

2. Von zergliederung der Raupen (*Anatomie des chenilles*). Frankisk sammlung, 3 band, p. 178.

3. Von der Schlupswespe (*Sur les Tenthrèdes*).

LEDOUX.
Description d'une nouvelle espèce du genre *Enoplium* (avec fig. color.).
Ann. de la Soc. Entom. de France, t. 2, 1833, p. 474.

LEEM (Knud), né en Norwége en 1697, mort à Drontheim, en 1774.
Beskrivelse over Finmarkens-Lapper (*Description des Lapons de Finmark*, etc.), en danois et latin.
In-4. Kiöbenhaven, 1767.
Traduction allemande, in-8. Leipzig, 1774.

LEEUWENHOECK (Antony Van), naturaliste, physicien, né à Delft le 21 octobre 1632, mort le 28 août 1723, s'est rendu célèbre par ses travaux microscopiques. On est étonné avec raison des découvertes qu'il a pu faire dans ce genre, et de l'adresse et de la persévérance qu'il lui a fallu, quand on sait que les instruments dont il se servait donnaient à peine des grossissements de cent à cent cinquante fois; mais, comme à côté de l'éloge la critique doit trouver sa place, on est obligé de dire qu'il n'a quelquefois vu que ce que son imagination lui faisait désirer de voir.

1. De ovis *Apum*.
Philos. Transact., n° 94, p. 6037.
En allemand, Leskens, 1 band, 1 theil, p. 98 (avec fig.).

2. De Pediculis.
Philos. Transact., n° 97, p. 6116.

3. Of the animalcula in Rain, Sea, and Snow water, also in Pepper-water (*Sur les animalcules qui se trouvent dans l'eau, dans la mer, dans l'eau de neige*, etc.).
Philos. Transact., n° 133, p. 821.
Badd., 11, p. 75.
En allemand, Leskens, 1 band, 2 theil, p. 51.

4. The manner of observing the Animalcules in several sorts of water (*Manière d'observer les animalcules qui se trouvent dans différentes sortes d'eaux*).

Philos. Transact., n° 134, p. 844.

Badd., 11, p. 78.

En allemand, Leskens, 1 band, 2 theil, p. 51.

5. Abstract of a Letter concerning *generation* by an Insect.

Philos. Transact., 1685, n° 174, p. 1120.

6. De Bombycum crucis, carumque ovis.

Vervolg der Brieven.

In-4. Leiden, 1688.

7. An extract of a Letter containing the history of the generation of an Insect.

Philos. Transact., 1694, p. 194.

8. De ovario et cornea oculi *Libellulæ*.

Vyfde vervolg der Brieven.

In-4. Delphis, 1696.

9. *Curculionis* generatio.

Philos. Transact., n° 213.

10. De oculis scarabæi *Cervus volans* dicti.

Philos. Transact., n° 240, p. 196.

11. Letter concerning some Insects observed by him on Fruit-trees.

Philos. Transact., 1700, n° 266, p. 659.

12. Concerning green weeds growing in water, and some animalcula found about them (*Sur des plantes qui naissent dans l'eau, et sur des animalcules qui s'y attachent*).

Philos. Transact., n° 283, p. 1304.

Badd. 4, p. 197.

13. De *Cochenilla* (avec figures).

Philos Transact., vol. 24, n° 292, p. 1614-28.

Badd. 4, p. 527.

14. Observatio microscopica de Proboscide *Culicis*.

Philos. Transact., n° 507, p. 2305.

15. Arcana Naturæ detecta ope Microscopiorum.

4 vol. in-4. Delphis Batavorum, 1695-96-97 et 1719.

En allemand, in-4. Delft, 1696.

En hollandais, 5 vol. in-fol.; t. 1, Delt., 1697; t. 2, 1719; t. 3, Amsterdam, 1719; t. 4, 1722; t. 5, 1722.

En latin, Lugduni Batavorum, in-4, 1696.

En anglais, 2 vol. in-4. London, 1698.

Autre édition, Delphis, 4 vol. in-4, 1722.

Autre édition, Leyde, 4 vol. in-4, 1722.

Outre les Mémoires ci-dessus qui se trouvent refondus dans cet ouvrage, il en contient encore beaucoup d'autres sur les Insectes, dont quelques-uns relatés dans les journaux allemands.

16. Von den Bienen (Arcana naturæ, lettre 33) *Abeille.*

OEkonom. Physika, abhandl. 11 th., p. 648.

17. Von den schlupfwespen der Blattläuse (*Sur l'ichneumon des pucerons*). Arcana naturæ.

Berlin, Sammlung. 9 band, p. 341 (avec figure).

LEFEBURE.

1. Observations sur les *Mans* et les *Hannetons.*

Mém. de la Soc. d'Agriculture de Paris, 1787, p. 122-149.

2. Observations qui peuvent servir à l'histoire naturelle du Dauphin, ou *Papillon* crépusculaire.

Journal de Physique, t. 28, p. 431-434.

Voigts Mag., 5 band, 3 stück, p. 81-86.

LEFEBVRE (Alexandre), né à Paris, en 1797.

1. Description de trois *Papillons* nouvellement observés.

Ann. de la Soc. Linn. de Paris, vol. 5, 1826.

2. Description de cinq espèces de *Lépidoptères* nocturnes des Indes orientales.

Zool. Journal, n° 10, avril-sept. 1827, p. 205.

3. Description de divers Insectes inédits recueillis en Sicile (avec 1 planche).

1. fasc. Annal. de la Soc. Linn. de Paris, t. 6.

16

4. Description du *Satyre* Anthelea de Hubner.
Mag. Zool. de Guérin, 1ʳᵉ ann., ins. 1831, n° 3.

5. Description de l'*Ephippiger* macrogaster.
Mag. Zool. de Guérin, 1ʳᵉ ann. 1831, ins. n° 5.

6. Description de la *Fidònia* spodiaria.
Mag. Zool. de Guérin, 1832, ins. n° 8.

7. Description du *Polyommatus* ottomanus.
Mag. Zool. de Guérin, 1ʳᵉ ann., 1831, ins. n° 19.

8. Description de la *Pentatoma* Ægyptiaca.
Mag. Zool. de Guérin. 1ʳᵉ ann. 1831, ins. n° 20.

9. Description de l'*Halis* spinosula.
Mag. Zool. de Guérin, 1ʳᵉ ann. 1831, ins. n° 21.

10. Description de la *Syntomis* khulveinii.
Mag. Zool. de Guérin, 1832, ins. n° 23.

11. Description de l'*Halis* hellenica.
Mag. Zool. de Guérin, 1ʳᵉ ann. 1831, ins. n° 24.

12. Description de la *Fidonia* Duponhcelaria.
Mag. Zool. de Guérin, 1ʳᵉ ann. 1831, n° 32.

13. Description d'une monstruosité dans un *Scarite.*
Mag. Zool. de Guérin, 1831, ins. n° 40.

14. Caractères distinctifs entre quelques *Satyres* européens
(avec 1 planche coloriée).
Ann. de la Soc. Entom. de France, t. 1, 1832, p. 80 à 91

LEHMANN (Mart.-Christ-Gottlob.).

Insectorum species nonnullæ vel novæ vel minus cognitæ,
in agro Hamburgensi captæ ex ordine *Dipterum.*
Acta Naturæ Curiosorum de Bonn, t. 12, 1ʳᵉ part., texte
de la page 239 à la page 248, 1 pl. coloriée.
In-4. Bonn, 1824.

LEHMANN (Johann.-Gottlob.), minéralogiste allemand,
mort à St.-Pétersbourg le 20 février 1767.

1. Zweifel wider den Satz in der naturlehrer die thränen

sind *Mares* oder das Männliche geschlecht der Bienen (*Doute au sujet de savoir si les bourdons sont les mâles des abeilles*).

Abhandlung der Bienengesellsch., in der Oberlausiz, 1767. p. 20.

2. Anmerkungen über die Erzeugung der Kornwürmer (*Remarques sur la génération des vers de blé*).

Mylii, Phisikal. Belustigung, 2 band, 17 st., p. 522-25.

3. Verwandlung des Hasselnusswurms, in einen Rüsselkäfer (*Métamorphose d'un ver de noisette en scarabée d trompe*, Charançon).

4. De Sensibus externis animalium exsanguium.
In-8. Guëttingæ, 1798.

5. De antennis Insectorum dissertatio, pars prior fabricam ; pars posterior usum.
In-12. Leipzig, 1779.
Autre éd. in-8. Londres et Hambourg.

LEINER.

Catalogue des *Lépidoptères* des environs de Constance.
Isis, 1829, n° 10, p. 1059.

LEMPRIERE (William).

Practical observations on the diseases of the army in Jamaica during the years 1792-1797.
2 vol. in-8. London, 1799.

LENZ (Johann.-Georg.).

Anfangsgründe der Thiergeschichte (*Eléments de zoologie*).
In-8. Juin 1783.

LÉON (Jean), géographe arabe du 16ᵉ siècle, surnommé l'Africain, naquit à Grenade ; voyagea long-temps dans l'intérieur de l'Afrique, fut pris à son retour par des bâtiments chrétiens, et conduit au Pape Léon X, qui le fit instruire dans la religion chrétienne, voulut être son parrain et lui donna son nom. On croit qu'après la mort de ce pontife il retourna en Afrique, mais on ignore le lieu de sa mort.

Description de toute l'Afrique, en 9 livres.

Cet ouvrage avait d'abord été composé par l'auteur en arabe et traduit par lui-même en italien; mais il ne fut imprimé pour la première fois qu'en 1550 en cette langue. Il en a été donné ensuite des éditions dans presque toutes les langues.

LEPEKHIN, que l'on écrit quelquefois Lepechin (Jean-Ivanovitsch), né en 1739 et mort en 1802.

1. Notes journalières sur un voyage dans les provinces de l'empire russe, pendant les années 1768-69.

In-4. St.-Pétersbourg, 1771.

Traduit en allemand, 3 vol. in-4. Altenburg, 1774-83.

2. Nachricht von einigen Merkwürdigen Insekten.

1re partie : Berlin Sammlung, 8 band, 5 st., p. 508-513.

2e partie : id. id. 6 st., p. 580-85.

Ce sont des extraits du voyage cité plus haut.

3. Considérations sur l'éducation des Vers à soie.

St-Pétersbourg, 1798.

LEPELETIER DE SAINT-FARGEAU (Amédée).

1. Mémoire sur quelques espèces d'Insectes de la section des Hyménoptères, appelés porte-tuyaux (*Les g. Clepta, Chrysis et Hédychre*), avec 1 pl. coloriée.

Ann. du Muséum d'Hist. nat., t. 7, 1806, p. 115-129.

2. Monographia *Tenthredium* Synonymia extricata.

Paris, 1823, 1 vol. in-8.

3. Observations sur l'accouplement d'Insectes d'espèces différentes.

Analyse des travaux de l'Acad. royale des Sciences pour 1827. Physique, p. 56.

4. Descript. du genre *Macromeris* (1 pl.), et 2 espèces.

Mag. Zool. de Guérin. 1re ann., 1831, ins. n° 29-30.

5. Descript. du *Sphex* Latreillei.

Mag. Zool. de Guérin, 1re ann. 1831, Ins., n° 33.

6. Descript. du *Sphex* Thunbergii.

Mag. Zool. de Guérin, 1re ann., 1831, Ins., n° 34.

7. Mémoire sur le genre *Gorytes* de Latreille (avec 1 pl.).

Annales de la Société Entomol. de France, t. 1, 1832, p. 52-79.

8. Obs. sur l'ouvrage de M. Dahlbom sur les *Bombus* de la Suède, avec les caractères des genres *Bombus* et *Bithyrus*.

Annales de la Société Entomol. de France, t. 1. 1832, p. 366-382.

9. Description de trois nouvelles espèces de *Cimbex*.

Ann. de la Soc. Entom. de France, t. 2, 1833, p. 454.

10. Remarques sur les caractères donnés par M. Klug au genre *Syzigonia* (*Hyménoptère*).

Ann. de la Soc. Entom. de France. t. 2, 1833, p. 356, avec fig.

On lui doit encore, conjointement avec M. AUDINET-SERVILLE :

La partie entomologique de la Faune Française;

La rédaction des articles d'Insectes dans le 10e volume de l'Encyclopédie mthodique.

LEQUIEN.

1. Monographie du genre *Anthia*.

Mag. Zool. de Guérin, 1832, ins. n°s 38-39-40-41.

2. Descript. du genre *Amallopode*.

Mag. Zool. de Guérin, 1833, ins. n° 74.

LERMINA (Claude).

Observations sur l'*Opatrum plumigerum*.

Actes de la Société d'Histoire natur. de Paris, t. 1, p. 46.

LEROUX.

L'Art Entomologique, poème.

In-8. Versailles, 1814.

LESKE (Nathaniel-Gotfrid), né le 22 octobre 1757 à Mas-kau, dans la Haute-Lusace, mort à Marbourg le 25 novembre 1786.

1. Anfangsgründe der Naturgeschichte (*Éléments d'histoire naturelle*), avec 10 planches.

T. 1ᵉʳ, in-8. Leipzig, 1779.

Autre éd. in-8. Leipzig, 1784.

En italien : 2 vol. in-8. Milan, 1785.

En russe : in-8. St.-Pétersbourg, 1790.

2. Ein Kurzer Entwurf von den Winterwohnungen der Schwedischen Insekten (*Essais sur l'habitation des insectes de Suède pendant l'hiver*).

Fuessly's neu Entom. Magaz., 3 band, p. 1.

3. Leipziger Magazine zur naturkunde, mathematik und œkonomie.

7 vol. in-8. Leipzig, 1781-88.

Cet ouvrage a été publié en commun avec TUNKE et HIN-DENBURG.

4. Reise durch Sacshen (avec 39 pl.).

In-4. Leipzig, 1785.

5. Museum Leskeanum, pars Entom. ad systema Entom. Fabricii ordinata, cura Zsachii (voyez aussi KARSTEN).

In-8. Lipsiæ 1788.

LESSER (Friedrich-Christian), théologien allemand, plus connu comme naturaliste, né le 29 mai 1692 à Nordhausen, mort le 17 septembre 1754.

1. De Sapientia, omnipotentia et providentia divina, ex par-tibus insectorum cognoscenda (avec 2 pl.).

In-4. Nordhausæ, 1735.

2. Insecto-Théologie (avec figures).

In-8. Frankf. und Leipzig, 1738.

Autre édition, in-8. Frankf. und Leipzig, 1740.

En français, avec des Remarques de LYONNET. 1 vol in-8. Leyde, 1742.

Autre édit. in-8. Paris, 1745.
Autre édit. in-8. La Haye, 1747.
En italien : in-8. Venezia, 1751.
En allemand : Frankf. und Leipzig, 1757.

3. Nachricht von den fliegen deren Raupen dem flachs sehr schädlich sind.
Mylii Physik. Belustigung, 1 band, 6 st. p. 470-73.

LESSON (R. P.).
Centurie de Zoologie (avec planche).
In-8. Paris, 1830.

LETTSOM (John-Coakley), médecin anglais, né en 1747 dans une des petites îles qui entourent St.-Domingue.
· The naturalist and Traveller's companion ; containing instructions for collecting and preserving objects of natural History.
In-8. London, 1772.
Autre édit. London, 1774.
Autre édit. London, 1800.
Il en existe une traduction française.
In-12. Amsterdam (*Paris*), 1775.

LEUCKART (F. S.).
Zoolögische Bruchstücke (*Fragments zoologiques*).
Helmstadt, 1819.

LEVADE.
Observations sur l'histoire naturelle des *Guêpes*.
Mémoires de Lausanne, t. 3, hist., p. 23.

LEVEILLÉ.
1. Considérations philosophiques sur les animaux dépourvus de paupières, et sur la manière dont la nature a suppléé à ce défaut de parties si essentielles pour la perfection de l'organe de la vue.
Recueil de la Société Médicale de Paris, t. 2, p. 267.

2. Manuel pour servir à l'histoire naturelle, traduit du latin de J. R. Forster.

1 vol. in-8. Paris, an 7.

LEVETT.

Treatise of *Bees* (Abeilles).
In-4. London.

LEWIN (John-William).

1. The *Papilios* of Great Britain.
In-4. London, 1795.

2. Observations respecting some rare British Insects.
Trans. of the Linnean Society, vol. 3, 1797, p. 1.

3. The Insects of Great Britain systematically arranged, accurately engraved, ant painted form nature, etc. (en français et en anglais), 46 pl. col.
In-4. London, 1795.

4. Prodromus Entomology, or natural History of *Lepidopterous* insects of new south Wales (18 pl. col.).
In-4. London, 1805.

LEWIS (R.-H.)

1. Descriptions of some new genera of British *homoptera* (avec figures).
Trans. Soc. Entom. of London, t. 1, 1834, p. 4.

2. Explanation of the sudden appearance of the Webs-pinning Bligt of the Apple, Hawlhorn, etc.
Trans. Soc. Entom. of London, 1834, t. 1, 21.

LEWIS (Richard).

Account of a remarkable generation of Insects ; of an earth-quake and of an explosion in the air.
Philosoph. Trans., 1733, n° 429, p. 119-20.
Band. 9, p. 425.

LHUILIER (Simon).

Mémoire sur le minimum de cire des alvéoles des *abeilles*, et en particulier sur un minimum minimorum relatif à cette matière.

Mémoires de Berlin, ann. 1781, p. 277.

LIBANIUS (André), né à Hale en Saxe, mourut à Cobourg, en 1616.

Historia *Bombycum.*

In-8. Francf., 1599.

LICHTENBERG.

Magazin für das neueste aus der Physik and naturge-schichte.

In-8. Gotha.

L'ouvrage a été continué par J. H. Woigt.

LICHTENSTEIN (Anthony-Auguste-Henry).

1. Essay on the eye-like Spot in tke wings of the *Locustæ* of Fabricius, as indicating the male sex.

Trans of the Linn. Society, vol. 4, 1798, p. 51.

2. Dissertation on two natural genera hitherto confounded under the name of *mantes* (avec 2 planches).

Transactions de la Société Linnéenne de Londres, t. 6, 1802, p. 1 à 39.

3. Catalogus rerum naturalium rarissimarum auctionis lege distrahendarum. (Catal. Hamb.).

Hamburgi, 1794.

4. Catalogus Musæ Hotthuisen.

LIER (Charles Van).

Collection des *Lépidoptères* ou Papillons des Pays-Bas et de France (conjointement avec les frères Duval).

In-8., t. 1, 1827, 1re livraison. Diurnes.

LIDBECK (Eric-Gustaf).

Anmärkingar om silkes-maskarnas Skötsel (*Observations sur les vers à soie*).

Vetensk. Acad. Handling., 1756, p. 231-233.

LIGON (Richard).

A true and exact history of the Island of Barbadoes.
In-fol. London, 1657.

LINCK (Johann.-Wilhelm).
Diss. de *Coccionellæ* natura, viribus et usu (avec pl.).
In-4. Leipzig, 1787.

LINDEN (P. L. van der).
1. *Agriones* Bononienses descriptæ.
In-4. Bononiæ, 1820.

2. *Æshnæ* Bononienses descriptæ, cum tabula ænea, adjecta ejus annotatione ad Agriones Bononienses ab ipso descriptæ (avec planche).
In-4. Bononiæ, 1820.

3. Monographiæ *Libellulinarum* Europæarum specimen.
In-8. Bruxelles, 1825.

4. Observations sur les Hyménoptères de la famille des *Fouisseurs*.
Mémoires de l'Académie des Sciences et Belles-Lettres de Bruxelles.
1ʳᵉ partie, t. 4, 1827.
2ᵉ partie, t. 5, 1829.
Les deux parties se trouvent détachées sous un seul titre, avec la date de 1829.

5. Note sur deux Insectes de l'ordre des Hyménoptères (*Tentyres* et *Méthoque*).
Annales des Sciences naturelles, t. 16, 1829, p. 48.

6. Notice sur une empreinte d'insecte (*Libellule*).
Fasc. in-4.

7. Essais sur les insectes de Java et des îles voisines (*Cicindelète*).
In-4. Bruxelles, 1829.

LINDENBERG.

Beschreibung und abbildung zweyer seltenen Surinam-schen Laternenträger (*Description et représentation de deux fulgores rares de Surinam*), avec figure.

Naturforscher., 13 st., n° 4, p. 19-23.

Beschreibung das Brasilianischen Russel-Käfers (*Description d'un Scarabée à trompe du Brésil,* C. imperalis).

Naturforscher., 14 st., n° 5, p. 211-220.

LINKE (Joh. Heinr.).

Von den Heuschrecken und deren vielerley arten (*Des sauterelles et de leurs nombreuses espèces*), avec figures.

Bressl. Natur. und Kunstgesch., 16 st., p. 534.

LINNÉ (Charles von), en latin Linneus. Le savant le plus célèbre du monde entier vers le milieu du siècle dernier, naquit le 24 mai 1707, à Rœshult, dans la province de Smoland, en Suède. Contrarié par sa famille dans son goût pour l'histoire naturelle, il ne dut qu'à des étrangers les moyens de continuer les études de son choix. Malgré leur secours, il connut souvent la pauvreté; mais, passé le printemps de sa vie, ses travaux immortels, qui ont réformé l'étude de toute l'histoire naturelle, lui firent obtenir tout ce que son talent méritait, et il passa la dernière moitié de sa vie dans l'aisance et les honneurs. A l'âge de soixante-cinq ans, il s'aperçut de l'affaiblissement de sa santé et de sa mémoire; il se retira alors à Hammarby, domaine rural qu'il possédait aux environs d'Upsal, et y vécut dans la retraite jusqu'au 10 janvier 1778, où il mourut à la suite d'une maladie douloureuse. Sa mort fut regardée dans son pays, dont il avait été la gloire, comme une calamité publique; l'état fit les frais de ses funérailles, et un tombeau lui fut élevé dans la cathédrale d'Upsal.

1. Systema naturæ, sive regna tria naturæ systematicè proposita, per classes, ordines genera et species.

1re édition, in-fol. Lugduni Batavorum, 1735.

Réimprimée in-4 oblong. Halle, 1740.

2ᵉ édition, avec des augmentations et les noms suédois, in-8. Holmiæ, 1740.

3ᵉ éd., réimpression, avec les noms français, in-8. Parisiis, 1744.

4ᵉ éd., réimpression, avec les noms allemands, in-8. Halæ, 1747.

5ᵉ éd., réimpression avec les noms latins et allemands, in-8. Magdebourg, 1747.

6ᵉ éd., avec des augmentations, les noms suédois et 8 pl. in-8. Holmiæ, 1748.

7ᵉ éd., réimpression, avec les noms allemands, in-8. Lipsiæ, 1748.

8ᵉ éd., réimpression, avec les noms français, in-8. Leyde, 1756.

9ᵉ éd., réimpression, avec les œuvres variées, in-8. Lucques, 1758.

10ᵉ édit., avec des argumentations, 3 vol. in-8. Holmiæ, 1758.

Réimpression, 1 vol. in-8. Halæ, 1760.

11ᵉ édit., d'après Linné même, réimpression, 2 vol. in-8. Leipzig, 1762.

Réimpression, in-fol. La Haye, 1765.

12ᵉ éd., la plus complète et la dernière à laquelle Linné ait mis la main.

3 vol. in-8. Holmiæ, 1766-68.

Réimpression, 3 tom. en 4 vol. in-8. Viennæ, 1767-70.

Réimpression, in-8. Halæ, 1770.

13ᵉ éd., par Gmelin, 3 t. en 10 vol. in-8. Lipsiæ, 1788 à 93. C'est une refonte de tous les ouvrages de Linné : elle a été réimprimée à Lyon, in-8, 1789-96.

Cet ouvrage a été traduit plusieurs fois :

En suédois, in-8. Stockholm, 1753.

En hollandais, in-8, 1761-85.

En allemand, 11 vol. in-8. 1773-75-96, 1809.

En anglais, 7 vol. in-8. London, 1806.

Il existe aussi des éditions partielles. Nous citerons :

Animalium specierum methodica descriptio secundum de-
cimam Systematis Naturæ editionem.

In-8. Lugduni Batavorum, 1759.

Genera animalium (d'après la 12ᵉ édition).

In-8. Edimburgi, 1771.

Enfin, Caroli Linnei Entomologia, curante VILLERS. (Voy.
ce nom.) Avec atlas.

4 vol. in-8.

2. Om Renarnas brömskulor i Lapland (*Remarques sur un
œstre de Laponie*. OEst. Tarandi), avec figures.

Vetensk. Academ., Handling, 1739, p. 121.

Traduction allemande, 1739, p. 145.

En hollandais : Uitgezogte Verhandelinge, 1. Deel, p. 641-
60.

En latin : Acta Societatis Upsaliæ, 1741, p. 102-115.

Id. — Analecta Transalpina, t. 1, p. 24-30.

3. Tal om märkwärdigheter uti Insekterne (*Discours sur
ce que les insectes offrent de remarquable*).

In-8. Stockholm, 1739.

En latin, Acta Upsalensia, 1739.

En hollandais, in-8. Leyde, 1741.

En latin, in-8. Paris, 1743.

Andr. Uplagan , n-8. Stockholm, 1747,

Andr. Uplagan, in-8. Stockholm, 1752.

Amœnitates Academicæ, t. 2.

Amœnitates selectæ, p. 309-43.

Allgemeine magazine, th., p. 328.

Schwed. magaz., 2 band., p. 1.

4. Anmärkningar ofwer wisen hos Myrorne (*Remarques sur
le mâle des fourmis*).

Vetensk. Acad. Handlingar, 1741, p. 37-49.

Andr. Uplagan, p. 36-48.

Traduction allemande, 1741, p. 45.

En latin, Analecta Transalpina, t. 1, p. 110-118.

Dresd. Gel. Auz., 1760, 2 et 3 st.
Fuessly's neuen Entom. magaz., 2 band, 1 st., p. 16.

5. OEländska och Gothländska Resa, etc.
In-8. Stockholm et Upsal, 1745, avec planche.
Traduction allemande, in-8. Halæ, 1764.

6. Fauna Suecica, etc.
In Holmiæ, 1746.
2ᵉ éd. Holmiæ, 1761.
Autre éd. in-8. Leipzig, 1800 ?

7. Licte-Matken Fräu China (*Fulgore*).
Vetensk. Acad. Handl., 1746, p. 60-66.
Traduct. allemande, 1746, p. 61-67.
En latin, Analecta Transalpina, t. 1, p. 475-79.

8. Musæum Adolpho-Fridericianum, Diss. Resp. Balk.
In-8. Upsal, 1746.
Amœnitates Academicæ, t. 1.

9. En Sälsam Phryganea beskrafven, funnen i Moldavien
(*Description d'une phrygène rare trouvée dans la Moldavie*).
Vetensk. Acad. Handl., 1747, p. 176.
Traduct. allemande, 1747, p. 196.
En latin, Analecta Transalpina, t. 1, p. 483-84.

10. Wästgotha Resa (avec planches).
In-8. Stockholm, 1747.
Traduction allemande, in-8. Halæ, 1765.

11. Surinamensia *Grilliana*, Diss. Resp. P. Sundius (avec
planche).
In-4. Holmiæ, 1748.
Amœnitates Academicæ, t. 1.

12. Amœnitates Academicæ, seu dissertationes variæ
physicæ, medicæ, botanicæ, antehac seorum editæ, nunc
collectæ et auctæ.
T. 1, in-8. Leipzig, 1749.
Réimprimé in-8. Lugdini Batavorum, 1749.

T. 2. Holmiæ, 1751.

Réimprimé, ibidem, 1762.

T. 3. Holmiæ, 1756.

T. 4. Holmiæ, 1760.

T. 5. Holmiæ, 1760.

T. 6. Holmiæ, 1763.

T. 7. Holmiæ, 1769.

Autre édition, curante Schribers, 10 vol. in-8. Erlangæ, 1787-90.

Il existe plusieurs extraits de cet ouvrage : l'un, publié par Biwald, est intitulé Amœnitates selectæ ex Amœnitatibus academicis.

3 vol. in-4. Gratz, 1764-67.

L'autre, publié par Gilibert, sous le titre de Amœnitates selectæ.

2. vol. in-8. Lyon, 1785.

En anglais, par Stillingteet.

In-8. London, 1759-62.

13. Rön om Slökorn (de Hordeo Casso).

Vetensk. Acad. Handl., 1750, p. 179-85.

En latin, Analecta Transalpina, t. 2, p. 294-297.

14. Skänska Resa (Voyage en Suède pendant l'année 1749).

In-8. Stockholm, 1751.

Traduction allemande, in-8. Leipzig, 1756.

15. Noxa Insectorum. Diss. Resp. Backner.

In-4. Holmiæ, 1752.

Amœnitates Academicæ, t. 3.

Amœnit. Acad. Selectæ, par Biwald, avec des augmentations, p. 65-94 et 264-272.

Extrait anglais, p. 369-411.

En allemand, in-8. Salzburg, 1783.

16. Miracula Insectorum. Diss. Resp. Avelin.

In-4. Upsal, 1752.

Amœnitates Acad., vol. 3, p. 313.

En allemand, Allgemein. Magaz., 9 th., p. 321.

Extrait anglais, p. 413-430.

17. Hospita Insectorum flora. Dissert. Resp. Forsskaohl.
In-4. Upsal, 1752.
Amœnit. Acad., t. 3.
Amœnit. Acad. Selectæ Biwald, p. 117-30.
Amœnit. Select. Gilibert, t. 2, p. 312.
Extrait anglais, p. 345-68.
Dans la Pandora Insectorum, avec les noms triviaux des
insectes, insérée dans les Amœnitates Academicæ, t. 5,
p. 11-31.
En hollandais : Uitgezogte Verhandelingen, D. 2, p. 408.

18. Musæum Adolphi Frederici Regis inquo animalia
rariora. . . . insecta. . . . describuntur et determinantur.
(*En latin et en suédois, avec 33 planches*).
In-fol. Holmiæ, 1754.
Il existe petit in-8 le Prodrome d'un deuxième volume.
Autre édition in-8.   1764?

19. Chinensia 'Lagerströmiana. Diss. Resp. Odhelius,
(*Fulgores de la Chine*).
In-4. Holmiæ, 1754.
Amœnit. Acad., t. 4.

20. De Phalæna *Bombyce*. Resp. J. Lyman.
In-4. Upsal, 1756.
Amœnit. Acad., t. 4, p. 552.
Extrait anglais, p. 437-56.

21. Pandora Insectorum. Dissert. Resp. O. E. Rydbeck
(avec une planche).
In-4. Upsaliæ, 1758.
Amœnit. Acad., t. 5, p. 332-52.
Amœnit. Acad. selectæ, p. 105-130.

22. Hasselquistii iter Palestinum.
In-8. Hulmiæ, 1758.

23. Svensk. Coccionell. (*Cochenille*).
Vetensk. Acad. Handl., 1759, p. 26.
Traduction allemande, 1759, p. 28.

24. De *Meloe* vesicatorio , Dissert. Resp. C. A. Lenaeus.
In-4. Upsaliæ, 1762.
Amœnit. Acad., vol. 4.

25. Centuria insectorum. Dissert. Resp. B. Johanson.
In-4. Upsaliæ, 1763.
Amœnit. Acad., vol. 6, p. 384.

26. Musæum Ludovicæ Ulricæ Reginæ Sucorum.
In-8. Holmiæ, 1764.
Autre édition, in-4. Holmiæ, 1768.

27. Fundamenta Entomologiæ. Dissert. Resp. A. J. Bladh.
In-4. Upsaliæ, 1767.
Amœnitates Academicæ, vol. 7, p. 129.
En anglais, par W. Curtis. in-8. London , 1772.

28. Mundum invisibilium breviter delineans, Dissert. Resp.
J. C. Roos.
In-4. Upsaliæ, 1767.
Il en existe un extrait par Guettard.

29. Iter in Chinam. Resp. A. Sparmann.
In-8. Upsaliæ, 1768.

30. Pandora et Flora Rybyensis. Resp. D. N. Söderberg.
In-4. Upsaliæ, 1771.
Amœnitates Academicæ, t. 8, pag. 57.

31. Dissert. Bigas insectorum sistens. Resp. A. Dahl. (avec
1 planche) G. *Diopsis* et *Paussus*.
In-4. Upsaliæ, 1775.
Amœnitates Academicæ, t. 8, p. 303.

32. Lachesis laponica. Ouvrage publié bien après la mort de
Linné, mais sur son journal, par Smith.
2 vol. in-8. London , 1811.

Lisle (Guillaume de).
Observations sur un insecte presque invisible, moucheron ,
qui marchait d'une vitesse extrême.
Mém. Acad. des Sc. de Paris, ann. 1711, Hist., p. 17.
Ed. in-8., ann. 1711, Hist., p. 23.

LISTER (Martin), médecin naturaliste anglais, né à Rad-
cliffe vers 1638, mort à Londres le 2 février 1711.

1. Letters concerning the kind of insects Kermes (*kermès et
cochenilles*).

Philosoph. Transact., 1671, n° 71, pag. 2165-66.

Badd. 1. pag. 311 à 515.

Suite. Philos. Transact., 1671, n°73, pag. 2196-97

Lesken. Uebers., 1 band, 1 Th., pag. 90.

Suite. Philosoph. Transact., 1672, n° 87, pag. 5059-80.

Lesken. Uebers., 1 band, 2 Th., pag. 48.

2. Letter concerning a kind of viviparous fly (*sur une mouche vivipare*).

Philosoph. Transact., vol. 6, 1671, n° 72, pag. 2170-77.

Badd. 1 pag. 312.

Leskens Uebers., 1 band, 2 Th., pag. 47.

3. A considerable account touching vegetable excrescensies
and Ichneumon-Worms (*Mémoire important sur les excroissances des végétaux, et les larves d'Ichneumons*).

Philosoph. Transact. 1671, n°75, p. 2254-57.

Suite, n°76, p. 2281-85.

Suite, n° 77, p. 5002-5005.

Leskens Uebers., 1 band, 1 Th. p. 92.

4. Johannes Goedartius, de insectis in methodum tractatus.
In-8°. London, 1685.

C'est l'ouvrage de Goedart mis en ordre avec les planches
de l'appendix des Scarabées d'Angleterre mis à la suite.

5. De *Scarabæis* Britannicis appendix, imprimé à la suite de
l'histoire des insectes de Ray. p. 377-398.

In-4. London, 1718.

6. Systema entomologiæ; à la suite de l'ouvrage sur les insectes de Ray.

In-4. London, 1710.

LIUNGH.

1. Nya Insecter utur egen Sammling (*nouveaux insectes de la propre collection de l'auteur*).

Kongl. vetensk. Acad. Nya handl. 1799, p. 145.

2. Monographia *Stenorum.*

Weber und Molz. Archiv. für die systematische naturge-schichte, b. 1, p. 59.

In-8. Leipzig, 1804.

3. Nya Inseckter, etc.

Köngl. Vetenskaps. Acad. handl. 1823.

LOCHNER (Michel Frédéric), médecin et botaniste al-lemand, né à Furth près de Nuremberg, le 28 février 1662, mort le 15 octobre 1720.

1. Lapis myrmecius falsus cantharidibus gravidus.

Ephem. nat. cur. dec. 11 an 6, obs. 215, p. 456.

2. Sciagraphia myrmecologiæ medicæ.

Ephem. nat. curios. dec. 11, an 8, app. p. 124.

Son fils (Jean-Henri), mort en 1715, laissa un manu-scrit qu'il publia sous le titre de Rariora Musei Bresleri.

In-f° Nuraberg, 1716.

LODI (Ercole).

1. Osservazione fatta su i *Bruchi* d'Insetti nocivi.

Opuscoli scelt., t. 12, p. 183-184.

2. Storia naturale di quello *Scarabeo*, che apporta gran-dissimo danno alle viti, detto da noi carruga, vachetta, gar-rella, etc.

Atti della Soc. patriot. di Milano, vol. 2, p. 44-49.

LOEBER (Emmanuel-Chrétien), né en 1696 à Orlamunda, et mort à Iena en 1763.

Epistola de *locustis.*

Ephem. Acad. nat. curios., cent. 3 et 4, append., p. 137-146.

Valentini Amphitheatr. Zootom., part. 2, p. 182-186.

LOEFLING (Pierre), l'un des élèves favoris de Linné, naquit le 31 janvier 1729 à Tollforsbruch près de Walbo, et mourut vers 1754 dans les colonies espagnoles. On a de lui un Voyage en Espagne, publié par Linné.

Iter Ispanicum.

In-8. Stockholm, 1758.

LOEWE (Christianus-Ludovicus).

De partibus quibus Insecta spiritus ducunt.

In-8. Halæ, 1814.

LOMBARD (C.-F.), né en 1743, mort à Paris en 1824.

1. Manuel du propriétaire d'*Abeilles*.

In-8. Paris, 1802.

6e édit. in-8, 1825.

En italien, in-8. Firenze, 1812.

2. Etat de nos connaissances sur les *Abeilles* au commencement du 19e siècle.

In-8. Paris, 1805.

3. Mémoire sur la difficulté de blanchir les cires de France.

In-8. Paris, 1808.

Cet auteur a aussi travaillé au Cours d'Agriculture, édition de Sonnini.

LOSCHGE (Friedrich-Heinrich), né à Anspach le 16 février 1755.

1. Naturgeschichte des Förl-oder-Kiefer Raupe (*Histoire naturelle de la chenille des pins et des sapins*).

Naturforscher., 21 st., n° 5, p. 27-65.

2. Nachtrag und Berichtigungen einer Blatwespenart (*Supplément et rectification pour le genre* Tenthrède).

Naturforscher.. 22 st., p. 87-96.

3. Beytrage zur Geschichte der Spanischen Fliege (*Pour l'histoire de la mouche d'Espagne*, Cantharide).

Naturforscher., 25 st., p. 37-48.

LOUDON.
The Magazin of natural History.
In-8. London, n° 1 à 25, 1828-32.

LOWTHORP (John).
Philos. Trans. of the year 1665 to 1750, abridged and disposed under general Heads, avec fig.
10 vol. in-4. London, 1749-1756.
Cet ouvrage a été exécuté conjointement avec JOHN MARTYN.

LOYD (Edw).
Swarms of Locusts in Wales (*Nuage de sauterelles dans le pays de Galles*).
Philos. Trans., n° 208, p. 45.
Badd. 3, p. 99.

LUCAS (de Verdun).
Notice sur le *Bombyx* de l'Hieracium.
Annales des Sciences natur., août 1830, p. 473.

LUCAS. (H).
Observations sur les mâles de quelques espèces du genre *Perle* qui sont privés d'ailes ou les ont très-courtes.
Annales des Sciences natur., t. 27. 1832, p. 453.

LUCE.
Description d'un insecte phosphorique qu'on rencontre dans une partie du district de Grasse, département du Var (Lampyre).
Nouv. journal de physique, t. 1, p. 300-302.

LUDOLF (Job), orientaliste, né à Erfurt en 1724, mort à Francfort sur le Mein, en 1704.
1. Historia Æthiopica (avec figures).
In-fol. Francofurti ad Mœnum, 1681.
Commentarium ad historiam Æthiopicam.
In-fol. Francofurti ad Mœnum, 1691.

1 Appendix ibidem, in-fol., 1693.

2 Appendix ibid., in-fol., 1694.

Traduction française abrégée, sous le titre de Nouvelle Histoire de l'Abyssinie, in-12. Paris, 1684-93.

Le même ouvrage a aussi été traduit en anglais, hollandais, allemand et russe.

Il est question d'insectes dans cet ouvrage, et surtout de *Sauterelles*, et de quelques *Fourmis*.

2. De *locustis* anno præterito immensa copia in Germania visis (avec figures).

Frankofurti ad Mœnum.

LUDWIG (V.).
De *locustis*.
Halle. Wochenbl., 1751.

LUDWIG (Chrétien-Frédéric), né à Leipzick, le 19 mai 1751.

1. De antennis Insectorum.
In-8. Lipsiæ, 1778.

2. Delectus opusculorum ad scientiam naturalem spectantium.
In-8. Lipsiæ, 1790.

3. Premiers dénombrements des insectes découverts jusqu'ici en Saxe.
In-12. Leipzig, 1799.

LUND (Niels-Tönder).

1. Cicindela aptera, et insect fra ostindien og noget om slägts märker (*C. aptera, insecte de l'Inde, et un mot sur l'histoire et les caractères du sexe*).
Skrivter af naturhist. selskabet, bind. 1, heftt 1, s. 65-78.
Traduction allemande, b. 1, st. 1., p. 60.

2. Jagttagelser til Insekternes hystorie (*Recueil pour l'histoire des Insectes*). Naturhist. selsk., skrivt., 2 band., 2 heft., p. 17-24.

LYONNET (Pierre), avocat, né à Maestricht, le 21 juillet 1707, mort en 1789.

1. Traité anatomique de la *Chenille* qui ronge le bois de saule (avec 18 planches).

1 vol. in-4. La Haye, 1760.

Chef-d'œuvre d'anatomie et de gravure.

Le même ouvrage augmenté d'une explication abrégée des planches, et d'une description de l'instrument et des outils dont l'auteur s'est servi pour anatomiser à la loupe et au microscope.

In-4. La Haye, 1762.

2. Théologie des Insectes de Lesser, avec des remarques de Lyonnet.

2 vol. in-8. La Haye, 1742.

3. Recherches sur l'anatomie et les Métamorphoses de différents Insectes. Ouvrage posthume.

Mémoires du Muséum d'histoire naturelle de Paris, t. 19 et 20, en plusieurs parties, avec 54 planches.

Et en un seul volume in-4. Paris, 1832.

M

MAC-BRIDE (James).
On the Power of Sarracenia adunca to Entrop Insects.
Transact. Society Linn. of London, t. 12, 1ʳᵉ partie 1817,
p. 48.

MAC-CULLOCH (J.).
Sur les insectes conservés dans l'ambre.
Quart. journ. of science. Vol. xvi, p. 41.

MAC-KENSIE (G. S.).
Notice sur les insectes qui apparaissent tout-à-coup en grand
nombre sur les arbres.
Edinb. journ. of sciences, janv. 1826. N° vii, p. 37.

MAC-KINNEN (Daniel).
A tour through the British West-Indies, during the years
1802-3, giving a particular accouut of the Bahama Island.
2ᵉ édit. in-8. London, 1813.

**MAC-LAURIN (Colin) mathématicien né en Écosse en
1698.**
Of the bases of the cells wherein the Bees deposite their honey (*Mesure des cellules dans lesquelles les abeilles déposent leur
miel*).
Philos. Trans., vol. 42 n° 471, p. 565-571.

MAC-LEAY (W. S.).
1. Horæ Entomologicæ, or essais on the annulose animals.
(Avec planches).
1 vol. en 2 parties, in-8. London, 1819-21.

Nouvelle édit. abrégée, imprimée avec les *annulosa java-nica* (avec 5 planches). 1 vol. in-8. Paris, 1833.

2. Remarks on the Identity of certain general Laws which have been lately observed to regulate the natural distributions of Insects fungi (*Remarques sur l'identité de certaines lois géné-rales récemment observées dans une nouvelle distribution naturelle des Insectes*).

Transact. Linnean Society of London, t. 15, 1re partie, 1823, p. 46.

3. On the Insect called *Oistros* by the ancien Greeks, and *Asilos* by the Romans.

Transact. Linnean Society of London, t. 14, 2e partie, 1824, p. 353.

4. Remarks on the devastation occasioned by the *hylobius* abietis in Fir plantation (*Remarques sur les ravages occasionés par l'hylobius abietis dans les plantations de Sapins*).

Zoological journal, t. 1. 1824-25, n° IV, p. 444.

5. Annulosa Javanica (avec planches).

In-4. London, 1825.

Réimprimé *en abrégé avec ses Horæ Entomologicæ*, in-8. Paris, 1833.

6. On the Structure of the Tarses in the Tetramerous and Trimerous Coleoptera of the french Entomologist (*Sur la struc-ture des tarses dans les divisions des coléoptères tétramères et tri-mères des Entomologistes français*).

Transact. Linnean Society of London, t. 15, 1re partie, 1826, p. 63.

7. Notice sur les larves de diptères.

Philosophical Magazine, septembre 1827, p. 178.

8. On the *OEstrus* of M. B. Clarck.

Zoological journal, t. 5, 1828-29, p. 18.

9. Notice of *Icratitis citriperda*, an Insect very destructive to orange (avec 1 pl. col.), *muscide*.

Zoological journal, t. 4, 1829, p. 475-82.

10. Explanation of the comparative anatomy of the thorax in winged Insects, with a review of the present state of the nomenclature of its parts (*Exposition de l'anatomie comparée du thorax des insectes, suivie d'une revue de l'état actuel de la nomenclature de cette partie* (avec 2 planches).

Zoological journal, t. 5, 183, p. 45.

Traduit en français : Annales des Sciences naturelles, t. 25, 1832, p. 95 à 151 avec des notes de M. Audouin.

MACQUART (Jean).

1. Insectes *Diptères* du nord de la France (avec planches représentant les ailes).

Mémoires de la Société Royale des Sciences, d'agriculture et des arts de Lille, in-8. 1825-28.

2. Monographie des insectes diptères de la famille des *Empides*.

Lille, 1823.

3. Histoire naturelle des Insectes (*Diptères*) (avec planches coloriées).

2 vol. in-8. Paris, 1834-35.

MACQUER (Pierre-Joseph), chimiste, né à Paris le 9 octobre 1718, mort le 15 février 1784.

De modo holosericum splendido rubore imbuendi ope *Coccionellæ*.

Mém. de l'Acad. Roy. de Paris, 1768, p. 82.

MADER (Johann).

Raupen Kalender, oder verzeichniss aller monathe, in welchen die von Röseln und Kleemann beschriebenen und algebildeten Raupen (*Almanach des chenilles ou catalogue pour chaque mois des espèces décrites par Rösel et Kleemann*).

In-8. Nürnberg.... 1777.

2ᵉ éd. in-8. Nürnberg, 1785.

MAGGI (conte Carlo).

Transunto d'una memoria sopra un nuovo metodo di far nascere con miglior esito i *vermi da seta*.

Opuscoli scelti, t. 13, p. 77-81.

MAILLE.

1. Note sur les habitudes naturelles des larves de *Lampyres*.

Annales des Sciences naturelles , t. 7, p. 353.

2. Bulletin de la société philomatique, fév. 1826, p. 26.

MAJOR (Jean-Daniel), né à Breslau le 16 août 1634, mort à Stockholm le 3 juillet 1793.

Dissert. de Myrrha et Locustis.

In-4. Kiliæ, 1668.

MAIUS (Johann-Henri), né à Pforzheim en 1653, mort en 1719.

Historia animalium sacræ Scripturæ.

MALEZIEU (Nicolas de), né à Paris en 1650, et mort en 1727.

1. Sur des animaux vus au microscope.

Mém. de l'Acad. des Sc., de Paris , 1718.

2. De quelques *insectes* et des propriétés de quelques plantes.

Erreurs populaires, t. 1, liv. 11, c. 7, p. 219.

MALINOWSKY (de).

1. Beobachtungen ausse sichtbarer geschlechts kennzeichen einiger Käfer-gattungen und arten (*Observations sur les caractères apparents des races de quelques genres et espèces de Scarabées*).

Neue schrift. des naturfors gesell. zu Halle. Ester band. Halle, 1811.

2. Elementarbuch der Insektenkunde, vorzüglich der Käfer (*Livre élémentaire pour la connaissance des insectes, principalement les Scarabées*).

In-8. Quedlinburg, 1816.

3. Die vertilgung des Bohrkäfers, Ptinus fur (*Destruction des Ptinus fur*).

Illigers. Mag. zur Insenkt., 3 band. 1804, p. 229.

MALO (Charles).

1. Les Insectes.

Almanach pour l'année 1822, avec quelques planches représentant des coléoptères, dont quelques-uns assez reconnaissables.

In-24. Paris.

2. Les Papillons.

Almanach pour 1817. Il y a d'assez bonnes planches dont les espèces sont réduites.

In-24. Paris.

MALPIGHI (Marcellus), né à Crepalcuore, sur les confins du Bolonais et du Modenais le 10 mars 1628, l'un des savants qui ont le plus honoré l'Italie, principalement connu par ses belles découvertes anatomiques et microscopiques; mort le 29 novembre 1694.

1. Dissertatio epistolica de *Bombyce* (avec 12 planches).

In-4. Londini, 1669.

Traduction française in-12. Paris, 1686.

On trouve la même dissertation dans ses œuvres :

Édit. 2 vol. in-fol. Londres, 1586,

Édit. 2 in-fol. Lugduni Batavorum, 1687.

Dans ses œuvres posthumes.

Édit. in-f. Londres, 1697.

Édit. in-f. Venise, 1698.

Édit. in-4. Amsterdam, 1698.

Édit. in-4. Amsterdam, 1700.

Édit. in-f. Venise. 1743.

Et dans l'Amphiteatrum Zootomicum de Valentini, part. 2, p. 194-220.

2. Anatome quorumdam Vermium.

Dans les différentes éditions de ses œuvres posthumes.

MANDEVILLE (Bernard de), né à Dort en Hollande vers 1670, mort à Londres en 1733.

Zoologia medicinalis hibernica or a treatise of Birds, Beasts, Fishes, Reptiles or *Insects*, giving an account of their medicinal virtues.

In-8. Dublin, 1759.

London, 1744.

MANNERHEIM (C.-G. de).

1. *Euchnemis* insectorum genus (avec 2 planches col.). In-8. Petropoli, 1823.

Annales des Sc. naturelles, t. 3. 1824, p. 426.

2. Observations sur le *Megalopus* (1. pl.).

Mém. de l'Acad. Impériale de Saint-Pétersbourg, t. 10. 1829, p. 293.

3. Description de quarante nouvelles espèces de *Scarabées* du Brésil (2 pl. col.).

Mém. de la société impériale des naturalistes de Moscou, t. VII, ou nouveaux mémoires, t. 1, p. 28-80.

4. Précis d'un nouvel arrangement de la famille des *Brachelytres*, de l'ordre des coléoptères.

Mém. présentés à l'Acad. Impériale des Sc. de Saint-Pétersbourg, t. 1, 1830.

5. Description de six nouvelles espèces de *Carabes* de l'Arménie turque.

Bulletin de la Société Impériale des naturalistes de Moscou, t. 2, p. 53-62.

6. Mémoire Entomologique sur une nouvelle espèce de *Cecydomie* (avec 1 planche).

Mémoires de la Société Impériale des naturalistes de Moscou, t. 2, p. 180-84.

MARALDI (Jacques-Philippe), astronome, né en 1665, dans le comté de Nice, mort à Paris en 1729.

Observations sur les *Abeilles* (avec 1 planche).

Mémoires de l'Académie Royale des Sc. de Paris, année 1712.

In-4, Hist. p 5. Mém. a. 299-235-1712.
Édit. in-8. Hist. p. 6. Mém. p. 391.
Édit. Amsterdam. 1715, en hollandais.

MARCHANT (Nicolas), médecin français, mort en 1678.
Observations de quelques productions extraordinaires du chêne.
Mém. de l'Acad. des Sc. de Paris, t. 10, p. 81-83.
En latin. Ephem. nat. curios. déc. 3 ann. 2, p. 161-163.

MARCGRAF (George), médecin voyageur, né le 20 sept.
1610, à Liebstadt, et mort sur la côte de Guinée en 1744; ses observations ont été publiées par Laët.

1. Historia Rerum naturalium Brasiliæ libri 8 (*Conjointement avec les observations médicales de Pison sur le même pays*).
Avec beaucoup de bonnes planches en bois.
In-f. Amsterdam, 1648.
Les insectes occupent le septième livre.

2. De oleo ex formicis expresso, ac de acido horum insectorum.
Acad Re g. Beron. 1749, p. 38.
Dans ses œuvres de chimie, th. 1 n° 21. Mineralog Balastig., 4 th., p. 161.
Uebers. der abhandl. der Berlin Akadem, 3 band. p. 444.

MARKWICK (William).
Some account of the *Musca* Pumilionis of Gmelins, edition of the System. nat. with additional remarks by Th. Marsham.
Trans. of the Linn. Society, vol. 2. 1794, p. 76-82.

MARSCHINS (Ulysses von Salis von).
Entdeckungen die man seit 1779, an der *phalæna mori* Linn. gemacht aus dem giornale d'Italia.
Fuessly's neu Entom. Magaz. 2 band. p. 387-395.

MARSHALL (William).
Account of the black caterpillar, which destroys the turnips

in Norfolk (*Remarques sur une chenille noire qui détruit les tur-neps dans le Norfolk*).

Philos. Trans., vol 73, p. 217-222.

MARSHAM (Thomas).

1. Observations on the *Phalæna* lubricipeda et affines (avec 1 planche coloriée).

Trans. Linnean Society of London, t. 1. 1797, p. 65-75.

2. Observations of the œconomy of the *Ichneumon* manifestator (avec 1 pl. col.).

Trans. Soc. Lin. of London, t. 3, 1797, p. 23.

3. Observations on the insects (*Thrips Physapus*) that infested the corn in the year 1795.

Trans. of the Linnean Society. vol. 3, p. 242.

4. Further observations on the wheat insects.

Trans. Soc. Linn. of London, t. 4. 1798, p. 224.

5. Entomologia Britannica, sistens insecta Britanniæ indigena secundum Linneum disposita.

T. 1er, Coleoptera, in-8. Londini, 1802.

Le même volume divisé en deux parties (avec 30 planches coloriées).

6. Observations on the *Curculio* trifolii. Conjointement avec Markwick et Lehmann.

Trans. Linnean Society of London, t. 6. 1806, p. 142-150.

7. Description of *Notoclea*, a new genus of coleopterous insects from New Holland (*le genre paropsis d'Olivier*), avec 2 pl. col.

Trans. of the Linn. Soc. of London, t. 9. 1808, p. 282.

8. Some account of an insect of the genus *Buprestis* taken alive out of wood composing a Desk which had been made above twenty years (avec figure coloriée).

Trans. Linn. Soc., t. 10. 2e part. 1811, p. 399.

MARSILLI (Luigi-Ferdinando), né à Bologne le 10 juillet 1658, dans une position sociale très-élevée, cultiva toujours les sciences avec succès, et après sa mort, qui arriva le 1er novembre 1780, laissa une partie de sa fortune pour contribuer à leur avancement.

1. Danubii historia naturalis (avec de très-belles planches). 6 vol. in-f. Hagæ Comitum et Amstelodami, 1726.

Les insectes sont contenus dans le 4e vol.

2. Annotazioni intorno alla grana de' tintori della kermes in una lettera al Vallisnieri (avec 3 planches), saggio fisico dell' istora del mare, p. 76.

In-4. Venezia, 1711.

En latin dans les Ephem. nat. curios., vol. 3 app. p. 33-48, avec figure.

En allemand dans le Crells neu chem. Archiv. 1 band, p. 348.

MARTIN (père et fils).

Traité sur les ruches à l'air libre.

In-8. Paris, 1826.

MARTINET (Joann.-Florent.).

1. De Respiratione Insectorum. Diss.

In-4. Lugd. Batav. 1753.

2. Aanmerkingen natuurkundige over den katechismus der natur.

5 Druck. 4 Stukjes. In-8. Amsterdam, 1797.

MARTINI (Friedrick-Henri-Wilhelm), médecin-naturaliste, né le 31 août 1729, à Ohrdruf, dans le duché de Gotha, mort à Berlin le 17 juin 1778. On lui doit l'établissement de la Société des Amis Scrutateurs de la Nature de cette ville.

Algemeine Geschichte der Natur, in alphabetischer ordnung (*Histoire naturelle universelle par ordre alphabétique*).

Tome I, 1774, avec 20 planches.

Tome II, 1775, avec 50 planches.

Tome III, 1777, avec 46 planches.

Tome IV, 1778, avec 43 planches.

Tome V, 1785, avec 33 planches.
Tome VI, 1786, avec 40 planches.
Tome VII, 1787, avec 47 planches.
Tome VIII, 1789, avec 66 planches.
Tome IX, 1790, avec 66 planches.
Tome X, 1791, avec 71 planches.
Tome XI, 1793, avec 74 planches.

Les quatre premiers volumes seuls sont de cet auteur; les tomes V et VI sont de OTTO, et les autres de KRUENITZ; l'ouvrage a cessé de paraître après le mot *Coquille.*

MARTINI (Chr.).

Osservazione intorno ad una specie di *Cimici* selvatiche non alate.

Memorie sopra la fisica in Luca, t. 1, p. 247-267.

En français dans le Nouvelliste économe, t. 31, 1759, p. 117.

En allemand dans le Hamburg Magazine, 26 band, p. 432-447.

MARTINIÈRE (de la).

Mémoire sur quelques Insectes.

Journal de Physique, t. 31, p. 207-209—264-66—365-366.

MARTINO (Gio. Battista da San).

Sulla maniera di liberarsi della molestia delle *Zanzare.*

Opuscoli Scelti, t. 10, p. 277-280.

MARTYN (Thomas).

The English Entomologist, exhibiting all the *Coleopterous* insects found in England; avec 42 planches coloriées. 1 vol. in-fol. petit. Londres, 1792.

Psyche, figures of non descript *Lepidopterous* Insects, avec figures coloriées.

In-4. London, 1797.

18

MARTYN (Matthew).

The Aurelian's Vademecum.

In-12. Exeter, 1785.

C'est un catalogue alphabétique, et selon le système de Linné, des plantes qui nourrissent les chenilles.

MASTALIEZ (Jos.).

Dissert. de *Ape* mellifica ejusque morbis.

In-8. Viennæ, 1783.

MATHES (Jacques).

Sur la *Cicindèle* grêle de Pallas.

Mém. de la Soc. Imp. des Nat. de Moscou, t. 2, p. 311, et la fig. 2 de la pl. XVIII.

MATTHIOLI (Petr. Andr.), appelé communément *Mathiole*, né à Rome le 23 mars 1501, mort en 1577.

De medicâ Materiâ.

In-folio. Venetiis, 1554.

Il y en a eu beaucoup d'autres éditions.

MAUDUIT (Israël), écrivain anglais, né en 1708, mort en 1787.

Some observations upon an American wasp-nest (*Quelques observations sur un nid de guêpes*).

Philos. Trans., vol. 49, 1755, p. 205-8.

En allemand, Hamb. Magaz., 24 band, p. 356-59.

MAUDUYT (P. J. E. Delavarenne), mort à Paris en 1792.

Discours préliminaire et plan du dictionnaire des Insectes de l'Encyclopédie méthodique.

2 vol. in-4. Paris, 1789.

MAURER (Fel.).

Vom Lichte der Johanniswurmlein (*De la lumière des vers de la Saint-Jean. Lampyre*).

Observat. curios. Phys., p. 940.

MAYER (Johann.), médecin, né à Prague en 1752.

1 Insekten beschreibungen (*Descriptions d'insectes*).
Naturforscher. 15 stück, p. 111-114.

2 Sammlung Physikalischer aussätze besonders die Böh-
mische naturgeschichte (*Collection de mémoires, surtout sur
l'histoire naturelle de la Bohême, avec planches*).
4 vol. in-8. Prague, 1791-92-93-94.
Ces quatre volumes, publiés par lui, font partie de la collection de la Société d'Histoire naturelle de Prague.

MAYNZ (Domingo).

Secretos admirables de las Avejas y de su maestra(*Abeilles*)
In-8. Grenada, 1657.

MECKEL.

Sur les organes biliaires et urinaires des Insectes.
Archives für Anatom. und Physiol., band 1, 1826, p. 21.

MEERBURGH (Niclas).

Afbeeldingen van zeeldzaame gewassen (*Observations de
plantes rares*).
In-fol. Leyden, 1775.
Sur chaque plante il y a un papillon dessiné avec plus de
soin que la plante.

MEYERLE (Joh. Karl).

1. Bemerkungen zu Illiger's Zusätzen zu Fabricii systema
eleuteratorum (*Remarques sur les additions d'Illiger au système de Fabricius*).
Magaz. entom. de Germar. zweet. heft., 1815, p. 135.

2. Catalogus Insectorum quæ Viennæ Austriæ die 14 et
seq. Decembris, 1801, auctionis lege distribuntur.

MEIDINGER.

Nomenclator, versuch einer deutschen syst. nom. aller in
der letzen ausgabe der Linn. natursystems befindlichen
geschlechter der Thiere (*Le Nomenclateur, essais d'une syno-*

nymie allemande des noms d'animaux qui se trouvent dans la dernière édition du Systema naturæ de Linné.

In-8. Wien, 1787.

MEIGEN (Johann. Wilhelm).

1. Versuch einer neuen gattungs eintheilung der Europaischen zweiflüglichen Insekten (*Essais d'une nouvelle classification des Diptères européens*).

Illigers's Magazin zur Insektenkunde, 2 band, 1803, p. 259.

2. Klassificazion und beschreibung der bekannten europäischen zweiflügeligen Insekten (*Classification et description de tous les Diptères européens connus*).

2 vol. in-4. Braunschweig, 1804.

Extrait de cet ouvrage a été donné par M. Baumhauer.

3. Systematische beschreibung der bekannten europäischen zweiflügelingen Insekten (*Description systématique de tous les Diptères européens connus*).

6 volumes in-8 avec figures.

Tome 1er. Aachen, 1818, avec les planches n° 1 à 11.

Extrait de ce volume, Magasin entomologique de Germar, 4 band, p. 368.

Tome 2. Aachen, 1820, planches 12 à 21.

Tome 3. Hamm, 1822, planches 22 à 32.

Tome 4. Hamm, 1824, planches 33 à 41.

Tome 5. Hamm, 1826, planches 42 à 54.

Tome 6. Hamm, 1830, planches 55 à 66.

Dans les planches, une espèce au moins de chaque genre a été figurée.

4. Systematische beschreibung der europäischen schmetterlinge (*Description systématique des Lépidoptères d'Europe*).

Tome 1er, in-4. Aachen (Aix-la-Chapelle), 1828.

L'ouvrage paraît par livraisons dont chacune contient 10 planches coloriées.

MEINEKE (Johann. Friedrick).

1. Anleitung für junge Insektensammler, mit absicht und

geschmach zu sammeln (*Instruction à l'usage des jeunes entomologistes, pour former leur collection avec goût et utilité*).

Naturforscher, 1 st. 1774, p. 239-254.

Extrait. Fuessly's Magazin der Entomologie, 2 band, p. 32.

2. Entomologische beobachtungen (*Observations entomologiques*).

Naturforscher, 3 st. 1774, p. 55-82.

Fuessly's Magaz. der Entomol., band 2, p. 125-152.

Suite. Naturforscher, 4 st., 1774, p. 111.

Fuessly's Magaz. der Entomol., 2 band, p. 207.

Suite. Naturforscher, 6 stück, 1775, p. 99-122.

Suite. Naturforscher, 8 st. 1776, p. 127-148.

Suite. Naturforscher, 11 st. 1777, p. 46-62.

Fuessly, N. Entom. Magaz., 1 band, p. 208.

Suite. Naturforscher, 13 st., p. 174-178.

3. Versuch einer natürlichen eintheilung der schmetterlinge
(*Essais d'une classification naturelle des Lépidoptères*).

Beschäftigungen der Berlinen Gesell. naturfreunde zu Berlin, 2 band, 1775-19, p. 420-45.

MELLY.

Description du *Passalus* Goryi.

Magasin de Zoologie de Guérin, 1832. Insectes, n° 56.

MENANDER (Carl. Frid.).

De usu cognitionis insectorum. Resp. Björklund.

In-4. Aboæ, 1747.

MÉNÉTRIER (C. H. G.).

Observations sur quelques *Lépidoptères* du Brésil.

Mém. de la Soc. Imp. des Nat. de Moscou, t. 7, ou Nouv.
mém., t. 1, p. 181-196. 3 planches, n. 5, 6, 7.

MENONVILLE (Nicolas-Joseph-Thiéry de).

Traité de la culture du nopal et de l'éducation de la coche-

nille dans les colonies françaises de l'Amérique, avec plusieurs planches coloriées.

2 vol. in-8. Cap Français, 1787.

MENTZEL (Johann. Christianus), médecin, mort en 1718

1. De *Muscis* quibusdam culiciformibus, pediculosis grilli-
formibus et aliis (conjointement avec J. A. Ihle).

Miscellanea Academiæ Naturæ Curiosorum. Dec. 2, ann. 1,
1682, observ. 30, p. 71-74.

2. De bedeguare pharmacopolarum et ejus vespa rosea
(*Cynips*).

Miscell. Acad. Nat. Curios. Dec. 2. A. 2. 1683, p. 30-33.

3. De *Musca* vini vel cervisiæ acescentis.

Miscell. Academ. Naturæ Curiosorum. Dec. 2, ann. 2,
1683, obs. 58, p. 96-98.

4. *Musca* pulex, vel cimex, avec figures.

Miscell. Academ. Naturæ Curiosorum. Dec. 2, ann. 2,
1683, obs. 131, p. 295-98.

5. *Papillo* blatta alis plumosis, avec figure.

Miscell. Academ. Naturæ Curiosorum. Dec. 2, ann. 2, 1683,
obs. 132, p. 297.

6. De *Perlis* præstantissimo muscarum genere, avec figures.

Miscell. Academ. Nat. Curiosorum. Dec. 2, t. 3, 1684,
p. 117-123, obs. 42.

7. De Vespa rosea (*Cynips*).

Miscell. Academ. Naturæ Curiosorum. Dec. 2, ann. 4,
1685, p. 347.

8. De *Cicadis* et aliis insectis canoris, primo de cicada Bo-
noniensi.

Miscell. Academ. Nat. Curiosorum. Dec. 2, ann. 6, 1687,
obs. 48, p. 119.

9. De *Muscis* formiciformibus et aliis insectis catervatim
volantibus.

Miscell. Academ. Nat. Curiosorum. Dec. 2, ann. 6, 1687,
obs. 51, p. 121.

MERBITIUS (Jo. Val.).

Dissert. de Nymphis aquaticis.

In-4. Pars 1. Lips., 1673. Pars 2, 1675.

MERIAN (Marie-Sibylle), peintre en miniature, née à Francfort en 1647, quitta son pays, et se rendit à Surinam dans le but d'étudier et de peindre des insectes. Elle y passa dix années, et revint en Europe publier des ouvrages dont les figures sont encore admirées aujourd'hui. Elle mourut en 1717. Lorsque la mort vint l'enlever, elle travaillait avec sa fille aînée, Jeanne-Hélène, à une continuation de son ouvrage sur les insectes de Surinam, par une histoire des insectes d'Europe; il a été publié après sa mort par sa fille cadette, Dorothée-Marie-Henriette, qui avait hérité de son talent.

1. Der Raupen wunderbare verwandelung (*Naissance, nourriture et métamorphoses admirables des insectes*).

1re partie. In-4. Nürnberg und Leipzig, 1679.

2e partie. In-4. *Idem*, 1683, avec 50 planches.

3e partie. In-4. Amsterdam, 1717, avec 50 planches.

Autre édition en latin, in-4. Amstelodami, 1717, avec 153 planches.

2. Dissertatio de generatione et metamorphosis insectorum Surinamentium, 60 planches coloriées.

In-fol. Amstelodami, 1705.

Autre édition en hollandais, avec 72 planches. In-fol. Amsterdam, 1719.

Autre édition en latin. Amsterdam, 1719.

Autre édition en latin et en français, avec 72 planches. In-fol. Hagæ Comitum, 1726.

Autre édition en hollandais. In-fol. Amsterdam, 1730.

Autre édition en français. In-fol. Amsterdam, 1730.

3. De Europäische Insekten (*Insectes d'Europe*), avec 155 planches.

In-4. Amsterdam, 1718.

Autre édition. Traduction française de Mairet, avec 184 planches. 2 vol. in-fol. Amsterdam, 1730.

Autre édition en hollandais. In-fol. Amsterdam, 1730.

Autre édition. 3 vol. in-fol., 1771.

4. Histoire des Insectes de Surinam et de toute l'Europe, dernière édition, ornée de 500 planches.

4 vol. in-fol.

Je ne connais que l'annonce de cette édition.

METAXA (Telemaque).

1. Osservazioni naturali intorno alle cavallette nocive de la Campagna Romana (conjointement avec Rolli). Sauterelles.

In-4. Romæ, 1825, avec une planche coloriée.

2. Histoire de deux larves d'*œstres* extraites de l'oreille d'un paysan.

Mémoire de Zoologie médicale. In-8. Rome, 1835, p. 61-71. La planche représente quelques parties de ces animaux.

MEY (Jean de), médecin, né à Middelbourg en Zélande, où il mourut en 1678.

Commentarius de Johannis Goedaert Metamorphosis Insectorum, cum appendice de *Hemerobiis*.

In-8. Middelbourg, 1668.

Voyez aussi Gödaert.

MEYENDORF (de).

Voyage d'Orembourg à Boukhara (Zoologie).

1 vol. in-8. Paris, 1825. Fig. col. et une carte.

MEYER (Friedrich Albrecht Anton.).

Tentamen ordinum Insectorum.

In-4. Goettingæ, 1742.

Schneiders Entom. Magaz., 1 band, p. 222-25.

2. Il a donné en 1791 une édition avec des notes d'une dissertation de Thunberg sur les caractères des genres des insectes.

3. Gemeinnützliche naturgeschichte der giftigen Insekten (*Histoire naturelle d'une utilité générale des insectes venimeux*).
In-8. Berlin, 1792.

4. Tentamen monographiæ generis *Melöes*.
In-8. Gottingæ, 1793.

5. Zoologische Annalen (*Annales zoologiques*).
1 band. In-8. Veimar, 1794.

6. Ueber die Göttingischen Melolonthen (*Sur les hannetons de Gottingue*).
Journal für der Entomologie, 1 band, p. 258-255.

7. Versuch zu Nahren bestimmung einsiger schadlichen weniger bekannten Insekten (*Essais de détermination de quelques insectes nuisibles peu connus*).
Voigt's Magaz., 9 band, 2 st., p. 64-85.

MEYER (Jo.).
Insekten Beschreibung (*Description d'Insectes*).
Naturforscher. 15 st., n° 8, c. f.

MEYER (Nicolaus).
1. Auszug Bemerkungen über einige Schmetterlings-Raupen (*Remarques abrégées sur quelques chenilles de lépidoptères*).
Fuessly. Magaz. der Entom., 1 band, 1778, p. 242-288.
Suite. *Idem, idem*, 2 band, 1779, p. 1-51.

2. Beytrage zur Naturgeschichte des Spekkäfers (*Matériaux pour l'histoire naturelle du Dermestes Lardarius*).
Voigt's Magaz., 7 band. 4 st., p. 34-36.

MIELZINSKY (Ignace).
Mémoire sur une Larve qui dévore les helix nemoralis, formant le genre cochléoctone (*Drillus flavescens*).
In-4. Genève, 1823.
Annales des Sciences naturelles, t. 1, p. 67, avec figure.
Bibliothèque universelle. 1823, p. 137.

MIGER (Félix).

Mémoire sur les Larves d'insectes coléoptères aquatiques.

1ᵉʳ Mémoire sur le grand *Hydrophile*, avec une planche.

Annales du Muséum d'Histoire naturelle, t. 14, 1809, p. 441.

Nouv. Bulletin de la Société philomatique, n. 52, t. 2, p. 74.

MIKAU (Joann.-Christian).

1. Entomologische Beobachtungen, Berichtigungen (*Observations, rectifications et découvertes entomologiques*).

N. Abhandl. der Böhm. Ges., b. 5. Physik, p. 108-136.

2. Monographia *Bombyliorum* Bohemiæ, avec figures.

In-8. Pragen, 1796.

MILLARD (S.-W.).

Outlines of British Entomology, in prose and verse.

In-12. Bristol, 1821.

MILLER (Johann.).

Engravings of Insects, with descriptions (10 planches coloriées).

Fol. London, 1759-1760.

MILLIN (Aubin-Louis), archéologue et naturaliste, né à Paris en 1759, mort dans la même ville le 14 août 1818. Il avait été un des fondateurs de la Société linnéenne et le principal rédacteur du Magazin encyclopédique.

1. Discours sur l'origine et les progrès de l'histoire naturelle en France.

In-4. Paris, 1790.

Ce discours a été réimprimé en tête des Mémoires de la Société d'Histoire naturelle.

In-fol. Paris, 1792.

2. Éléments d'Histoire naturelle.

In-8. Paris, 1794.

Autre édition. Paris, 1802.

3. Rapport sur le Calendrier entomologique de Gorne.
Bulletin de la Société philomatique.

4. Magazin encyclopédique.
122 volumes in-8. Paris, 1792-1816.

MILLS (John).
An Essay on the management of Bees, etc. (*Abeilles*).
In-8. London, 1766.

MODEER (Adolphe), savant suédois, né à Stockholm en
1738, mort en 1799. -

1. Ron och bescrifning om en för bi-skötseln högst skadelig
mask och fiäril (*Description d'une chenille très-nuisible dans
l'éducation des abeilles, et de son papillon ;* Phal. mellonella).
Vetensk. Academ. Handlingar 24, b. 1762, p. 20-24.
Traduction allemande, 24 band, 1762, p. 20.
Fuessly's Neu Entomol. Magaz., 3 band, p. 107.

2. Någre markvardigheter hos Insectet (*Quelques remarques
sur les Insectes ; punaises*).
Vetenskap. Academ. Handlingar. 26. B. 1764, p. 41-47.
Traduction allemande, 1764, p. 43.
Fuessly's Neu Entomol. Magaz., 3 band, p. 64.

3. Oekonomischen Beschreibung der Kirchspiele halltorp
und wertorp (*Punaises*).
Vetensk. Academ. Handling., 29 band.

4. Histórien om Insectet Gyrinus natator (*Histoire du Gy-
rinus natator*).
Vetensk. Academ. Handlingar., 32 band, 1770, p. 324.
Traduction allemande, 1770, p 321.
Fuessly's Neu Entom. Magaz., 3 band, p. 75.

5. Om fäst flyct (*Sur une mouche attachée ; coccus*).
Götheborska Vetensk. Handling, st. 1, 1778, p. 1.

6. Beskrifning om Slägtet hast-fluga (*Description du genre
Hippobosca*).
Götheborgska Vetenskap. Handlingar, st. 3, p. 26.

7. Anmärkningar angående slägtet Gyrinus (*Observations concernant le genre Gyrinus*).

Physiog. Sälska. Händl. Deel. 1, st. 3, p. 155-162.

8. Beskrifning på slägtet Pampsnut (*Description du genre Bombylius*).

Physiog. Sälsk. Handl. Deel. 1, p. 287.

9. Styng-flug-slägtet (*Sur le genre OEstre*); 10 espèces décrites.

Vetenskaps Academ. Nya Handl., 1786, p. 125-158, et 180-185.

Traduction allemande, 1786, p. 112-159.

10. Anmärkningar angående det så kallade manna folliata, eller manna di fronde (*Remarques sur ce qui est appelé manne folliée ou manne du frêne, coccus*).

Vetensk. Academ. Handl., 1792, p. 161-166.

MODENA (Carlo).
Metodo di coltivare i *Bachi da seta.*
Opuscoli Scelti, t. 3, p. 28-34.

MOELLER (Daniel-Guillaume), né à Presbourg le 28 mai 1642, mort à Altorf le 25 février 1712.
Meditatio de Insectis quibusdam, hungaricis agris cum nive delapsis, avec 2 planches en bois (Podure).
In-12. Frankfort-M., 1673.

MOELLER (Georg.-Fried.).
Die Heuschrecken als ein Landwirth betrachtet (*Des Sauterelles sous le point de vue agricole*).
Oekon. Nachz. 7 band, p. 48 et 438.

MOELLER (Ch.-H.).
Entomologisches Wörterbuch (*Dictionnaire entomologique*).
In-8. Erfurt, 1795.

MOEREN (Jos.-Ch.).
De Insectis.
Ephem. Nat. Curios. Dec. 3, an 7, et 8, obs. 123, p. 203.

MOHR (D.-M.-H.).

1. Forsög till en Islandsk naturhistorie (*Essais sur l'histoire naturelle de l'Islande*).
In-8. Kiobenhavn, 1786.

2. Naturhistorische Reise, durch einer theil Schwendens (*Voyage d'histoire naturelle dans quelques parties de la Suède, conjointement avec Fr. Weber*).
In-8. Göttingen, 1804.

MOLINA (J. Ignatius).
The geographical, natural, and civil History of Chili (traduction).
2 vol. in-8. London, 1809.

MOLINEUX (Thomas).
1. A Letter giving an account of the connught-worm (*Eruca elephantina*).
Philos. Transact., vol. 15, 1688, n. 168, p. 876-99.
En latin : Acta Eruditorum, 1686, p. 300.

2. A Letter concerning swarms of Insects that of late years have much infested some parts of the province of Connought in Ireland (*Lettre concernant une grande quantité d'Insectes qui pendant la dernière année ont infesté la province de Connought en Irlande*).
Philos. Transact., 1697, p. 741.
Badd. 111, p. 234.

MOLITOR (Urb.).
Obs. de *Apiario* et alvearibus, avec fig.
Act. Acad. Moguntinæ, t. 1, p. 153.

MOLL (Carl.-Ehrenbert von).
1. Natural historische Briefe über Oesterreich, etc. (*Lettres sur l'histoire naturelle de l'Autriche*).
2 band, in-8. Salsburg, 1785.

2. Entomologische Nebenstunden (*Récréations entomologiques*).

Schritten der Berliner Gesell. naturf. freund. zu Berlin. Beobachtungen, band 3, p. 257.

3. Verzeichniss der Salzburgischen Insekten (*Catalogue des Insectes de Salsbourg*).

Fuessly. Neu Entomol. Magaz., 1 band, p. 370-389; 2 band, p. 27-44; 3 band, p. 169.

4. Anmerkungen zu des H. Panzer ausgabe des Voëtschen Käferwerks, den Scarab. sticticus betreffend (*Remarques sur l'édition des Scarabées de Voët par Panzer, en ce qui concerne le Sc. sticticus*).

Fuessly's Neu Entomol. Magaz., 1 band, p. 390.

MONTAGU (George).
Descriptions of several new or rare Animals (*Description de plusieurs Animaux rares, G. Nycteribia*), avec figures coloriées.

Transact. Linnean Society of London, t. 11, 1ᵗᵉ partie, 1813, p. 1.

MONTI (Ignaz).
Von Vergiftung mit dem weine der consécration; die Vergiftung wird von dem Bupreste hergeleitet, und verchiedener von der Naturgeschichte desselben beygebracht (*D'un empoisonnement par le vin de la consécration, attribué au Bupreste, et diverses observations sur cet insecte*).

Medicinischen Dictaten, in-8. Stuttg., 1781.

MONTIUS (Cajetanus).
De Xylophthori terrestris prima specie (Noctua).
Comment. Bonon, t. v, partie 1ᵉ, p. 333-348.

MORAND (Jean-François-Clément), né à Paris le 28 avril 1726, et mort en 1784.

1. Mémoire sur les truffes, et sur les mouches qui en sortent.

Mémoire de l'Acad. des Sc. de Paris. A 1782, hist., p. 17, mém. p. 318.

2. Obs. de fructibus pruni ab insectis læsis, horumque in plantas usu.

Vandermonde Samml., 3 band, p. 150.

3. Vom Nutzen einiger Insekten zur färberey. (*De l'utilité de quelques insectes dans l'art de la teinture.*)

Gesellchaft. Erzahl., 2 th., p. 81.

MORIER (James).

A second journey through *Persia* to *Constantinopla* between the years 1810-16, with a journal of the voyage by the *Brazil* and *Bombay* to the Persian gulf.

In-4. London.

MORTIMER (C.).

Relat. de Scarabæo *capricorno* vivo reperto in quodam cavo cum integra particula ligni.

Philos. Trans., n° 461, p. 861.

MOSCHAU (Johann-Ignatius-Muschel de).

De ala *locustæ* litteris hebraïcis decorata. Miscel. Acad. nat. curios., dec. 2. A. g. 1690, p. 205.

MOSCHETTI.

De Pulice.

In-8. 1544.

MOUFET (Thomas), médecin anglais du seizième siècle; on ignore l'époque précise de sa naissance ainsi que celle de sa mort.

Insectorum, seu minimorum animalium theatrum, iconibus supra quingentis illustratum (*Les planches sont en bois et répandues dans le texte*).

In-f. Londini, 1634.

The theater of Insects or lesser living creatures.
In-fol. London, 1636.
In-fol. London, 1658.

MUELLER (Otto-Friedrick), naturaliste danois, né à Copenhague le 11 mars 1730, mort le 26 déc. 1784.

1. Fauna Insectorum Friedrichsdaliana (*du Danemark*).
In-8. Lipsiæ, 1764.
Autre édit., Hafniæ, 1766.

2. Novicia faunæ Friedrichsdalianæ.
In-8. Argentor., 1767.
C'est un extrait d'une portion de la Faune.

3. Enumeratio ac descriptio *Libellulorum* agri Friedrichsdalensis.
Nova acta naturæ curiosorum, t. 3. 1767, obs. xxix, pag. 122-131.

4. De *Musca* vegetante Europæa.
Nova acta naturæ curiosorum, t. 4. 1770, p. 215.

5. Pile larven med dobbelt hale og deres Phalæne (*Chenille d queue fourchue*), avec 2 planches.
In-4. Kiöbenhavn, 1772.
Édit. allemande; in-4. Leipzig, 1775.

6. Manipulus insectorum Taurinensium (pub. par Alioni).
Miscell. Soc. Taurinensis, t. 3, p. 185-98.

7. Det nöisomme möll (sur les teignes).
Skrivter det Kiöbenhavnsk selskab. Deel 12, p. 85.

8. Zoologiæ Danicæ Prodromus, seu animalium Daniæ et Norvegiæ indigenorum characteres, nomina etc.
In-8. Havniæ, 1776.

9. Zoologia Danica, et icones animalium rariorum et incognitorum Daniæ et Norvegiæ.
3 vol. in-f. 1788.
Le 3e fascicule de planches, qui avait été laissé incomplet par Müller, a été publié en 1789 par Abelgaardt, et depuis

M. Rathke en a ajouté un quatrième en 1806, ce qui porte le nombre des planches à 160.

Autre édit. sans planches, 2 vol. in-8. Havniæ et Lipsiæ 1779-84.

MUELLER (Phil.-Ludw.-Statius).
Vollständiges natursystem, des C. v. Linné mit einer Erklärung. (*Les animaux.*)
1-6 th. in-8. Nürnberg, 1773-76.
Avec un cahier supplémentaire et des planches; les deux premiers cahiers traitent des insectes; c'est la traduction d'un ouvrage hollandais (de Huttuyn).

MUELLER.
Beobachtungen über einige chaolische thiere Gewurme und Insekten. (*Remarques sur quelques animaux, vers et insectes.*) Avec des observations de G. A. E. Göze.
Naturforscher, 7 st. 1775, p. 97-104.

2. Anmerkungen zu Herbst's Beschreibung. (*Observations sur les descriptions de Herbst.*)
Schrift. der Berliner Gesell. natur. freunde. B. 2, p. 125.

3. Découverte d'un papillon à tête de chenille.
Mémoire de mathématiques et de physique des savants étrangers à l'Acad. de Paris, t. 6, p. 508.
Naturforscher, 16 st. n° 16, p. 205-212.

MUELLER (Philip.-Wilbrand-Jacob).
1. Bemerkungen über die fussgliederzahl einiger Käfer gattungen (*Sur le nombre des articles des tarses de quelques genres de coléoptères, par rapport à la Diss. d'Illiger sur cet objet*).
Illiger. Mag. zur Insekt., 4 band. 1805, p. 197.

2. Beschreibung der schlammkäfer (*Description des Scarabées du g. Liumius d'Illiger*).
Illiger Mag. zur Insekt. 5 band. 1806, p. 184.

3. Eine neue Käfer gattung, Macronychus (*Sur un nouveau*

I. 19

genre de coléoptères, le g. Macronycus.) et descrip. d'un nouv. *Parnus.*

Illiger. Mag. zur Insekt., 5 band. 1806, p. 207.

4. Bemerkungen über einige Insekten. (*Remarques sur quelques insectes.*)

Mag. Entom. de Germ. 2 band, 1817, p. 266.

5. Beyträge zur naturgeschichte der grossen Hornisse (*Matériaux pour l'histoire naturelle du frélon*).

Mag. Entom. de Germ. 3 band, 1818, p. 56.

6. Vermischete Bemerkungen über einige Käferarten. (*Remarques sur quelques espèces de Scarabées.*)

Mag. Entom. de Germar. 3 band, 1808, p. 234.

Neue Insekten (*Nouveaux insectes coléoptères*).

Mag. Entom. de Germar, 4 band, 1821, p. 184.

8. Beyträge zur naturgeschichte der halbdekkigen Leuchkäfers. *Remarques sur l'histoire naturelle du* Lampyris Hemiptera).

Illiger. Mag. zur Insekten., 4 band, 1805, p. 175.

MUELLER (M. Friedrick).

1. Anatomische und Physiologische Darstellung des Auges. (*Exposition anatomique et physiologique des yeux.*)

In-8. Wien, 1819.

2. Uber die Entwikelung der Eyr im Eyrstock bei den Gespenst-heuschreken; etc.(*Sur le développement des œufs dans l'ovaire des sauterelles-spectres ; et nouvelle découverte d'une correspondance du vaisseau dorsal avec les ovaires des insectes,* avec 6 planches de détails anatomiques).

Acta academiæ naturæ curiosorum (*de Bonn*), t. 12, 1ᵉ partie 1825, p. 553-672.

3. Zur verglichenden den Physiologie des Gesichtssinnes (*Recherches sur la Physiologie comparée du sens de la vision*).

Bonn. 1826.

En français. Annales des Sciences naturelles, t. 17. 1829, p. 225 et 365, suite t. 18, p. 73.

4. Uber ein Eigenthümliches, dem *nervus sympaticus* analogues Nerven-system der Eingeweide bei den Insekten. (*Sur Un système nerveux particulier des intestins chez les insectes analogue au nerf sympathique*), avec 1 planche.

Nova acta naturæ curiosorum (de Bonn,), t. 14, 1ʳᵉ partie 1828, p. 71-108.

5. Sur la structure des yeux du *hanneton*.

Annales des Sc. naturelles, t. 18. 1829, p. 108.

MULLER (C.-L.).
Fauna Lepidoptera silesiaca. (*Papiliones.*)
1 band, 1 heft. Breslau.

MULSANT.
Lettres à Julie sur l'Entomologie, (avec 16 planches noires ou coloriées).
2 vol. in-8. Paris.

MURATTO (Jean de), médecin, né à Zurich vers 1645, mort en 1733.

Anatomia Pediculi.

Miscellanella Academicæ naturæ curiosorum, dec. 2, ann. 1. 1682, obs. 53, p. 136.

2. Anatomia Pulicis vulgaris.
Miscell. nat. cur., d. 2, ann. 1, obs. 54, p. 137.

3. Pulex florum Scabiosæ.
Miscell. nat. cur., d. 2, ann. 1, obs. 55, p. 138.

4. Anatomia Crabronis.
Miscell. nat. cur., d. 2, ann. 1, obs. 56.

5. Anatomia Cimicis murorum et lignorum (Holzwentelen).
Miscell. nat. cur., d. 2, ann. 1, obs. 57, p. 141.

6. Examen anatomicum Grylli silvestris.
Miscell. nat. cur., d. 2, ann. 1. obs. 58, p. 142.

7. Scarabei maialis foliacei anatome (laubkäfer).
Miscell. nat. cur., d. 2, ann. 1, obs. 148.

8. De grillotalpa (Wachren).
Miscel. nat. cur., d. 2, ann. 1, obs. 62 p. 154.
  Id. id. id., d. 2, ann. 2, 1683, obs. 30 p. 58.

9. De Scarabeo liliaceo (hergotts küchlein).
Miscell. nat. cur., d. 2, ann. 1, p. 156.

10. Anatomia Muscæ Vulgaris.
Miscell. nat. cur., d. 2, ann. 1, obs. 64, p. 158.

11. De Cicindela.
Miscell. nat. cur., d. 2, ann. obs. 671, p. 167.

12. De Locusta viridi majore (hew ströffel).
Miscell. acad. nat. cur., d. 2, ann. 2, 1683, obs. 16 et 17, p. 40.

13. De Locusta viridi alia. Ibidem.

14. De Blatta. Ibidem, obs. 18.

15. De Forficula (ohrenmügeler).
Miscell. nat. cur., d. 2, ann. 2, obs. 19, p. 44.

16 De Cantharide Aldrovandi, quæ in rosis reperitur (gold-âfer).
Miscell. nat. cur., d. 2, ann. 2, obs. 21, p. 46.

17. De Cantharide viridi. Ibidem.

18. De Cantharide miniata. Ibidem.

19. De Papilione flavo.
Miscell. nat. cur., d. 2, ann. 2, obs. 23, p. 48.

20. De Phryganio.
Miscell. nat. cur., d. 2, ann. 2, obs. 24, p. 49.

21. De Pulice campestri (Erdflohe).
Miscell. nat. cur., d. 2, ann. 2, obs. 25, p. 50.

22. De Perla Ribesiorum.
Miscell. nat. cur., d. 2, ann. 2, obs 26, p. 50.

23. De Bombyce.
Miscell. nat. cur., d. 2, ann. 2, obs. 28, p. 52.

24. Phryganion Perlæ. Ibidem.

25. Anatomia Perlæ (augenschiesser). Ibidem.

26. Examen Papilionis vulgaris albi.
Miscel. nat. cur., d. 2, ann. 2, obs. 82, p. 200.

27. Consideratio Scarabæi cornuti maris et femellæ. Ibidem.

28. Erucarum anatome. Ibidem.

29. Scarabœus rosarum argenteus. Ibidem.

30. Scarabœus vagini pennis subsultans.
Miscel. Acad. nat. cur., d. 2, ann. 2, 1685, p. 207.
La plupart de ces descriptions sont rapportées dans l'amphitheatrum Zootomicum de Valentini. 2ᵉ partie, p. 221-229.
Il existe aussi une édition à part de la plupart des mêmes dissertations, in-8. Tiburgi, 1718.

31. Die merkwürdige Erzeugung des Maikäfer. (*Curieuse reproduction des hannetons*).
Forst Magazin. 2 band, p. 149.

32. Das winter quartier der Maikäfers. (*Sur les quartiers d'hiver des hannetons.*)
Bresslaw. nat. und kunst. Ges. 25 vers, p. 177.

33. Von einem schönen braunens aftfarbe in den gemein Maykäfer. (*D'une belle couleur brune que l'on peut tirer du hanneton vulgaire.*)
Wittenberg. wochenbl., 3 band, p. 385.

MURRAY (Jo.-Andr.).
Diss. de amico insectorum scrutinii cum re herbaria connubio.
In-4. Göttingæ, 1764.

MUSCHEL (Jo).
De ala *Locustæ* litteris hebraicis decorata.
Ephem. nat. cur., d. 2, ann. 9, obs. 120, p. 204.

MUETZSCHEFAHL. (Von).

Nachricht von einigen Vasser-Insecten ander Bartsch, nach welchen sich die fischer bey ihren Winter-fischeyeren richten. (*Notes sur quelques insectes d'eau d'après lesquels les pêcheurs se guident dans leurs pêches d'hiver*).

Oek. nachr. der Ges. in Schlesien B. 6, 393, B. 7, S. 2.

MYLIUS (Christlob).

1, Gedanken über den natürlichen Trieb der Insekten. (*Réflexion sur l'instinct naturel des insectes.*)

Hamb. Mag. 1 band, 3 st. p. 309-326, et 6 st. p. 167 bis-191.

2. Von Wasser Mottengehäusen. (*Sur une teigne d'eau.*)

Dans ses Physikal. Belustigung. 1 band, p. 629-32.

N

MAEZEN (Daniel-Erick).

1. Beskrifning på nagrä, vid Umeä fundne okände arter ibland skalbaggarne (*Sur quelques espèces de Coléoptères*).
Vetenskaps Academ. nya Handl. A. 1792, p. 167-1.
Rapporté, 1775, p. 72.

2. Beskrifning på nägra vid umeä fundne Insekten, dels okände, dels föreit otydeligen bensarkte och i fauna succica ei uptagne (*Description de quelques espèces de Coléoptères faisant partie de la faune de Suède*).
Vetensk. Acad. Hand., 1794, p. 265-274.
Rapporté, 1795, p. 71.

NEALE (G.-P.).
Observations on the Study of Entomology, with a short Account of the early-stages of *Bombyx versicolor*.
Trans. of the Entom. Society of London. 1812, p. 323.

NEEDHAM (John Toberville), physicien anglais, célèbre par ses observations microscopiques, né à Londres en 1713; mort à Bruxelles le 30 décembre 1781.

1. Observations sur l'histoire naturelle de la Fourmi, à l'occasion desquelles on relève quelques méprises de certains auteurs célèbres.
Mém. de l'Acad. de Bruxelles, t. 2, p. 295-312.

2. D'un petit Insecte de l'espèce de scarabées trouvé sur le narcisse.
Observat. microscop., c. 9, p. 112.

3. Nouvelles Recherches sur la nature et l'économie des mouches à miel, avec fig.

Mém. de l'Acad. de Bruxelles, t. 11, p. 323-87.

NEIDHART (Jchann.-Michael).

Auf Vernunft und Erfahrungen gegründete Gedanken von der Zeugung und Befruchtung der Bienen-Königinn (*Réflexions fondées sur l'observation et la raison, sur la naissance et la fécondation de la reine des abeilles*).

Abhandl. der Fränkish Oekonom. Bienengesellschaft, 1772 et 1773. Abtheil. 2, s. 221.

Nouvelle édition in-8. Nurnberg, 1774.

NEES AB ESENBECK (Christ.-Godef.).

1. Ichneumonides adsciti in genera et familias divisi, etc.

Magaz. fur die neuesten Entdek. Gesell. Nat. fr. zu Berlin, 1811, p. 3,—1814, p. 183, — 1815, p. 243.

Extract. Germar. Entomol. Magaz., 1 heft., p. 47.

2. Lapton femoralis, eine neue Ichneumoniden Gattung, etc. (*Lapton femoralis, nouveau genre d'Ichneumon*).

Gesellschaft. Nat. fr. zu Beriin Magaz. Liebenter, 1815, p. 45.

3. Genera et Familias Ichneumonidum. Nova Acta Nat. Curios., t. 9, 1818, p. 299 à 310.

4. Horæ Physicæ Berolinenses. Avec 27 planches.

In-folio. Bonnæ, 1820.

A la page 15 se trouve un détail du genre *Proscopis*.

5. Hymenopterorum Ichneumonibus affinium monographiæ.

2 vol. in-8. Stuttgartiæ et Tubingæ, 1834.

NEUFORN (Jos.-Com.-Stokar a).

Diss. de Usu *Cantharidum* interno.

In-4. Göttingæ, 1781.

En allemand : dans le Pfingstens Magaz., 2 band, p. 319.

NEVILLAU (Bridelle de).

Remarques sur la Punaise des jardins qui poursuit les chenilles.

Rosier. Journal de Physique, août 1782.

NEVMANN,(Caspar), né le 11 juillet 1683, mort à Halle en 1727.

Lectiones quatuor subjectis pharmaceutico-chymicis, sal commune, *Formica*, etc.

In-4. Lipsiæ, 1737.

De Oleo destillato *Formicarum* æthereo.

Ephem. Nat. Cur., vol. 11, obs. 136, p. 304.

Crells neuen Chemischen Archiv., 1 band, p. 319.

NEWMANN (Edward).

1. An Essay of Sphinx vespiformis.

In-8. London.

Extrait : Walker Entom. Magaz., n. 1, sept. 1832, p. 44.

2. An Entomological Excursion (conjointement avec M. Donbleday. Voyez ce nom).

3. Monographia *Ægeriarum* Angliæ (Lepid.).

Walker. The Entom. Magaz., n. 1, sept. 1832, p. 66-84.

4. Entomological notes (diff. orders).

Walker. Entom. Magaz., n. 3, avril 1833, p. 283-88.

Suite.	*Id.*	n. 4, juillet 1833, p. 413.
Suite.	*Id.*	n. 5, octobre 1833, p. 505.
Suite.	*Id.*	n. 7, avril 1834, p. 200.
Suite.	*Id.*	n. 8, juillet 1834, p. 313.

4. Osteology, or external anatomy of Insects.

Walker. The Entom. Magaz., n. 4, juillet 1833, p. 394-433.

Suite.   *Id.*   n. 6, janvier 1834, 2 pl., p. 60-92.

6. Attempted division of British Insects into natural orders.

Walker. The Entom. Magaz., n. 9, octobre 1834, p. 379-431.

NICOLAI (A.-H.).

Die Wander-oder Processions Raupe (*Bombyx processionea*). Avec 1 planche.

Naturhistorisch-Landespoli, etc. In-8. Berlin, 1833.

NICOLAI (E.-A).

Dissertatio, Sistens *Coleopterorum* et species agri Halensis. In-8. Halæ, 1822.

NICOLAS.

Indication sur la manière d'élever les papillons.
Journal de Physique de Rosier, t. 4, p. 482.

NIEBUHR (Carsten).

Beschreibung von Arabien (*Description de l'Arabie*). Avec 24 planches.
In-4. Koppenhagen, 1772.

Descriptiones animalium, avium,..... Insectorum et quæ in itinere orientali observavit P. Forskâl. Avec planches. Voyez *Forskaol*.
In-4. Hafniæ, 1775.

NIESEN (Christian).

Von dem Honigthau der Schwezinger linden, der Bienen häufigster nahrung (*Sur le miélat des feuilles de tilleul, qui présente une nourriture abondante aux abeilles*).
Bemerk. der Phy. ökon. Gessel. zu Lautern. 1779, p. 143-168.

NIREMBERG Joan.-Euseb.), jésuite espagnol, né à Madrid en 1590.

Historia naturæ maximè peregrinæ, libris sedecim distinctæ. Avec planches en bois.
In-fol. Antwerpiæ, 1655.
On y trouve des descriptions d'insectes étrangers.

NISSOLE (Guill.).

Dissertation sur la nature et l'origine des *Thermes*.

Mém. de l'Acad. roy. des Sciences de Paris, 1714, p. 561.

En latin. Ephem. Nat. Curios., vol. 111, app., p. 49-56. Avec fig.

NITZSCH (Chr.-L.).

1. Die Familien und Gattungen der Thierinsekten (*Familles et genres d'Insectes qui attaquent les animaux (les vers et les parasites)*.

Mag. Entom. de Germar, 3 band, 1818, pag. 261.

2. Ueber die Eingeweide der Bücherlaus (Psocus pulsatorius).

Magaz. Entom. de Germar, 4 band, 1821, p. 276.

NOLLET (Jean-Antoine, abbé), physicien distingué, né en 1700 à Pimpré, dans le Noyonnais, mort à Paris en 1700.

1. Expériences et observations faites en différents endroits de l'Italie.

Art. 6.....Insectes lumineux.

Mém. de l'Acad. des Sciences de Paris.

2. Mém. sur la Mouche luisante d'Italie (*Lucciola*).

Mém. de l'Acad. des Sciences de Paris, ann. 1750. Mém., p. 54.

Edition in-8. Mém., p. 81.

NORFOLK (Dn.).

De *Scarabeis*.

Transact. philos., n. 484.

NOZEMANN (Cornelis).

Verhandeling over de inlandsche zoewater-spongie, eene huis vesting der makers van puisten büteren. (*Tipula littoralis*).

Verhandel der Genootsch te Rotterdam. Déc. 9, bl. 242.

NYSTEN (Pierre-Hubert), né à Liége en 1771, mort à Paris le 3 mars 1818.

Recherches sur les maladies des vers à soie, et moyens de les prévenir.

In-8. Paris, 1808.

Nouv. Bulletin Soc. philom., 1re année, n. 7, t. 1, p. 128.

O

OBERBECK.

Theorie des Drohnenweisels (*Théorie des Reines d'abeilles et des Bourdons*).

Gemeinn. arb. der Binenges. in der Oberlausiz, b.1, s.133.

OCHMIEDLEIN (G.-B.).

Insectologische Terminologie (*Terminologie insectologique*). In-8. Leipzig, 1789.

OCHSENHEIMER (Ferdinand), mort le 2 novemb. 1822.

Die Schmetterling von Europa (*Les Papillons d'Europe*). in-8. Leipzig.

Ouvrage en allemand, sans planches. Les quatre premiers volumes sont de cet auteur; les quatre suivants, qui le complettent, sont de Treitschke. Voyez ce nom.

Tome I, 1er cahier, 1807, diurnes.
— 2e cahier, 1808, diurnes.
Tome II, — 1808, crépusculaires.
Tome III, — 1810, bombyx.
Tome IV, — 1816, index et addenda.

OCSKAY (Franciscus Liber de).

1. *Gryllorum* Hungariæ indigenorum species aliquot.

Nova Acta physico-medica Acad. Cæsar. Leop. Carol. Nat. Curios., t. 13, part. 1, 1826, p. 407-410.

2. Orthoptera Nova.

Nova Acta phys.-med. Acad. Nat. Curios., vol. 16, 2e partie, p. 959-966.

ODHELIUS (Johan-Lorcus).

Et sällsynt salgs Larver uldrifne ifrån et ungt fruntimmer (*D'une singulière espèce de Larve qui a été rendue par une jeune fille, musca pendula*).

Vetenskaps Acad. nya Handl., ann. 1789, p. 221-224.

Traduction allemande, 1789, p. 207.

ODIER (Auguste).

Mémoire sur la composition chimique des parties cornées des insectes.

Mém. de la Société d'Histoire naturelle de Paris, t. 1, 1823, p. 29.

OEDMANN (Samuel).

Berättelse om väggloss fundne i skogar (*Relation d'une Punaise de lit trouvée dans du bois*).

Vetenskaps. Acad. nya Handl., ann. 1789, p. 76-78.

Traduction allemande, 1789, p. 69.

OKEN.

Il est le principal rédacteur du journal allemand intitulé *l'Isis*, où il se trouve beaucoup de mémoires d'entomologie. Ces mémoires ont été rapportés à l'article de leurs différents auteurs. Voyez aussi l'article *Isis* au chapitre des publications périodiques.

Lehrebuch der Naturgeschichte (*Livre élémentaire d'histoire naturelle*). Dritter Theil. Zoologie. Avec 40 planches.

In-8. Leipzig und Jena, 1815.

OLASSENS (Eggert).

Rejse igiennem Island (*Voyage en Islande, exécuté avec Povelsens*). Voyez ce nom.

2 parties. Soroë, 1772.

Il est question des insectes à la page 319.

Édition allemande in-4. Koppenhagen und Leipzig, 1re partie, avec 25 planches, 1774.

2e partie, avec 26 planches, 1775.

OLIVIER (Antoine-Guillaume), voyageur naturaliste, né près de Toulon le 19 janvier 1756, mort à Paris le 11 août 1814.

Mémoire sur les Parties de la bouche des Insectes.
Journal de Physique, t. 52, p. 462-474.
Opuscoli Scelti, t. 11, p. 422-29.

2. Extrait d'un mémoire sur les parties de la bouche des Insectes, juin 1788.

3. Entomologie, ou histoire naturelle des *Coléoptères*, avec un très grand nombre de planches enluminées.
5 vol. in-fol. Paris, 1789-1808.

4. Encyclopédie méthodique, dictionnaire des Insectes jusqu'à la lettre E.
Les volumes suivants ont été faits par d'autres auteurs.
7 vol. in-4 avec planches. Paris, 1790 et suivantes.

5. Insectes qui rongent la farine.
Journal de Fourcroy, t. 1, p. 204-206.

6. Voyage dans l'Empire Ottoman, l'Égypte et la Perse.
5 vol. in-4, avec figures. Paris, 1807.
Édition anglaise. 2 vol. in-8. London, 1813.

7. Description d'une nouvelle espèce de *Cétoine*.
Journal d'Histoire naturelle, t. 1, p. 92-94.

8. Sur l'utilité de l'étude des Insectes relativement à l'agriculture et aux arts.
Journal d'Histoire naturelle, t. 1, p. 33-56 et 241-253.

9. Catalogue des Insectes envoyés de Cayenne par M. Le Blond.
Actes de la Société d'Histoire naturelle de Paris, p. 120-125.

10. Sur quelques nouvelles espèces de *Coléoptères*.
Journal d'Histoire naturelle, t. 1, p. 262-268.

11. Sur une nouvelle espèce de *Scarabée*.
Journal d'Histoire naturelle, t. 2, p. 292.

12. Observations générales sur les *Chenilles* fileuses, et description d'une nouvelle espèce de *Bombyx*.
Journal d'Histoire naturelle, t. 1, p. 344-358.

13. Observations sur le genre *Fulgore.*
Journal d'Histoire naturelle, t. 2, p. 31-34.

Sur un nouveau genre de *Diptères* établis sous le nom de *Nemestria* par M. Latreille.
Nouv. Bull. de la Soc. philom., n. 35, 1810, 3ᵉ ann., t. 11, p. 93.

OPPERMAN (A.-F.).
Beschreibung einer Neu Erfundenen methode Insekten behälter mit Torf auszufüttern (*Description d'une nouvelle méthode pour conserver les Insectes, etc., avec remarques de Zinken.*)
Magaz. entom. de Germar, 4 band, 1821, p. 427.

ORRERY (Jo., Earl of).
An Account of the comet *catterpillar* (chenille).
Philos. Trans., n. 487, p. 281.

ORTH (J.-G.).
Ueber die neffen im Kraute, und die kleinen Insekten, welche den hopfen verderben, inglechen über die Krautraupen (*Sur la Chenille qui détruit le houblon, etc.*).
Hamb. Magaz., 3 band, p. 364-82.
Neu Hamb. Magaz., 113 st., p. 423-43.

ORTLOB (Joannes-Christophorus).
Diss. de Presagiis *locustarum* incertis. Resp. Castena.
In-4. Lips., 1713.

OSBECK (Pierre), voyageur naturaliste suédois, né vers 1720, mort en 1805.

1. Dagbok öfver en Ostindisk Resa åren 1750, 51 et 52. Med anmärkningar uti naturkunnighetge(*Journal d'un voyage fait aux Indes orientales pendant les années 1770, 51, 52, avec des remarques sur l'histoire naturelle.*)
In-8. Stockholm, 1757.

2. Beskrifning på Vår-Rågs masken.
Vetens. Acad. Handl. 1769, p. 314-319.

3. A Voyage to China and the two Indies. (Traduction.)
In-8. London, 1771.

4. Om rot masken. (*Sur une larve qui attaque les racines.*)
Vetens. Acad. Handl. 1776, p. 302-304.

5. Beskrifning på tvänne fjärilar, tagne i Hasslöf (*Description de deux Papillons pris à Hasslof*).
Gotheborgska, wet. sam. handling. Wetensk, 1778, st. 2, p. 51-53.

6. Beschreibung der frühlings Rockenraupe. (*Phalena nicticans.*)
Schwed. Akad. Abhand. 31 band, p. 312.
Fuessly. Neu Entom. Magaz., 3 band, p. 71.

7. De Larva et Phalæna boteli.
Nova Acta Acad. Nat. Curios., vol. 6, p. 327.

OSWALD.

Geographische Verbreitung der Käfer in den Schweinzeralpen, besonders nach ihren höhenverhältnissen. (*Répartition des scarabées dans les Alpes suisses, surtout eu égard à la hauteur.*)
Mittheilungen aus dem gebeite der Theoretischen Erkunde.
1 cahier in-8. Zurich, 1834.

OVERBECK (J.-A.).

1. Glossarium melitturgicum, oder Wörterbuch, etc. Schreiben J. C. Stockhausen.
In-8. Bremen, 1765.

2. Theorie des Dronenwiesers (*Théorie des Bourdons*).
Hannöv. Magaz., 1771, p. 1570.
Abhandl. der Oberlaus. Bienengesellsch., 1 th., p. 133.

OWEN (George).

Extract of his History of Pembrokeshire.
Philos. Trans., 1694, p. 48; vol. 18, n. 20.

P

PALEY (William), théologien anglais, né à Péterborough, en 1743, mort à Sunderland, en 1805.

Natural Theology, or evidence of the existence and attributes of the Deity, etc.

In-8. London, 1802.

Autre édit. In-8. London, 1807.

PALISOT DE BAUVOIS (Ambroise-Marie-François-Joseph), botaniste, né à Arras, le 27 juillet 1752, mort à Paris, le 21 janvier 1820.

1. Mémoire sur un nouveau genre d'Insectes (G. *Atractocerus*).

Fascic. In-8.

2. Insectes recueillis en Afrique et en Amérique (planches enluminées).

In-fol. Paris, 1805 et suiv.

Cet ouvrage a été terminé après la mort de l'auteur.

PALLAS (Pierre-Simon), voyageur naturaliste, né à Berlin, le 22 septembre 1741; parcourut pendant un grand nombre d'années toutes les provinces de l'immense empire russe, dont il a décrit les productions, et revint mourir dans sa patrie, le 7 septembre 1811.

1. Dissertatio de insectis viventibus intrà viventia.

In-4. Leyde, 1760.

2. *Phalænarum* bigas quarum alterius feminæ artubus prorsus destituta, nuda atque vermiformis, alterius glabra quidem et impennis etc.

Nova acta Academ. Nat. Curios., t. 3, 1767, p. 430-57.

En Allemand : Stralsund Magaz.. 3, st.. p. 258.

3. Miscellanea Zoologica (avec fig.).

In-4. Hagæ comitum, 1766.

Autre édit. In-4. Lugduni Batavorum, 1775.

4. Spicilegia Zoologica, quibus novæ imprimis et obscuræ animalium species iconibus, descriptionibus atque commentariis illustrantur.

In-4. Berolini (avec pl. col.).

L'ouvrage a paru en 14 fascicules dont voici le détail :
1er, 3 pl. — 2e, 3 pl. — 3e, 4 pl. — 4e 3 pl., 1767.
5e, 5 pl. — 6e, 5 pl. — 7e 6 pl., 1769.
8e, 5 pl., 1770.
9e, 5 pl., 1772.
10e, 5 pl., 1774.

Ces dix premiers cahiers portent le titre général de Tome Ier.

11e, 5 pl., 1776.
12e, 3 pl., 1777.
13e, 4-6 pl., 1779.
14e, 4 pl., 1789.

Traduit en hollandais, in-4. Utrecht, 1770 et suivantes.

5. Reise durch verschiedene Provinzen des russischen Reichs (avec pl.).

3 vol. in-4. Saint-Pétersbourg, 1771-73-76.

En français : 5 vol. in-8. Paris, 1788-95.

Idem, 8 vol. in-8. Paris, 1794.

En russe, in-4. Saint-Pétersbourg, 1773.

En Anglais, 2 vol. in-4. Leipzig, 1801.

6 Icones insectorum præsertim Russiæ Siberiæque peculiarium (avec 3 pl. de fig. enlumin.).

In-4. Erlangæ, 1781-82.

7. Nachricht von einigen merkwürdigen insekten des Russischen Reichs (am Lepechins Tagebuche). (*Sur quelques insectes remarquables de l'empire de Russie.*)

Berlin, Samm., 8 band, p. 508-580.

PALLIARDI (Antoine).

Beschreibung zweyer décaden neuer und wenig bekannter carabicinen (*Deux décades de descriptions de carabiques nouveaux ou peu connus*).

In-8. Vien, 1825.

PALMER (M. Dudley).

Obs. circa *Bombyces.*

Dans les Actes d'Oldenbourg, p. 20.

PALTEAU (Guillaume-Louis Formanoir de), né dans le diocèse de Sens, en 1712, et mort vers la fin du même siècle.

Nouvelle construction de ruches de bois, avec la façon d'y gouverner les abeilles et l'histoire naturelle de ces insectes (avec 5 pl.).

In-18. Metz, 1756.

In-12. *idem* 1777.

PANZER (George-Wolfgang-Franz), célèbre entomologiste qui a, par ses nombreux écrits, rendu les plus grands services à cette science, est né en 1755, à Etzelwang, dans le Haut-Palatinat, mort vers 1815.

1. Abbildung und Beschreibung exotischer insekten (*Représentation et description d'insectes exotiques*).

In-4. Nürnberg, 1791.

C'est une traduction ou un extrait de *Drury.*

2. Beyträge zur geschichte der insekten (*Matériaux pour l'histoire des insectes*).

In-4. Nürnberg, 1785.

Autre édit. in-12, 1793.

3. Einige seltene insekten beschreiben (*Description de quelques insectes rares*).

Naturforscher, 24 st., 1789, p. 1-35.

4. Novæ insectorum species.

In-4. Norembergæ, 1790.

5. Beschreibung eines sehr kleinen kapuz-käfers (*Description de quelques très-petits Bostriches*).

Naturforscher, 25 st., 1791, p. 35-38.

6. Faunæ insectorum Germaniæ initia.

In-12. large, Nürnberg, 1792 et suivantes.

L'ouvrage se compose de 109 fascicules composés chacun de 24 figures détachées et d'un texte correspondant. Il en a paru 3 autres, par M. Germar, ce qui porte le nombre à 112.

Depuis, M. Scheffer Nerrich a donné une continuation.

7. Faunæ insectorum Americæ borealis prodromus (1 pl. col.).

In-4. Erlangæ, 1794.

8. Deutschlands insektenfaune oder Entomologischer Taschenbuch. Für das Jahr 1795 (*Faune insectologique d'Allemagne, ou Almanach pour l'année 1795*).

In-18. Nürnberg, 1795.

L'auteur y donne un détail sur douze principaux genres de coléoptères et, dans le reste du volume, sous le titre d'*Entomologia Germanica,* continue la description des coléoptères les plus répandus de ce pays.

9. Symbolæ entomologicæ.

In-4. Erlangæ, 1798.

10. D. J. C. Schafferi iconium insectorum circa Ratisbonam indigenorum enumeratio systematica.

In-4. Erlangæ, 1804.

Kritische revision der insektenfaune Deutschlands, nach dem system bearbeiter (*Révision critique de la faune des insectes d'Allemagne avec essai de classification*).

2. vol. in-8. Nürnberg, 1805-1806.

12. Entomologische versuch über die Jurinischen gattungen der Linneischen hymenoptera (*Essais entomologiques sur les genres établis pur Jurine dans l'ordre des hyménoptères de Linné*).

In-12. Nürnberg, 1806.

Index entomologicus, pars prima; *Eleuterata.*

1 vol. in-12. Norimbergæ, 1813.

PARKINSON (John), Botaniste anglais, né à Londres, en
1567.

Description of the *Phasma dilatatum*.

Trans. of the Linnean Society. Vol. 4, 1798, p. 190.

PAROLETTI.

Essais sur l'usage des fumigations d'acide muriatique oxi-
géné pour désinfecter l'air dans les ateliers de *vers à soie*.

Bulletin de la Société Philomatique, t. 5, n. 96, p. 283.

PARRENNIN (Dominique), jésuite, né en 1665, mort à
Peking, en 1741.

Observations sur une chenille de Chine qui s'attache à une
racine de la plante appelée à la Chine *Hia-Tsa-Tom-Tchom*,
d'où sort un ver qu'on prendrait pour une prolongation de
cette racine.

Mém. de l'Ac. des Sc. de Paris, ann. 1726, Hist., p. 19.

Edit. in-18. ann. 1726, Hist., p. 27.

PASSERINI (Carlo).

1. Osservazioni sopra la *Sphinx* athropos.

In-8. Pise, 1828.

Antologie, nov. et déc. 1828.

Ann. des Sc. Nat., t. 5, p. 332, 1828.

2. Osservazioni sul Baco danneggiatore delle ulive, e sulla
Mosca in cui si transforma (*Oscines* oleæ).

Giornale agrario Toscano, n. 10.

In-8. Firenze, 1829 (avec 1 pl.).

3. Osservazioni sopra alcune larve e *Tignole* dell' ulivo
(fasc. de 11 p. avec 1 pl.).

Giornale agrario Toscano, n. 23.

4. Memorie sopra due specie d'insetti nocivi (*Procris* lep.
et *Lixus*. coleopt.).

PANDIGELIUS (Udalr.).

De *musca* compluribus vermiculis fœta.

Ephem. Nat. Curios. . dec. 3, ann. 7 et 8.

Obs. 197, p. 325.

PAULET.

Flore et Faune de Virgile.

In-8. (fig. col.), Paris, 1824.

PAULI (J.).

Diss. de insectis *coleopteris* Daniæ.

In-4. Bütrow, 1763.

PAULLINI (Christian-Friedrich), vint au monde à Eisenach, le 25 février 1643, et mourut dans la même ville, le 10 juin 1712.

1. *Pediculi* alati.

Ephem. Nat. Curios., dec. 2, ann. 6, app. p. 22.

2. *De Pulicibus* in ovo.

Miscell. Acad. Nat. Curios., dec. 3, ann. 3, 1695 et 1696, p. 310, obs. 174.

3. De A et O in alis *papillonis*.

Miscell. Acad. Nat. Curios., dec. 3, ann. 3, 1695 et 1696, p. 311, obs. 175.

4. De *Musca* monstruosa viridi bipedi cum rostro suillo et tribus alis.

Miscell. Acad. Nat. Curios., dec. 3, ann. 3, 1695 et 1696, p. 316.

5. Von Johannisblüte.

Philos. Lust.— 1 th., p. 263.

PAYKUL (Gustaf von).

1. Beskrifning öfver et nytt natlfly *(Description d'un papillon de nuit)*. Phalæna *tinea* Betulina.

Vetensk. Acad. nya Handl., 1785, p. 57-60.

Traduction allemande, 1785, p. 52.

2. Beskrifning öfver forvandlingen *(Description des métamorphoses)* af Phalæna *noctua* Parthenias.

Vetensk. Acad. nya Handl., 1785, p. 196-98.

Traduction allemande, 1785, p. 193.

3. Beskrifning öfver et nytt nattfly (*Description d'un papillon de nuit*). Phalæna *tinea* Grandœvella.

Vetensk. Acad. Handl., 1785, p. 224-28.

Traduction allemande. 1785, p. 219.

4. Beskrifning öfver et nytt Svenskt nattfly (*Description d'un papillon de nuit de Suède*). Phalæna *noctua* telifera.

Vetensk. Acad. nya Handl., 1786, p. 60-64.

Traduction allemande, 1786, p. 58.

5. Monographia *Staphylinorum* Sueciæ.

In-8. Upsaliæ, 1789.

6. Monographia *Caraborum* Sueciæ.

In-8. Upsaliæ, 1790.

7. Monographia *Curculionum* Sueciæ.

In-8. Upsaliæ, 1792.

8. Anmärkningar vid genus Coccinella och Beskrifning öfver de Svenska arter deraf äro med fina här bestrodde (*Remarques sur le genre Coccinelle, et Description des espèces de Suède, dont quelques-unes sont couvertes de poils*).

Vetensk. Acad. Handl., 1789, p. 14.

9. Fauna Suecica (*les Coléoptères*).

3 vol. in-8. Upsaliæ, 1800.

Les deux premiers volumes sont sans date ; mais comme la préface porte à la fin le millésime de 1778, il est à présumer que les trois volumes ont paru dans l'intervalle de 1778 à 1800.

10. Beskrivelse over 5 arter nye nat-sommerfluge (*Description de cinq espèces de papillons de nuit*). Bombyx et Noctuelles.

Skrivter af Naturhist., Selskabet. B. 2, neft 2, p. 97-102.

11. Beskrifning öfver nya Svenska insekter (*Description de plusieurs insectes nouveaux de Suède*). Coléoptères.

Vetensk. Acad. nya Handl., t. 20, 1799, p. 48-115.

12. Monographia *Histeroidum* (avec 13 pl au trait).

In-8. Upsaliæ, 1811.

PAYRAUDEAU.

Sur un nouveau moyen de détruire les *charançons.*
Nouv. Bull. de la Soc. Philom., 1826, mai, p. 78.

PECK (William-Dandridge).

1. Mémoire sur une espèce de *Rhynchène* qui ronge les pins.
Collection of the Massachusetts Hist. Soc. vol. 4.
Zool. Journal, t. 2, 1825, p. 487.

2. Natural History of the Slug-Worm (*Tenthredo*).
Collection of the Massachusetts Hist. Soc., vol. 5, p. 280.
In-8. Boston, 1799.

3. Note sur des insèctes qui attaquent les chênes et les cerisiers.
Zool. Journ. n. 8, janvier-avril 1826, p. 480.

PELLETIER.

Examen chimique de la *cochenille* (conjointement avec M. Caventon).
Nouv. Bull. de la Soc. Phil., 1818, juin, p. 85.

PERCHERON (Achille-Remy), né à Paris, le 25 janvier 1797.

1. Description et représentation du genre *Derbe* de Fabricius.
Guérin, Magaz. de Zool., 1832, n. 36.

2. Description et représentation du genre *Cephalelus.*
Guérin, Magaz. de Zool., 1832, n. 48.

3. Note sur la larve du *Myrméléon* Libelluloïdes.
Guérin, Magaz. de Zool., 1833, n. 59.

4. Mémoire monographique sur les *Raphidies.*
Guérin, Magaz. de Zool., 1833, n. 66.

5. Monographie des Scarabées Mélitophiles, comprenant les *Cétoines* et genres voisins (conjointement avec M. Gory).
In-8. Paris, 1833 et suivantes.

L'ouvrage paraît par livraisons composées de cinq planches

coloriées, contenant environ six espèces chacune, et du texte descriptif; l'ouvrage doit avoir 15 livr. dont 12 sont parues.

6. Monographie des *Passales* (avec 7 pl.).
In-8. Paris, 1835.
Elle a paru vers la fin de 1834.

PERCIVAL (Robert).
An account of the Island of Ceylan, containing its natural history, etc.
In-4. London, 1803.

PEROLLI (Charles).
Essais sur l'organisation externe et interne des insectes.
1 vol. in-12. Turin, 1808.

PERRIÈRES (Auguste).
Introduction à l'Histoire naturelle des *insectes* (avec figures lithographiées).
3 parties in-8. Bordeaux, 1824 et 25.

PERTY (Max).
1. Sur les antennes des *Coéloptères*, et un nouveau genre de cet ordre , appelé *Psigmatocerus* (avec fig.).
Isis, 7ᵉ cah., p. 737.

2. Delectus animalium articulatorum, quæ in Itinere per Brasiliam, annis 1817-1820, jussu et auspiciis Maximiliani Josephi Bavariæ regis augustissimi peracto, collegerunt Dʳ *J.-B. de Spix*, et Dʳ *C. F. Ph. de Martius ;* digessit, descripsit et pingenda curavit Dʳ *Max Perty* (avec 12 pl. col.).
Fasc. Iʳᵉ, in-4. Monachii, 1830.
Extr. Rev. Entom. de Silberm, t. 1, 1833, p. 266.

3. Observationes nonnullæ in Coleoptera Indiæ orientalis.
In-4. Monachii, 1831.

PETAGNA (Louis).
Mémoire sur plusieurs insectes du royaume de Naples.
Atti della reale Academia delle Scienze, vol. 1, p. 19.

PETAGNA (Vincent).

1. Specimen insectorum ulterioris Calabriæ.
1 vol. in-4. (avec 1 pl.) Francfurti, 1787.
Ext. Fuissly, N. Entom. Magaz., 3 band, p. 187-97.

2. Éléments d'Entomologie.
2 vol. in-8.

3. Institutiones entomologicæ.
Tom. 1, in-8. Napoli, 1792.

PETAZZI (Luigi).
Sull' attività della Canfora e dello spirito di Trementina
per far perire le crisalidi n'e bozzoli (*Sur l'action du camphre
et de l'esprit de térébinthe pour faire périr les chrysalides de vers
à soie dans leur cocon*).
Opuscoli Scelti, t. 2, p. 303-305.

PETIVER (James), naturaliste anglais, mort le 20 avril
1715.

1. Musæum Petiverianum.
L'ouvrage se compose de dix centuries.
Cent. I, 1695; II, III, 1698 ; IV, V, VI, VII, 1699;
VIII, 1700 ; IX, X, 1703.
Autre édition in-4. avec pl.

2. Remarks on some animals, plants sent to him from
Maryland (*Coléoptères*).
Philos. Trans., 1698, p. 393-398.

3. Animals sent to him from fort Saint-George by Edward
Bulkeley (Insectes divers).
Philos. Trans., 1679, p. 859.

4. Animals received from several parts of India.
Philos. Trans. y, 1701, p. 1023.

5. Gazophylacium naturæ et artis, Six décades, avec
100 pl.
In-fol. London, 1702 à 1711.

6. Some animals observed in the Philippine-Isle, by Georg. Joseph Kamel. Un singe, et tout le reste papillons. De 1 à 20.

Philos. Trans., 1702, p. 1665.

7. A Relation of divers West-India animals...., Bees, and other Insects, especially such as are peculiar to the American Island.

Memoirs for the Curious, 1707, p. 353-356.

8. Merian's history of Surinam Insects, abbreviated and methodized, with some remarks.

Memoirs for the Curious, 1708, p. 287-294, et p. 327-334.

9. Papilionum Britanniæ Icones, nomina, etc.
In-fol. London, 1717 (6 planches).
Rapporté dans le 2ᵉ vol. de ses œuvres.

10. Opera historiam naturalem spectantia.
2 vol. in-fol. London, 1764 et 1773.
Le t. 1 contient 180 planches; le 2ᵉ, 126.

PEUCER (Gaspar).
Appellationes quadrupedum *Insectorum*, etc., etc.
In-8. Lipsiæ, 1550.
In-8. Wittemberg, 1551.
In-8. Ibid., 1556.
In-8. Ibid., 1558.
In-8. Leipzig, 1559.
In-8. Ibid., 1564.

PEZOLD (Ch. Ph.).
Lepidopterologische Anfangsgründe zum gebrauch angehender Schmetterlingssammler (*Eléments de Lépidoptérologie à l'usage des personnes qui commencent des collections de Papillons.*
In-12. Coburg, 1796.

PH ELSUN.

Von einer fliegenmade (*Sur une larve de mouche, dans sa lettre sur la sangsue*).

Berlin Samml. 9 band, p. 500.

PHILIPPI (Rud. Amandus).

Orthoptera Berolinensia (avec 2 pl. col.)

In-4. Berlin, 1830.

PHIPPS (Coutine John).

A voyage toward the Nord pole (*Voyage au pôle nord*), avec pl.

In-4. London, 1774.

PHYLAUDER.

Belohner Floh., als König aller Thiere (*Puce*).

In-8.

PICLET (François Jules).

1. Mémoire sur les larves des *Némoures*.

Annales des Sc. Nat., t. 26, 1832, p. 369 et 390, avec 2 planches coloriées.

2. Recherches pour servir à l'histoire et à l'anatomie des Phryganydes (20 pl. col.).

In-4. Genève, 1834.

PICTORIUS (Georgius), né en 1500 à Villengen, dans la Forêt-Noire.

Pantapolion, animalium naturas comprehendens, item de *apibus* et cera (de apibus, p. 95-123).

In-8. Basiliæ, 1563.

PICUS (Andr.).

Ein Büchlein von den Immen (*Livre sur les Abeilles*).

In-8. Leipzig, 1596.

PIERRET (A.).

Sur le *Polyommate* Coronus.

Ann. de la Soc. Entom. de France, t. 2, 1833, p. 119 à 121.

PILLER.

Iter per Poseg (avec MITTERPACHER).

PISON (Guillaume), médecin hollandais du dix-septième siècle, accompagna le prince Maurice de Nassau au Brésil.

1. Historia naturalia Brasiliæ (V. Margrave).
In-fol. Lugduni batav. et Amstelodami, 1648.

2. De Indiæ utriusque re naturali, libri quatuordecim.
In-fol. Amstelodami, 1658.

PLATEAU.

Construction des ruches de bois.
In-12. Metz, 1756.

PLINIUS (Caius Plinius secundus), dit l'*Ancien*, né vers l'an 23 de notre ère, sous l'empire de Trajan, à Véronne ou à Côme ; le savant le plus universel qu'aient laissé les Romains. Il employait son temps de telle sorte, qu'outre les affaires publiques et privées, le service militaire et maritime, les missions dont il était chargé, il a trouvé moyen de laisser de nombreux matériaux sur toutes les sciences, et surtout sur l'histoire naturelle. Sa mort, qui fut causée par son désir de s'instruire, arriva vers l'an 79, lors de l'éruption du Vésuve qui commença l'engloutissement d'Herculanum et de Pompéia ; il s'était approché du volcan pour examiner de près les effets de l'éruption, il fut étouffé par la fumée et les émanations sulfureuses qui sortaient du cratère.

On peut dire de ses ouvrages ce que l'on a dit de ceux d'Aristote, qu'ils ne sont cités ici que pour mémoire ; il y traite des insectes, dans le deuxième livre, en vingt-trois articles, dans lesquels il s'est principalement étendu sur les abeilles.

Historia naturalis, libri 37.

Grand in-fol. Veneziæ, 1469.

Autre édit. ex recensione J. Andrea. Ep. Aleriensis. Gr. in-fol., Romæ, 1470.

Autre édit. in-fol. Venetiis, 1472.

Autre édit. in-fol. Romæ, 1473.

Autre édit. Ex emendatione Phil. Beroaldi. Grand in-fol. Parmæ, 1776.

Autre édit. in-fol. Treviso, 1479.

Autre édit. in-fol. Parmæ, 1481.

Autre édit. in-fol. Venetiis, 1483-86.

Autre édit. in-fol. Brixiæ, 1498.

Autre édit. C. castigationibus Hermolai Barbari. In-fol. Hagen, 1518.

Autre édit. in-fol. Venetiis, 1519.

Autre édit. in-fol. Parisiis, 1532.

Autre édit. in-fol. Basiliæ, 1535.

Autre édit. Edente Danesio. 3 vol. in-8. Venetiis, 1535 et 36; index. 1538.

Autre édit. in-fol. Basiliæ, 1539.

Autre édit. in-fol. Parisiis, 1543.

Autre édit. in-fol. Basiliæ, 1545.

Autre édit. in-fol. Venetiis, 1559.

Autre édit. 4 vol. pl. in-12. Lugduni, 1561.

Autre édit. in-fol. Lugduni, 1563.

Autre édit. in-fol. Lugduni Batavorum, 1582.

Autre édit., avec notes de Dalechamp. In-fol. Lugduni, 1587.

Autre édit., avec notes de Dalechamp. In-fol. Francofurti ad Mænum, 1598 ou 99.

Autre édit. 3 vol. pet. in-12. Amstelodami et Lugdini Batavorum, 1635.

Autre édit. 3 vol. in-8. Lugduni Batavorum et Amstelodami, 1669.

Autre édit., avec les commentaires du père Hardouin. 5 vol. in-4. Parisiis, 1685.

Autre édit., avec les commentaires du père Hardouin et figures. 3 vol. in-8. Parisiis, 1723.

Autre édit. 5 vol. in-12. Berolini, 1766.

Autre édit. 10 vol. in-8., avec les commentaires du père Hardouin. Lipsiæ, 1778-91.

Autre édit. 6 vol. in-12. Parisiis, 1779.

Outre ces éditions dans la langue originale, il en existe encore beaucoup d'autres en diverses langues vulgaires, soit entières soit partielles ; nous citerons seulement celles qui ont paru en français.

Autre édit., avec notes de Dupinet. 1 vol. in-fol. Lyon, 1562. Réimprimé à Paris. 2 vol. in-fol. 1608.

Traduction de Poinsinet de Sivry, avec notes de Guettard et autres. 12 vol. in-4. Paris, 1771-82.

Autre édit., par M. Alexandre. In-8. Paris, 1827-28.

Histoire des animaux (avec texte en regard), par Guérault. 3 vol. in-8. Paris, 1802.

PLUCHE (Noël Antoine), né à Reims en 1688, mort à Varennes-Saint-Maur en 1761.

Spectacle de la Nature, ou Entretien sur l'histoire naturelle et les sciences (avec pl.)

5 vol. in-12 en 9 tomes. Paris, 1732.

12 vol. in-8. Utrecht, 1735.

En hollandais, 10 vol. in-8. Lahaye, 1736-48.

Septième édition, 8 vol. in-12. Paris, 1739.

En allemand, 8 vol. in-8. Wien and Nürnberg, 1746-55.

En espagnol, in-4. Madrid, 1752.

8 vol. in-12. Paris, 1763.

Édition abrégée par Jauffret. 8 vol. in-18. 1803.

Analyse et abrégé du Spectacle de la Nature, par de Puy-Ségur. Reims, 1772 ou 786.

PLUMIER (Charles), voyageur botaniste français, naquit à Marseille en 1646, et mourut près de Cadix en 1704. Il était religieux de l'ordre des minimes.

1. Botanicum americanum.

7 vol. in-fol. 1689-97.

Il y a quelques insectes figurés dans cet ouvrage.

2. Réponse à Pomet sur la *Cochenille*.

Journal des Savants, t. 22, p. 212. 1694.

5. Réponse à Richter sur la *Cochenille*.

Mémoire pour l'hist. des sciences et beaux-arts. 1704, sept., p. 221.

PODA (Nicol).

Insecta musæi græcensis.

In-8. Græcii, 1761.

C'est la faune des insectes de Grèce, classés d'après la méthode de Linnée.

POEY (Ph.).

1. Description de l'*Argynnis* moneta.

Magaz. Zool. de Guérin. 1832, Ins. n. 11.

2. Observations sur le crin des lépidoptères de la tribu des crépusculaires et des nocturnes.

Ann. de la Soc. Entom. de France, t. 1, 1832, p. 91 à 94.

3. Centurie de lépidoptères de l'île de Cuba (avec planches coloriées).

In-8. Paris, 1832 et suivantes.

L'ouvrage se publie par décades, dont plusieurs ont déjà paru.

POIRET.

1. Observations sur la Mante.

Journ. de Phys. t. 25, p. 334-336.

Lichtenberg's Magaz., 3 band, 2 st., p. 40-43.

2. Dissertation sur la sensibilité des insectes.

Journ. de Phys., t. 25, p. 336-344.

Lichtenberg's Magaz., 3 band., 2 st. p. 44.-54.

POLHILL (Nathaniel).

A letter on M. Debraw's improvements in the culture of Bees (*Abeilles*).

Philos. Trans., vol. 68, p. 107-110.

POLISIUS (God.-Lam.).

De Museis Polonicis exitiosis (avec fig.).

Ephem. Nat. Curios., dec. 2, ann. 4, obs. 40, p. 98-100.

POLLICH (Jean-Adam), né à Lautern, dans le Palatinat, le 1" janvier 1740, et mort le 24 février 1780.

1. Von den insekten die in Linne natursystem nicht be-

findlinck sind (*De quelques insectes qui ne sont pas dans Linné et qu'on trouve aux environs de Wiessbourg.*)

Bemerk. der Kurpfälz. OEconom. Gesell., 1779, p. 252. In-8. Lautern, 1781.

2. Descriptio insectorum Palatinorum.
Nova Acta Acad. Nat. Curios., vol 7, 1783, p. 131.

PONTEDERA (Jules), né à Vicence, en 1688, mort à Padoue, le 3 septembre 1757.
De Cicada (*Orthoptère?*). Imprimé dans son Compendium Tabularum Botanicum, p. 14-23.
In-4. Patovii, 1718.

PONTOPPIDAN (Eric), évêque de Bergen en Norwège, né en 1698, et mort en 1764.

1. Del förste Försög på Norges Natuurlige Historie (*Essais sur l'Histoire Naturelle de la Norwège*).
In-4. Kiobenhavn, 1752.
En allemand : 2 vol. in-8. Kopenhagen, 1752-54.
En anglais : in-8. London, 1755.

2. Den Danske Atlas. (*Atlas du Danemarck*).
3 vol. in-4. Kiöbenhavn, 1763-64-65.
En allemand : in-4. Kopenhagen, 1765.

POSSELT (Carl-Friederich), né à Carlsruhe, en 1780, mort en 1804.

1. Tentamina circà anatomiam *Forficulæ* auriculariæ Linnæi icone illustrata.
In-4. Jena, 1800.

2. Beyträge zur anatomie der Insekten (*Matériaux pour l'anatomie des insectes*).
In-4. Tubingen, 1804.

POUCHET (F.-A.)
Traité élémentaire de zoologie.
1 vol. in-8. Paris.

POUPART (François), chirurgien anatomiste, në au Mans, et mort au mois d'octobre 1708.

1. Histoire du *Formica leo*.

Mémoire de l'Académie des Sciences de Paris, année 1699, p. 51, (avec 1 pl.).

Ann. 1704, Mém. p. 235-246.

Edit. in-8. Mém., p. 319.

2. Des écumes printanniers, ou du *Formica pulex*.

Mém. de l'Acad. des Scienc. de Paris, ann. 1507; mém., p. 124-27.

Édit. in-8., ann. 1705. Mém., p. 162.

Journal des Savants, t. 21, p. 550.

3. Letter concerning the insect called *libella* (avec fig.).

Philos. Trans., 1700, vol. 22, p. 673-76, n. 266.

4. Histoire anatomique du *Scarabée* ou de la *Cantharide aquatique*.

Journal des Savants, t. 24, p. 476.

POURET.

Mémoire sur quelques insectes de Barbarie.

Journal de Physique, t. 30, p. 241-245.

Suite, t. 31, p. 111-116.

POUZA (Laur.).

Coleoptera Salutentia (avec fig.).

Fascicule. Extrait sans doute de quelque autre ouvrage.

POVELSEUS (Biarne).

Voyage en Islande. (Voy. *Olafseus.*)

PRÉ (Joan.-Frid. de).

1. Diss. de quinta essentia regni vegetabilis sive de *melle*, vom *Honig*. Resp. F. G. Süberlich.

In-4. Erfordiæ, 1720.

2. Diss de Millepedis, *formicæ*, etc. Qualem usum hæc insecta habeant in medicina. Resp. J. A. Reuberus.

In-4. Erfordiæ, 1722.

PREYSSLER (Johann-Daniel-Edward).

1. Beschreibungen und abbildungen derjenigen Insecten, welche in sammlungen nicht aufzubewahren sind, dann aller die noch ganz neu, und solcher, von denen wir noch keine oder doch sehr schlechte abbildungen besitzen (*Description et représensation des insectes que l'on ne peut pas conserver dans les collections, ensuite de tous ceux qui sont encore nouveaux et de ceux dont nous n'avons encore aucune, ou du moins de très-mauvaises figures*).

Mayers Sammlung Physik aufsatze, B. 1, p. 55, B. 2, p. 1.

2. Werzeichniss Boemischer insecten (*Catalogue des insectes de Bohême*).

1 vol. in-4. Prague, 1799.

3. Beobachtungen über gegenstände der natur auf einer Reise durch den Böhmer wald in sommer 1791 (*Observations sur les objets d'histoire naturelle observés dans un voyage fait dans les forêts de la Bohême pendant l'été de 1791, 1 pl.*).

Magaz Sammlung., B. 3, 1793.

4. Vorschlag eines neuen auf den Rippenverkauf der flügel gebanten systems (*Proposition d'un nouveau système fondé sur les nervures des ailes*).

Illigers. Magaz. zur Insektenk., 2 B., 1802, p. 467.

PRITCHARD (A.).

Observations microscopiques, conjointement avec Goring (voy. ce nom).

PRUNNER.

Lepidoptera pedemontana.

1 vol. in-8. Turin, 1798.

PUGET (Louis de), naturaliste physicien, né à Lyon, en 1629, mort en 1709.

1. Nouvelle découverte sur les yeux de la *mouche* et autres insectes volants, faite à la faveur du microscope.

Journal des Savants, t. 6, p. 366.

2. Observations sur la structure des yeux de plusieurs insectes, et sur les trompes des *papillons* (3 pl.).

In-18, Lyon, 1706.

PULLEIN (Sam.).
Relatio de singulari Nymphæ genere, folliculo inclusæ, ex
quo fila *Bombycis* paria haberi possunt.

Philos. Trans. v. 51, p. 1, pag. 54.

PURCHAS (Samuel), ecclésiastique anglais, né dans le
comté d'Essex en 1577, et mort en 1628.
A theatre of political flying-insects, wherein especially the
nature of the Bees is discovered and described (*Sur les insectes
ailés et principalement les abeilles.*)

In-4. London, 1657.

PUTIUS (Joseph).
De *cidadis* majoribus.

Commentarii bononienses, t. 1, p. 79.

PUTT.

1. Système de la nature de Linné traduit en français.
4 vol. in-8.

2. Guide du Naturaliste.
1 vol. in-8.

PUYMAURIN (de).
Recherches sur le *ver blanc* qui détruit l'écorce des arbres
(*galeruque?*).

Mém. de l'Acad. de Toulon, t. 3, p. 342-351.

Q

QUARIN (Joseph), né à Vienne le 19 novembre 1733, et mort le 19 mars 1814.

Diss. Entoma noxia et utilia physico-medice considerata, defensa in universitate Friburgensi Brisgajæ.

Wasserbergii, operum minorum medicorum, fasc. 111, p. 262.

QUENSEL (Conrad), né à Leyda, en Scanie, en 1768, et mort en 1806 à Stockholm.

1. Beskrifning öfver en ny Nattjäril (*Description d'un nouveau papillon de nuit*). Noctua Pruni.
Vetenskaps. Academ. nya handl. A. 1791, p. 152-156.
Traduction allemande, 1791, p. 139.

2. Beskrifningar over 8 nya svenska Dagfjärillar (*Description de huit nouveaux papillons de jour*).
Vetenskaps. acad. nya handl. A. 1791, p. 268-281.
Traduction allemande, 1791, p. 252.

3. Dissertatio historico-naturalis, ignotas Insectorum species continens.
In-4. Lundæ, 1790.

4. Svensk Zoologie (avec figures).
In-8. Stockholm, 1806-1808.
L'ouvrage a été continué par O. Swartz.

QUINNONES (Juan de), né en 1600 dans les environs de Tolède, mort en 1650.

Tratato de las langostas (*Sauterelles*).
In-4. Madrid, 1620.

QUOY (Jean-René-Constant).

Voyage de *l'Uranie* et de *la Physicienne*. (Zoologie conjointement avec GAIMAR.

In-4. Paris, 1824.

2 planches seules traitent des insectes : ce sont les planches 82 et 83.

FIN DU PREMIER VOLUME.